U0173535

上海乡村空间历史图记

Research on Shanghai Vernacular Space in the Perspective of Historical Topography

上海市规划和自然资源局　编著

上 海 文 化 出 版 社
SHANGHAI CULTURE PUBLISHING HOUSE

金泽镇陈东村（2022 年[illegible]日）
来源：上海城策行金泽镇全域土地综合整治项目组

序

上海是一座近代崛起的现代国际化都市，也是一座有着悠久历史的典型江南城市。上海拥有如外滩、衡山路 - 复兴路、提篮桥等 12 片位于中心城区的历史文化风貌区；上海也有如朱家角、枫泾、新场等32片位于郊区的历史文化风貌区。上海地处江南水乡，水系密布，紧临东海。特殊的地理位置、生态环境和自然物产滋养了在这片土地上修生养息的人民；这里的人民也在这片土地上创造了独特的乡土文化，塑造了美丽的乡间风貌，并成为江南文化的重要组成部分。而这种乡土文化和乡间风貌也构成上海这座国际化大都市的重要“底图”。

当今天的大上海日新月异，以一座超大规模的国际化大都市所特有的气势昂首全球的时候，我们更加感受到我们对托举起这座巨型都市的广袤“底图”的依恋。于是，我们更加需要了解、探究这乡间的奥秘，寻找这座城市深藏的基因密码，让我们游荡在繁噪都市里的灵魂获得宁静和慰籍。更重要的是，让我们能够从中更加久远深入地了解这座城市的历史脉络，从而更加准确完整地了解我们自己。

在上海这座城市的空间基因中，有着现代化大都市高耸、密集的空间意向和明显外露的“三界四方”历史留下的空间裂缝，也有着江南水乡已延绵了千百年的空间肌理暗藏其中。无论是代表着近代上海特有居住模式的里弄空间，还是石库门特有的中西合璧建筑装饰；也无论是在原公共租界剥开那一层层空间历史年轮，还是在原法租界对那一片片犬牙交错的历史地块，抑或对那一条条看似无序的道路街巷追根溯源，我们竟然都能找到开埠前上海江南建筑的深深烙印和水乡肌理的蛛丝马迹。上海周边的乡村空间，绝不仅仅是“另一种”不同的上海风貌；近代上海不是从天而降的中国城市异类，上海的近代崛起有其自身的背景、环境和“底图”，正是这“底图”构成了现代上海之所以成为现代上海的树之根，水之源。正是这丰富的历史空间基因给这座城市带来特有的城市空间魅力和无限的城市空间活力。

正如人们常将上海比作一把打开中国近代历史秘籍的钥匙，上海城市空间中隐匿着的江南水乡空间基因片段，也是我们理解当代上海城市空间精、气、神密码的一把空间“密钥”。

早在 20 世纪末和 21 世纪初，上海就开展了郊区历史风貌的全面甄别和保护工作。2005 年，上海划定了郊区的 32 片历史文化风貌区，随后陆续制定了详细的保护规划。今天，这 32 片历史文化风貌区中已有 11 片成为国家历史文化名镇，这些珍贵文化遗产的保护地位和保护要求更加得到明确。在此基础之上，上海又将郊区历史文化风貌的研究进一步扩展到全域乡村空间。上海市规划和自然资源局组织多名专家学者深入研究，编写出这本《上海乡村空间历史图记》，以严谨的文字和精美的图片，向我们展示了一幅完整的上海乡村图景及其价值分析，也为我们进一步深入认识隐秘在上海城市文化中的重要空间基因提供了全面的专业解读。相信本书的出版一定会激发更多的读者关注这个值得进一步探寻的领域，带动更多的专家学者深耕这个值得进一步研究的领域，从而推动上海的历史风貌和文化遗产得到更为有效的保护。

2022 年 12 月

前 言

一座城市的空间是历史与现实、自然与人工交互的融合体。虽然历经沧海桑田、都市演进，但我们仍能循迹发现其中隐藏的历史记忆和文化密码。有效保护利用历史遗存，留存活化城市记忆，是赓续“最上海”文脉的必然选择，也是厚植城市精神、彰显城市品格的关键举措。

为了传承上海本土的乡村传统文化，延续江南水乡的空间肌理，塑造具备上海典型特征的乡村风貌，从而既留住乡村的“形”，也留住乡村的“魂”，再造生态文明的新江南田园，2018 年，按照中共上海市委、上海市人民政府的部署，上海市规划和自然资源局组织开展了“上海江南水乡传统建筑元素普查和提炼研究”，在冈身松江文化圈、淞北平江文化圈、沿海新兴文化圈、沙岛文化圈分类区划的基础上，研究提炼出上海本土的乡村传统建筑元素和符号，组织出版了《上海乡村传统建筑元素》一书，为永续保存上海乡村空间记忆建立标本档案，并为乡村建设提供设计依据。

然而，完整的乡村空间是由建筑、聚落、自然地理景观与附着的民俗民间文化构成。为此，在上述研究的基础上，我们拓展研究视野，组织华建集团华东建筑设计研究院历史建筑保护设计院、上海社会科学院、复旦大学历史地理研究中心等多家专业单位，邀请伍江、常青、张鹏、王建革、蔡丰明等专家作为学术顾问，开展了上海乡村建成遗产的调研与分析。经过历时一年多的实地调研、史料查阅、学术论证、现场采样、航拍摄影等，旨在自空间、时间两个维度，建构上海乡村空间的认知框架。该框架包括从自然基底到非物质文化活动的多个层面，即地形地貌、水系水利、交通贸易、生产活动，同时分析各个层面与人类文化活动的交互作用，从中发现上海乡村空间蕴含的自然之美、智慧之美和人文之美。“建成遗产”与“风土”的概念和研究方法为这一探索引入特定的研究思路和工作方法。

上海成陆的过程，以古海岸线“冈身”为界，约 6000 年前冈身以东还处于茫茫大海之中。上海的历史可以追溯到 6000 多年前的马家浜文化、约 5500 年前的崧泽文化、4000 多年前的良渚文化、广富林等新石器时代遗址，直至夏商时期的马桥文化遗址。6000 余年来，现上海地域内的地理变迁是巨大的，长江出海口渐进，海岸线东移，拓展了近 2/3 陆域面积，太湖通海河流的改道，由初期三江入海演变为吴淞江水系、黄浦江水系，形成上海以“一江一河”为主要特征的地理空间格局。人们邻水而居，在水运交通贸易节点形成一个个小小的聚落，进而形成星罗棋布的城镇，构筑了典型的江南水乡空间肌理，奠定了蓝绿交织的生态基底，构筑了人与自然和谐相处的生命共同体。

如经脉一样遍布连通的大小水系构成江南水乡的独特意象，成就了“江南”的多元语境，既有地域上的考量，也有情感上的寄托，还有审美上的意象。古代诗画中的江南景观分为两类，一类是低地圩田区的田园景观，另一类是平原与山地交汇区的山水景观。上海古时松江府的自然环境不是幽林峻山，而是乡野星布的浅丘和广袤的湖沼平原。独特的水乡底蕴和江海交汇的环境，孕育出松江云间画派追求开阔淡泊的境界，“九峰三泖”也成为《天下名山图》中最有名气的低浅山丘。除了云间画派的名家，这里还孕育了陆机、陆云等历史名人，苏轼、米芾等名家也曾客居于此，留下描绘本地风光的名篇。流连朱泾的船子和尚醉心水乡意趣，渡人渡己。“襟江带海”的地理位置，使上海的乡村景观不仅呈现出与江南水乡景观的一致性，同时也突显其地域特征，呈现特有的空间性格和气质。当传统的生活渐渐远去，如何在现代都市生活的背景下，拾起乡愁，重塑乡村的水乡田园审美意象，需要从乡村的自然景观营造、人的审美情趣培育以及人与自然的活动纽带多方入手打造。

在如诗如画的水乡风景背后，是一代又一代人适应自然、改造自然的故事。纵横交错的乡村肌理隐藏着古人理水与营田的辩证统一，乡村肌理作为人与自然互动的遗存，不仅提供一种视觉上的审美，还蕴藏着古老的人地关系和治理智慧。上海在多重因素影响下，形成不同区域特点的肌理单元，此次先对八种乡土单元进行识别和取样，再进行多要素、多专业的切片分析，寻找乡村肌理背后的多元逻辑，从而构筑认知乡村空间的整体框架。

上海是太湖下游水系治理的重要地区，由于水系环境变动，形成小圩、大圩、高田、低田、盐田、鳞田等丰富的圩田类型，圩田围绕湖塘戗岸生长，体现古代农法高低法则，低田中央沼溇，四周畔岸最低，逐步增高至圩岸边；近泖河地段低田呈板块状，田低水高，小圩自然错落。“彼湖亦田”，人们利用水面、塘浦的高低关系进行不同的农、渔业生产，低高程水面与河道养鱼，湿地水塘养菱茨茭白，更高的田地种植水稻，人居聚落置于高地之上。高田、低田、湿地、沼溇错落分布，兼顾水涝时期的调蓄能力和旱时的灌溉能力。在同一空间形成叶（草）、蚕（羊）、鱼、淤、肥的生态循环。在传统农耕时期，人们顺应自然地理变迁，用有限的人力努力拓展有限的生存空间，用智慧充分利用每一份资源，体现了自然法则和文明结晶。今天看来，即便是一片最普通的稻田，也是人类文明的载体，应用尊崇之心、珍爱之心善待乡村空间，延续乡村的空间肌理，汲取乡村空间的治理智慧。

区域地理分布和土壤特性决定了特定的生产活动，伴随生产活动形成具有地域特点的民俗文化。历史上松江府以“衣被天下”而闻名，是江南地区的重要棉产区；由于地处滨海，曾是盐业产地；同时稻粮生产和渔业生产也是历史悠久的生产活动，从而在饮食、服饰、节庆、信仰、民间工艺等领域拥有丰富的文化形态。如国家级非物质文化遗产名录中，松江顾绣、嘉定竹刻、徐行草编等均为曾经广为流传的传统民间工艺，浦东绕龙灯、奉贤滚灯、马桥手狮舞等也曾是流传一方的民间娱乐活动。此外，青浦田山歌、浦东卖盐茶等反映了当时的生产状况，还有米糕、老白酒等富有地域特色的食品制作工艺。民俗文化活动是人们日常生活的缩影，它的意义不仅在于文化记忆层面，还在于特定历史空间特征的活化印证，是构成独特空间品质的文化要素。

在研究成果的基础上，我们组织编写了《上海乡村空间历史图记》一书，旨在提供认知上海乡村空间的基础，提供一种研究视角、路径和索引，期待启发未来更多的应用和研究，从而全面认知乡村空间，尊重和珍惜乡村建成遗产，夯实绿色低碳循环和韧性发展基础，建设超大城市美丽乡村，共同助力构筑城市空间新格局和文化软实力，努力将上海建设成为创新之城、人文之城和生态之城，卓越的全球城市和社会主义现代化国际大都市。然而，史实浩瀚、文献繁杂，难免有以偏概全、疏漏错误之处，敬请批评指正。

2022 年 12 月

目录

Contents

开卷

1

因水而生，江南中的上海
时空凝视，多元乡村水韵

1.1 因水而生，江南中的上海

长江三角洲以苏松杭嘉湖“江南五府”或六府（加常州）、八府一州（加镇江、应天、太仓）为代表的江南水乡，江浦纵横、湖泖众多。舟楫便利的河道水系为这一带城镇、乡村的发展，提供了得天独厚的自然地理条件，这里物产丰富，米粮业、桑蚕业、棉纺织业都十分发达。现今的上海市主要包括明清松江府全境及苏州府部分县区，古今太湖尾闾大都经其境入海。上海是太湖流域不可分割的部分，是一个因水而生，因水而兴的江南水乡城市。

汉乐府中，“江南可采莲，莲叶何田田”，是勾画江南风景的画像。

“有三秋桂子，十里荷花。羌管弄晴，菱歌泛夜”，“我本江南人，能说江南美。家家门系船，往往阁临水……微风葭菼外，明月荇藻底……”在柳永、王国维的诗词中，江南被形容为清雅明媚之地。

从历代文学和艺术作品中不难发现，江南风景优美，风物多样而细致，适合诗意的生活，是中国文人最向往的家园；而水乡是太湖流域极富神韵的一笔，是江南地理环境中魅力动人的所在。

1.1.1 上海成陆与建置沿革

江南水乡在上万年前本是海洋地区。随着时间的推移，长江和钱塘江携带的泥沙在出海口处不断沉积，使得长江三角洲不断地扩大、延伸，形成许多大小不一的内陆湖和滨海平原陆地。

从成陆过程来看，上海最早的东部边界是“冈身”。据考证，6000余年前，现今上海版图的大部分区域还未成陆，处于茫茫大海之中，“冈身”是古代上海的岸线，它由“西北—东南”走向的贝壳砂堤构成，比附近地面高出几米，走向略似弓形，东西最宽处达10里（5千米），最窄为4里（2千米）。冈身纵贯现在上海郊区的嘉定、青浦、松江、闵行、金山五个区，是上海滩沉积成陆的标志。

在古冈身的捍卫下，上海地区开始有了人类活动的历史。距今5000余年，崧泽、福泉山、查山等古村落已经有农耕活动的痕迹；距今4000余年，上海地区的良渚文化遗址显示“方国”开始形成；距今3000余年，上海地区的马桥文化遗址显示，浙南、闵北的古文化进入上海地区；后来，吴越文化、楚文化先后主宰这一地区，历经越灭吴、楚灭越的历史，最终成为春申君的属地，故上海又有“申”的简称。

至秦、西汉时期，现上海所在地区是会稽郡的一部，含会稽郡长水县（由拳县）东境、娄县东南境、海盐县东北境，但大部区域仍未露出水面。东汉永建四年（129），原会稽郡中钱塘江以西部分（显然包括今上海地区）析出，称吴郡；东汉建安二十四年（219），三国东吴名将陆逊因战功而受封华亭侯，封地即今松江，历史上首次出现了“华亭”这一地名。魏晋南北朝时期，除了农业生产技术不断进步外，上海多数人仍以捕鱼为主业，常用的捕鱼工具叫“扈”，又因为当时江流入海处称“渎”，因此吴淞江下游也被称为“扈渎”，后简称为“沪”。

到唐以前，现今上海所属的区域内人烟稀少，处于江南的边缘地带。唐中叶，因青龙港的兴起，上海开始兴起。开埠以后，通商贸易的繁盛使上海渐渐成为中国重要的口岸城市。

上海地区的市镇，萌发于唐，兴起于宋元，至明清渐趋繁盛。唐中叶，一条西起海盐、东抵吴淞江南岸的捍海塘修建完成，上海地区的生存环境有了可靠的保障。因航运便利，坐落于吴淞江出海口的青龙港开始成形。因吴淞江东联出海口，西溯江南重镇，位于枢纽之地的青龙镇渐因“吴之裔壤，负海枕江”，商贸繁荣。唐天宝十年（751），华亭县治设立，其县城（即后来的松江府城）随即成为上海地区的商业中心，迅速发展起来。松江府城大致是今天吴淞江以南区域，而吴淞江以北区域历史上属于嘉定县境域。嘉定县于南宋嘉定十年（1217），自平江府（后来改称苏州府）析置。

宋元时期，松江府日益繁荣，其中最著名的是吴淞江边的青龙镇，被称为江南第一贸易大镇。北宋元丰三年（1080），主事两浙市舶司的周宣懦，曾在青龙镇设官职掌市舶。政和三年（1113），在秀州华亭县（县治设于今松江县城）设置市舶务。宣和元年（1119），青龙镇重置监官一员，恢复市舶场。上述市舶务（场）均为两浙市舶司的下属。南宋绍兴二年（1132），两浙市舶司从临安（杭州）移驻华亭县，并在青龙镇设立分司。

上海镇建制于北宋熙宁七年（1074），元代以后吴淞江的河道越来越狭窄，而当时的上海镇依托上海浦（今黄浦江十六铺附近段和虹口港）港口水运优越条件，成为华亭东北的巨镇。宋景定五年（1264），青龙镇市舶分司移驻上海镇。元至元十四年（1277），华亭县升格为府，次年改称松江府（1278），隶属于江淮行省嘉兴路；同年在崇明沙置崇明州，隶属于江淮行省扬州路。元至元十四年（1277），元廷在上海镇设市舶司。元至元二十九年（1292），松江府分设上海县。

明代吴淞江水运进一步淤塞，明永乐元年至二年（1403—1404），户部尚书夏原吉（1366—1430）导吴淞江水由浏河白茅入海，“掣淞入浏”。采纳叶宗行之见，开浚河道，组成大黄浦—范家浜—南跄浦水系，浚范家浜引浦（大黄浦）入海，“黄浦夺淞”，形成黄浦江水系，吴淞江成为黄浦江支流。上海的入海水道由长江口航道和黄浦江航道组成，浦东的地理概念开始出现。明嘉靖二十一年（1542）由于耕地、户丁急剧增加，松江府分设青浦县。至此时，今天的上海包括松江府下辖三县华亭、上海、青浦与苏州府下辖两县嘉定、崇明。

清雍正年间（1730年前后），上海港的贸易量日益增大。随着海岸线的东扩，上海地区的盐场也逐渐东移，由下沙起始，新场、大团、八团等盐商集镇不断兴起。上海主要包含当时松江府下辖的“七县一厅”（上海县、华亭县、青浦县、娄县、奉贤县、南汇县、金山县及川沙厅）与苏州下辖三县（嘉定、宝山、崇明）的境域范围。

6000—4000 年前

上海冈身以西已成陆，有先民居住，形成崧泽文化、良渚文化、马家浜文化

公元前 5 世纪

上海隶属吴越交界之地

公元前 222 年 / 秦王政二十五年

会稽郡设疁（娄）县（含今嘉定西）、由拳县（含今松江、青浦、闵行西）、海盐县（今金山南）

1113 年 / 宋 政和三年

升苏州为平江府。今上海地区分属嘉兴府华亭镇和平江府昆山县，崇明属通州海门县

1217 年 / 宋 嘉定十年

析昆山东五乡置嘉定县，隶平江府

1277 年 / 元 至元十四年

升华亭县置华亭府，隶嘉兴路；置崇明州，隶扬州路

1278 年 / 元 至元十五年

华亭府改称松江府，崇明沙置崇明州

1292 年 / 元 至元二十九年

松江府分置上海县，含今闵行、黄浦南部、浦东南部、青浦北部

1369 年 / 明 洪武二年

崇明建县于姚刘沙，隶扬州府

1375 年 / 明 洪武八年

崇明县改隶苏州府

1724—1726年/清 雍正二至四年

松江府析华亭县置奉贤县、金山县、福泉县（后废），析上海县置南汇县，析嘉定置宝山县

1810 年 / 清 嘉庆十五年

分置川沙县

1843 年 / 清 道光二十三年

上海开埠

129 年 / 东汉
永建四年

析会稽郡置吴郡，娄县、由拳县、海盐县属吴郡

589 年 / 隋
开皇九年

改吴郡为苏州。上海今金山大部、奉贤部分属杭州盐官县；余部隶昆山县、吴县，属苏州

746 年 / 唐
天宝五年

置青龙镇于吴淞江畔，盛于五代末北宋初

751 年 / 唐
天宝十年

割昆山、嘉兴、海盐置华亭县，置松江镇，属吴郡

10 世纪，海岸线达今月浦、江湾、北蔡、周浦、下沙、航头、青村一线

937 年 / 五代十国
南吴天祚三年

在西沙设立崇明镇

1387 年 / 明
洪武二十年

置金山卫

1542 年 / 明
嘉靖二十一年

析华亭 2 乡、上海 3 乡先置青浦县于青龙镇

1573 年 / 明
万历元年

青浦县复置于今青浦县城

1585 年 / 明
万历十三年

崇明迁治城桥镇

18 世纪，海岸线达今白龙港—东海—泥城一线

1723—1735 年 / 清雍正年间

苏松道迁治上海县

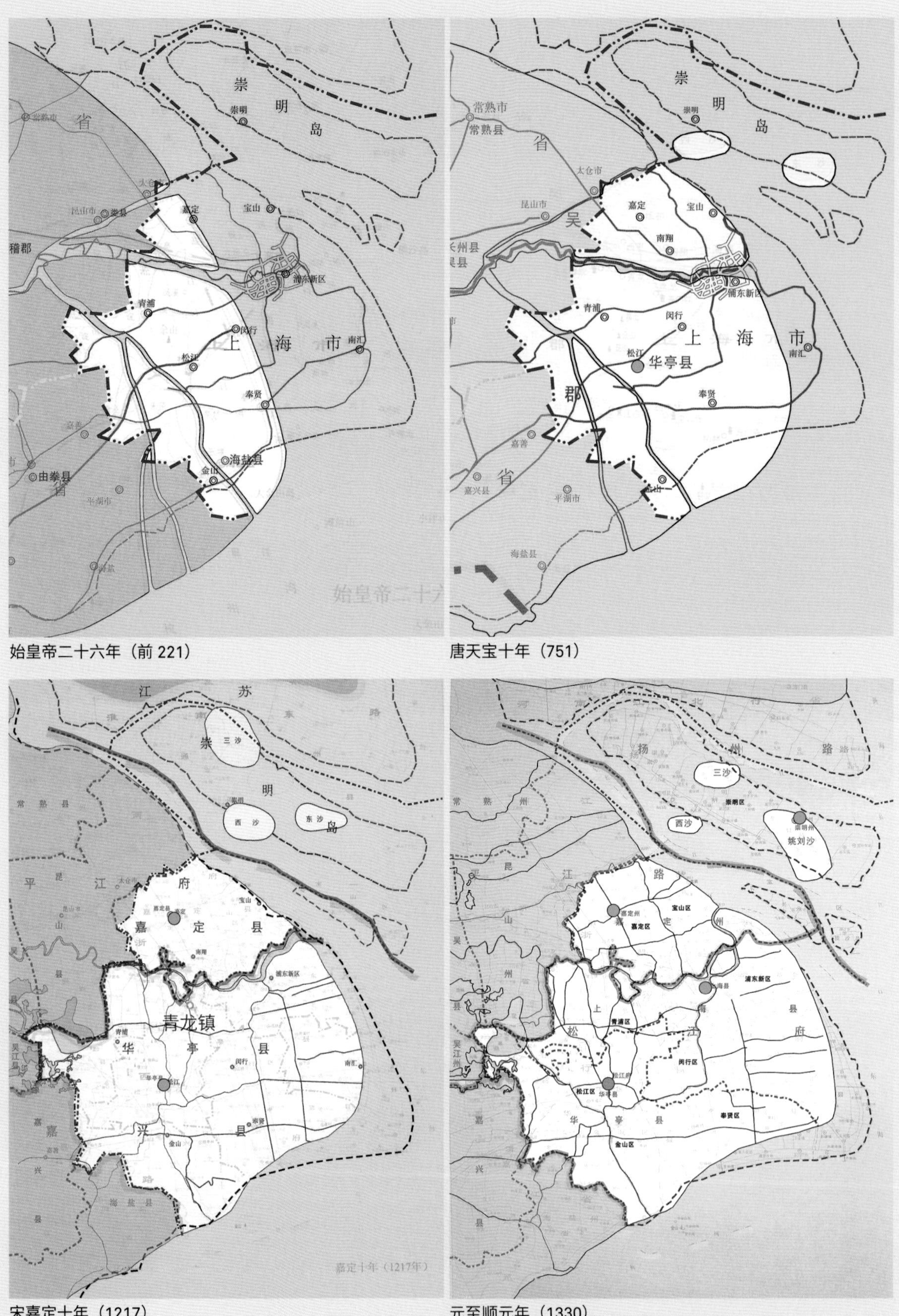

始皇帝二十六年（前 221）

唐天宝十年（751）

宋嘉定十年（1217）

元至顺元年（1330）

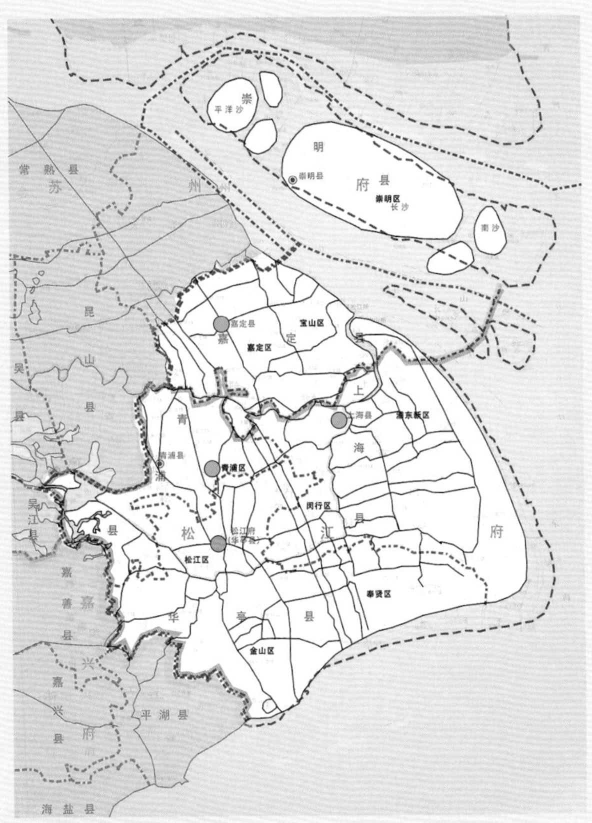

明万历四十五年（1617）

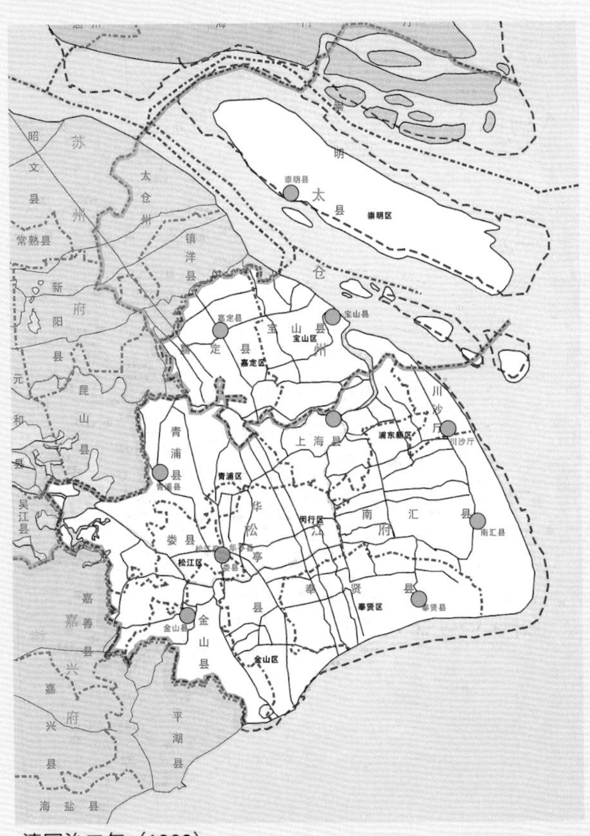

清同治二年（1863）

1.1.2　乡村历史与水系溯源

受地理环境变迁和人类生产活动的影响，上海地区水系曾发生过较大的变化，从初期的三江入海逐步演变为吴淞江水系和黄浦江水系。历史悠久的吴淞江以及明初整治后的黄浦江是上海地区生产、生活及航运的主要河道。

1. 江南太湖流域脉络

太湖位于长江三角洲南翼蝶形洼地中心，湖岸西南部呈半圆形、东北部曲折多岬湾，蓄纳苏南茅山山脉荆溪诸水和浙北天目山山脉苕溪诸水。由于环太湖平原的江阴、常熟、太仓、嘉定、金山一线滨岸滩脊（沙冈）的塑造，从而形成从东部包围太湖平原的蝶缘高地，奠定了太湖地区蝶形洼地中的泻湖地貌形态。

两千多年来，太湖地区持续沉降，平而浅的太湖，水面得以不断扩大；更重要的是，由于长江和杭州湾边滩的加积，促使蝶缘高地高程增高，以及冈身以东地区快速成陆，三江在缩窄的过程中不断淤塞，导致太湖排水不畅。自从江南运河开凿，特别是唐元和五年（810），苏州至平望数十里长“吴江塘路”的兴筑，塘路以东、冈身以西的东太湖地区，成为一个对水体较为敏感的低洼平原地域。

唐宋时期，东江、娄江先后湮废，太湖仅靠延长、束狭、淤塞中的松江（指今吴淞江）泄水，导致太湖水面再度扩展；更因为松江之水不能径趋于海，太湖下泄之水积蓄加剧，大量溢入南北两翼的原东江、娄江流域低地，从而促使东太湖地区湖群的大量涌现，水域因之显著扩大。

东太湖地区湖群其中一部分位于上海西部，包括与太湖流域邻近地带，即青浦、松江、金山地区，地处太湖湖荡平原的最低洼区，地面高程仅 2.5 米。这一带湖荡较为密集，目前最大的湖泊为淀山湖。从淀山湖出土的新石器时代的各种遗物及陶片，表明淀山湖地区湖泊群的形成，可能由于海潮倒灌，河道淤塞，宣泄不畅，并受区域性气候变化的影响。淀山湖等大小湖荡形成的地区多被称为“谷水”和“三泖”，宋代以前记载较少，宋代前的图籍也无淀山湖之名。据《祥符图经》载:“谷泖……周一顷三十九亩; 古泖……周四顷三十九亩”。三泖在青浦县境西南沈巷、练塘间，西北至东南流向，为古代谷水的一部分。有说法是，因古时三泖地区秦时陆沉为谷，称曰谷水，下通松江（今吴淞江）。又谓谷水即三泖，一水而二名。后谷水渐湮塞，大部分淤涨成陆。今三泖已无存，仅存一条泄水道，就是泖河，仅是圆泖的一小部分。河中小洲原有澄照禅院，已废，尚存五层方形唐代宝塔，即泖塔。

淀山湖古代称为薛淀湖。此湖记载较晚，直到北宋元丰七年（1084）《吴郡图经》才见有薛淀湖的记载，“在县西北七十二里，有山居其中”，当时形容“山形四出如鳌，上建浮图，下有龙洞，屹立湖中，昔人比之落星浮玉”，推测薛淀湖又称淀山湖，古代确有山在湖中。按青浦当地描述，其时，淀山湖实乃马腾湖、谷湖等相连形成，与泖湖之间仅隔一小湖。宋后，三泖逐渐淤塞，又经围垦成田。后因泥沙沉积，有的地方渐成泥沼，三泖遂形成众多的大小湖泊。清代中叶，淀山湖

清康熙松江府志水系图

也被围垦缩小。清光绪刊《青浦县志》关于淀山湖记载写道："……后潮沙淤淀，渐成围田。元初，湖去山西北已五里余。"湖泖被围垦，有部分淤塞，但淀山湖四周之鼋荡、任屯荡、葑漾荡、大莲湖、大淀湖、西漾淀等，大小连绵，人们描述"湖水依然浩瀚"。

此外，在吴淞江之南，有赵屯浦、大盈浦、顾会浦、崧子浦、盘龙浦五大支流，是典型的"纵浦"水系，南通青浦、松江城，接秀州塘还可直抵浙西。介于吴淞江与黄浦江之间东西走向的蒲汇塘，东接肇家浜，直抵上海县城，并注入黄浦，西与五大浦交会，经青浦，过湖泖可达运河而抵浙西、苏南，是横贯浦西的重要水道。

黄浦以东的主要水路有周浦塘、下沙浦、闸港等，它们东连各盐场团灶运盐河，西接黄浦，南经其他塘浦可达浦南、浙西。吴淞江以北重要的支流有练祁塘、盐铁塘、马路塘等。以马路塘为例，西可达罗店至嘉定县城，东达宝山，南至泗塘达吴淞，为嘉定县北境通邑干河。

上海地区运河水系的河道甚多，既可以溯湖泖从苏南进运河，也可以下浙西经秀州塘入运河。而后，南可抵杭州、宁波，北可至苏州、常州、镇江以至更北之地。这些河道以及为数众多的小泾、小浜不仅把整个上海地区连接成舟楫便利的水路运输网，而且辐射四方与国内各大水系沟通。其中最重要的是江南运河和长江水系。

2. 乡村水系的兴衰与发展

整体上看，上海乡村河道水系网络发达，塘浦纵横，靠近冈身地带、冈身以东的乡村地区水体面积逐步减少。除了崇明沙岛地区较为特殊以外，以吴淞江、黄浦江为主要东西向江河，可以把上海乡村水系划分为北、中、南三大区片。南部区片为松江府金山、奉贤、南汇市镇，黄浦东流北折后划出浦东区片属于沿海滩涂逐步淤积成陆地带；中部区片主要为松江府府治及华亭、青浦、上海等县镇；北部区片主要为当时苏州府嘉定县地区。在这三大区片中，骨干河流多南北走向，尤其在中部区片纵浦横塘特征最为明显，以五里一纵浦（赵屯、大盈、盘龙、崧子、顾会等）为代表，是除了吴淞江和黄浦江外的主要内河，沿这些河道的分布有重固、盘龙、白鹤、泗泾、七宝、枫泾、闵行、黄渡、南翔等镇村，水乡风貌仍存。

在南部区片的松江府金山境，历史上除了主干河道外，曾有一片湖泊名为柘湖。当时上海郊野较大的两片湖沼湿地，其中一片是三泖，另一片就是柘湖，记载为东江故道下游靠近出海口的一个大型湖泊。该地区原为陆地，秦始皇统一中国时，曾为古海盐县治所在地，秦末陷落为湖（《水经·沔水注》）。湖中有小山生柘树，因以为名。最初柘湖面积很大，至唐代已大部成为沼泽，湖面缩小。唐陆广微《吴地记》云："湖周五千一百一十九顷，其后湮塞，皆为芦苇之场，今为湖无几也。"南宋乾道八年（1172）柘湖北岸十八港口大部筑堰封闭，仅留青龙港在张堰置闸通海，加速了海沙淤淀。明成化年间（1465—1487）通海河港全部封闭后，渐渐从《肇域志》记载的"仅余积水，若陂泽然"，葑淤成陆。今主要河道有白牛塘、雪水泾（又名七仙泾）、秀州塘、面杖港、大茫塘等。

北部区片，历史上苏州府嘉定县为主，后分置析出宝山县。该地区地处长江口下游太湖碟形洼地的东缘，属长江冲积平原的一部分。古代北有娄江（淤塞后有浏河），南有（吴）淞江，冈身纵贯中部。境内河道纵横，地势平坦，东北略高，东南及西南偏低，低地较少，地面高程高于 4.5 米的高亢地及高程在 3.2 ～ 4.5 米的平田区占九成五以上。平田区其中较低的地带，主要位于吴塘以西的县境西部、南部地区，包括外冈望新（望仙桥乡）、安亭、黄渡，为淀泖低地的东北部碟缘，大部分地区的地面高程在 3.5 ～ 3.8 米。历来，淞、浏二河上承太湖洪水，下泄入海，河口有海潮影响。县境内

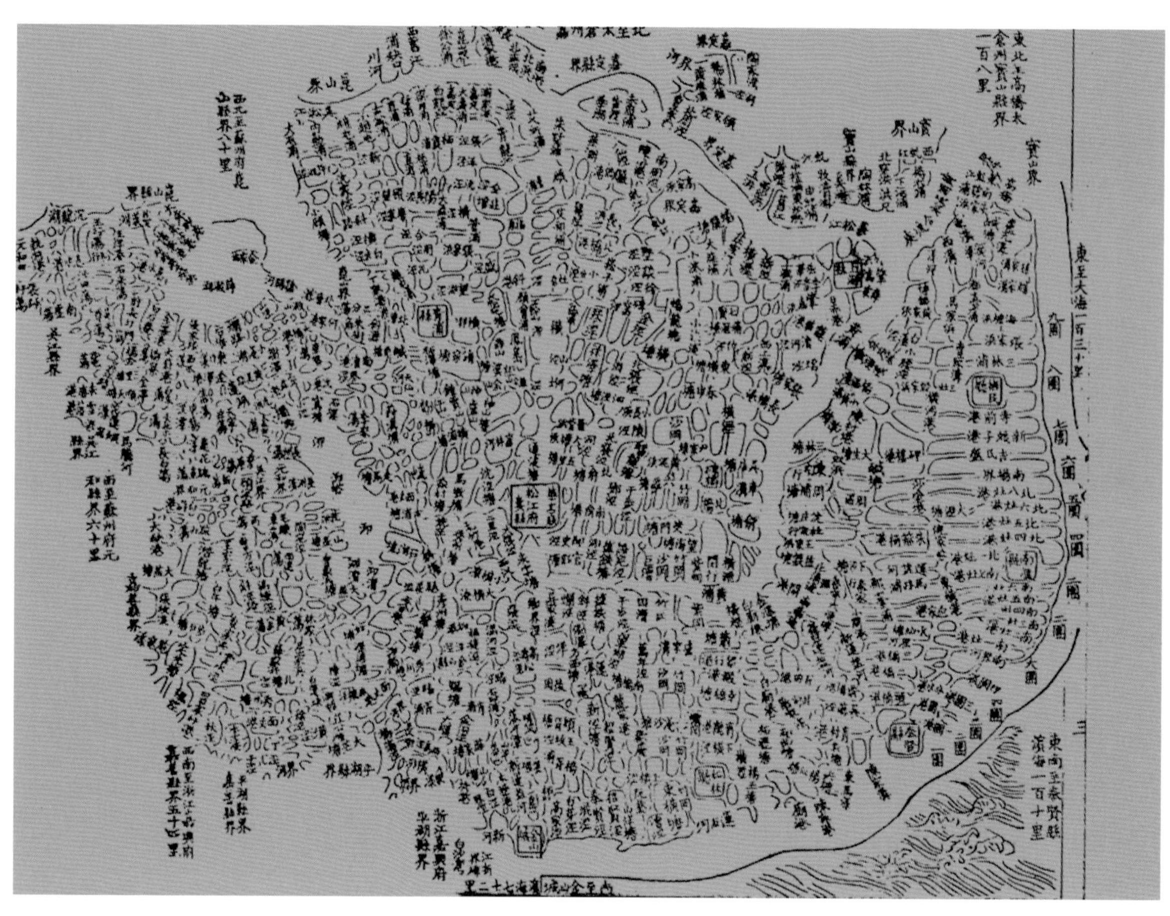

清嘉庆松江府全境图

依靠顾浦、吴塘、盐铁塘、横沥等南北向干河，沟通淞、浏泄涝和引蓄。东西向的干河有蕰藻浜、练祁塘和娄塘河，贯通嘉宝两县东出长江。

浦东区域陆地是由泥沙淤积、海岸线外拓逐次成陆。自明永乐（1404）江浦合流后，浦东作为独立的地理名称出现，依托传统制盐业、捕鱼业、耕织业，区域滨海经济特征明显。在相当长时期内盐场制盐是该地区最重要的经济生产活动，因此许多地名都带有灶、团、场、仓等字眼，如六灶、三灶、大团、六团、新场、盐仓等。

乡村生产、生活往来是形成集市最初的动力，再逐步发展成为重要的市镇甚至城镇。因此市镇与四周乡村、其他市镇之间，必须具备方便经济往来的交通条件。在近代交通业尚未出现时，上海乡村地区主要的交通工具是水系河道的“舟楫便利”。

因此江南学者很早就发现，对这些市镇来说是否傍河临浦或处水路冲要，往往决定其能否兴盛。综观当时数以百计的大小市镇，几乎都有大小不等的通航河流经过，有些市镇甚至有数条水路环绕其间。如七宝镇，左为横沥，前临蒲汇塘，后有干河、支河约十余条；外冈镇，南通吴淞江，北抵河西达吴塘、顾浦，河港蜿蜒；安亭镇有“吴淞江环其前，娄江绕其后，而所资灌溉舟楫之使者则有瓦浦、顾浦诸小泾”；朱泾镇中贯市河，东通黄浦，西达秀州塘，南有游子泾，可抵海盐、平湖北，有小泖港至苏州嘉兴……上海西南部的乡镇粮食、棉花、布纱交易历来活跃，是江南地区重要的物资集散地。有的传统市镇专门以航运为主要功能，清末民初之后航线改用轮船，有航班定时来往于各大乡镇和上海之间。乡镇以河浦、塘泾命名较多，如泗泾镇、徐泾镇、周浦镇、赵屯镇、三林塘镇、白鹤江市、金泽镇等；亦有以桥冠名的，例如南桥、郘桥、胡桥、头桥、马桥、颛桥等，尽显江南水乡特色。

然水能载舟，亦能覆舟，临江临河既便利通航，也使乡村受洪、涝、潮、渍、旱、盐碱之苦。历史记载，苏州府嘉定县境“东濒长江口，历来因防御海潮倒灌和避免浑潮夹带泥沙淤塞内河”。盐铁塘纵贯嘉定南北，并延伸至当时的松江府与顾会浦、沙冈塘、竹冈塘连接，可达黄浦江以南的南盐铁塘（今叶榭河）。盐铁塘在宋时曾建闸，明嘉靖年间又建盐铁闸，清光绪年间在南翔东港（即走马塘）为阻挡蕰藻浜浑潮又建石闸。由于时代的局限，每次建闸均不能持久，不能及时再建、重建，通航与挡潮的矛盾始终难于解决。因此江南水系，尤其是上海乡村位于出海口江潮来往相间地带，河网水系的畅通是长期依靠人与自然力相互作用下的成果。

乡镇因水相融，因水相生，水系、田地与营建的历史传统一直延续到1949年后。乡村各地人民坚持合作，水乡生活历史悠久，治理经验越发丰富，包括开展围垦筑塘、联圩治水、排灌结合等。今后仍然需要继续探索在维护传统水乡风貌理念下的新技术，不仅为乡村的经济发展提供良好的土地资源、水资源，更为引领建设更加美好的田园水乡环境作出示范。

注：由松江府全境水道图（《光绪·松江府续志》卷 00-12）、嘉定县地图（1930 年《嘉定县续志》）、宝山县地图（民国《宝山县续志》）、崇明县地图（1895 年江苏全省舆图）拼合而成。

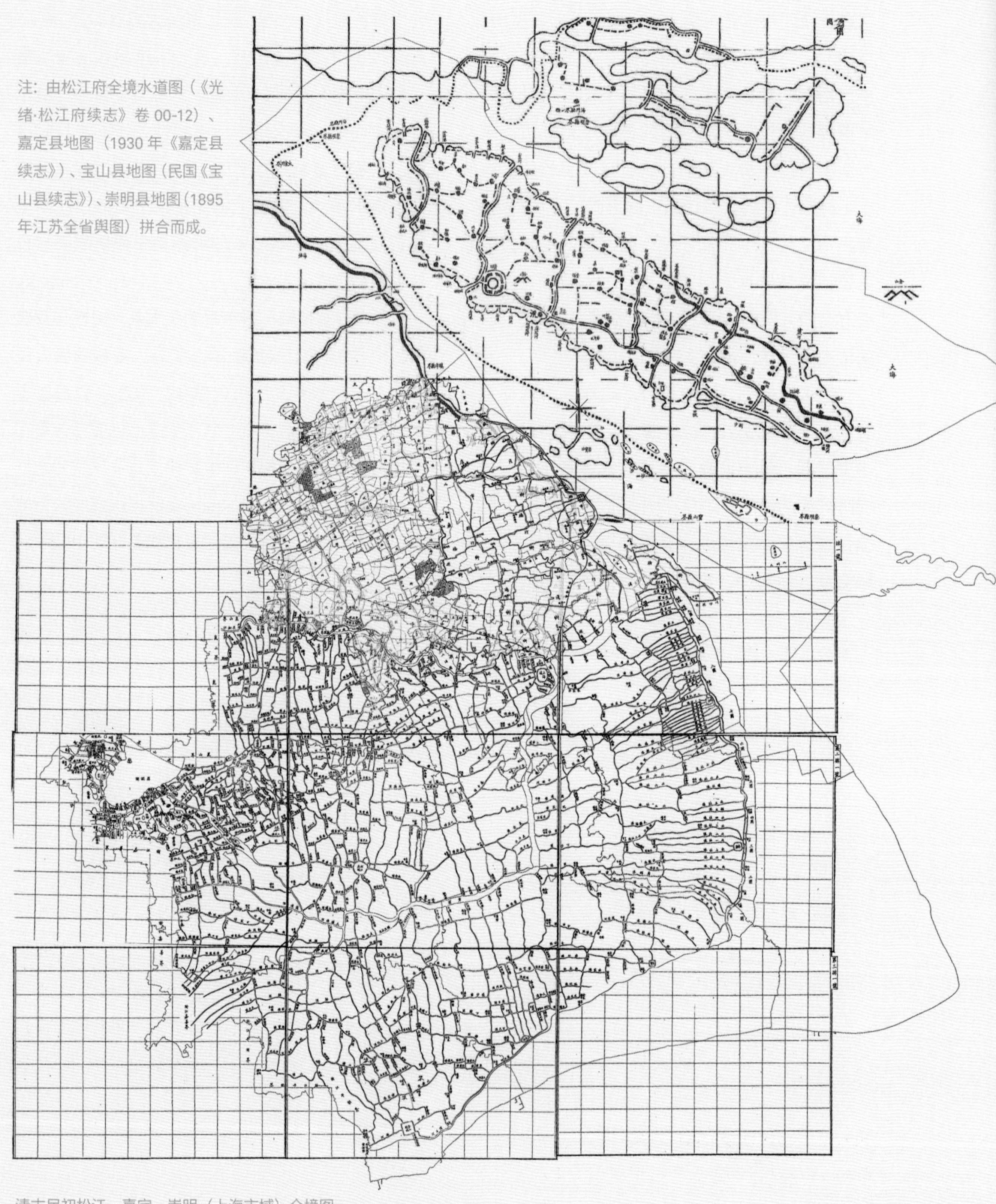

清末民初松江、嘉定、崇明（上海市域）全境图

1.2 时空凝视，多元乡村水韵

“水乡”是江南之韵、精神之魂。或许是在其中生活得太久，感受淡化了；或许即使过去曾区分不同的地域范围，但是随着全球化的进程，这种基于自我的认识细分，涉及经济、社会及当下的要素更为庞杂，反倒让古老的文化意象越来越模糊；亦或是，在现代繁忙的生活中，日用而不知，忽视了习以为常，忘记了水乡本来的美好，察觉不到地缘的情感、本土的文化意象。

水乡，首先包括河流所在的自然地理环境，也就是上海所在的这一片江南的地域环境。一片土地上气候、气象、地质、地形、地貌、景观等方方面面的总和被称之为风土或水土。

其次，人们每次介入生存环境进行的活动，都融入祖先长久以来积累的理解和经验，而最终，这些自然环境又并非完全“天然”。在水乡的环境中，人们创造出与这一环境相关联的种种生存手段，例如衣物、火盆、烹煮、赏游，也有堤防、排水道、通风、灌溉等。江南水乡经过人工改造，形成一种“半人工、半自然”的状态。因此不同的“水”产生了与之相关联的日常生产生活，形成各地不同的文化，这也被理解为“风土”。风土是人类对自我了解的一种方式，是将水乡的自然环境景观与其中产生的文艺、美术、宗教、风俗等一切人类生活的文化现象进行关联。

因此，理解乡村的空间，解读江南地域中的上海乡村，离不开对乡村中水乡空间韵味的解读，也离不开从时空结合的角度，理解过去的历史地理，而历史地理环境又是经过人们通过经验积累不断干预、介入之后，逐步演化而成的，是地理、历史、经济、文化……多重维度，相辅相成，构成了“乡村”的空间共同体。

1.2.1 理水与营田

水乡不是单指某一条河流，也不是指某一片水系流域，它是一个半人工、半自然结合的成果；水乡不是一个地理概念，它包含地理空间的演变。不同时期人们对水的认识不同，对水系河道进行不同方式的干

太浦河北岸农田与水系

预，因而水与流经空间的关系也就随之变化。上海是太湖下游水系治理的重要地区，人们对“理水”的认识在长达数百年的实践中慢慢建立起来。

范仲淹（989—1052）、单锷（1031—1110）、苏轼（1037—1101，1080年知杭州）、郏亶（1038—1103）在任时先后治理太湖流域水系，后世继任者有赵霖（两浙提举常平）、任仁发（1254—1327）、耿橘（万历年间人）、孙峻（嘉庆年间人）等人。11世纪苏州昆山人郏亶在水利著述——《吴中水利书》中，细致讨论了太湖流域的地貌特点以及古人治田的办法，倡导以治田为先，决水为后，并从整体上统筹水网体系，塑造高低兼治的水利格局。经历塘浦治水、泾浜治水、大圩小圩等多次理论与实践交互，河道与田制变化一直处于反复讨论、不断替变的状态，历时近六百年。

受到时代的局限，当时只有少数治水专家能看到治田和治水的统筹体系，并且能够在治水过程中既重视干河，也重视末端支流泾浜的作用，而大部分人难以看懂这种全局性水环境的变化。

随着现代技术的发展，人们对理水、营田的理念愈加清晰，水系、田地、生产等其中一个方面的改变，都会对其他方面产生不容忽视的影响，这是综合的、多学科的、相互影响的工程。从《太湖水利技术史》与《太湖塘浦圩田史研究》的相关章节对水、田关系的相互印证，以及本轮乡村空间研究的后续章节中，难以单独讨论场地农田空间的变化，反之水系河道变化也无法忽略场地农田的因素，皆因理水和营田在江南水乡地区是内在辩证统一的整体。

研究指出，太湖西岸上游水系环境基本不变，大圩一直留存到清代，而上海所在的太湖东岸下游水系环境变动较大，小圩、大圩、高田、低田、盐田、鳞田等，都曾经在上海乡村出现，形成不同的圩田、水系与乡村聚落生活模式单元。所以，研究上海乡村地区的肌理单元，对历史上江南水乡风貌构成与演变，具有重要的参考价值。

容水湖泊和宽大塘浦众多时，河道周围流水畅通，活水常流。不重视枝河、泾浜，一方面水集干河之后，枝河的死水化、淤塞化倾向大增；另一方面泾浜体系为居民所聚集环绕，便于生活淡水使用，但仍需要解决后期居民占河问题，水面缩小，水道阻塞，也加剧恶化等问题。

枝河流布，活水周流，“如是则田间之积水可引入泾港，泾港通流可散灌于浦塘，决水可疾趋于江海”。耿橘的治水技术体系非常合于当时的水利生态，同样也是今天治水者追求的目标。

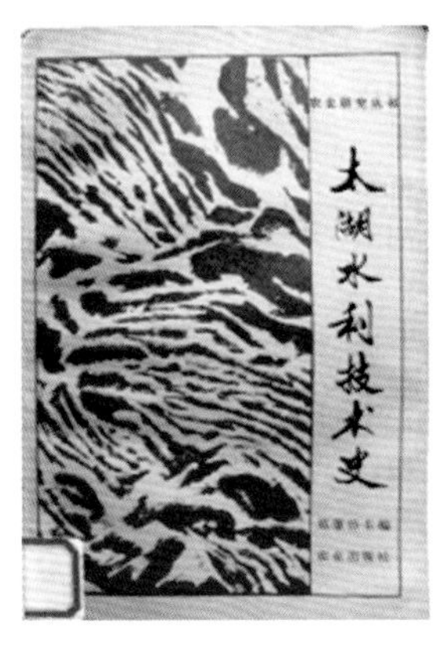

《太湖水利技术史》

《太湖塘浦圩田史研究》

注：《太湖水利技术史》第四章至第七章均为圩田、圩区研究。
《太湖塘浦圩田史研究》第一章谈圩田史，从第二章至第五章介绍水系变化，包括太湖泄水出路和吴江十八港，震泽七十二港，太湖下游东南方面诸港浦的开通、断塞，以及黄浦江的形成。

1.2.2 流域的涨溢

与其他大多数地区的河流不同，吴淞江和众多塘浦水流在长江三角洲向东出海有一个由低向高的走势。这是因为，整个太湖地区是一个碟形盆地，水流以涌涨的方式东流，到达冈身后，才开始从高向低排入大海。正是太湖和冈身的构成，塑造了这一独特的水流格局，冈身就像整个太湖流域田地的保护堰，“横亘百里，殆若天所以限截湖海二水，使不相通耳”。

吴淞江及其南北塘浦水系以一种外涨的方式溢流，在涨溢和溢流的过程中，枝河水流充足，外潮与这种水流相顶托，看似排水困难，却充分滋养了太湖东部，使之成为中国最著名的鱼米之乡。后来江浦变换，改变了整个太湖地区水网的出水功能与结构，太湖的水流也通过各路河道，在淀山湖和三泖一带集中，而后汇集黄浦江。

在冈身的护卫下，上海地区大致可以理解为处于涌涨后溢出的区域。在古代，当人们面对洪涝时，经常通过开浚河道，加快水流外泄。但是截曲取直的排水治水虽有一时之效，却加重了整个区域的旱情。太湖出水加快，长期以来的水网涨溢出水格局中，水网末端支流注水、充水功能减弱，吴淞江中下游一带的高地呈现出旱情敏感性增强的趋势。本来太湖东去之水和南来嘉湖之水汇于泖湖一带，黄浦江泄水快，清水积汇于三泖，泖湖一带也出现淤塞。

水归黄浦江以后，明清两代吴淞江两岸出现了大量河系的干涸，旱象有时非常严重，原有的水利生态遭到破坏。昆山与嘉定一带的四县出现了不耕之地，吴淞江越淤越高，排水越来越依赖简单疏浚之路。多数塘浦死水化严重，加上缺乏对末端支流、调蓄泾浜湾塘的重视，通常只疏浚几条主干河道。明初开浚范家浜由黄浦入海后，仍有记载疏浚吴淞江主干河道 6 次，清代先后浚治吴淞江 12 次。重点在黄渡以东的下游段，越开越小，已失去了排水主干的作用，但对地区生活、灌溉，特别是内河航运还有重要作用。各次疏浚由周边府县分摊，例如嘉庆年间的疏浚记载，由“上海、青浦、嘉定三县负担十分之三，其余十分之七由苏州、松江、太仓等属十三州县分两年按亩摊捐”。可见吴淞江及相关塘浦流域，是一个对于苏州府、松江府多个地区的生产、生活都十分重要的水系网络。疏浚后虽然排水更快，但也会使整个流域失去了水的滋养。

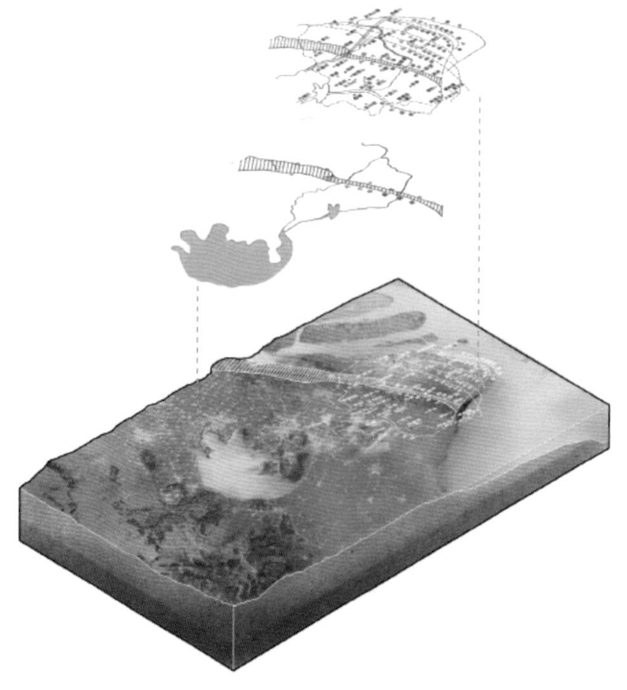

太湖下游地形分层示意图

明初，夏原吉利用疏理吴淞江水系河道，开凿上海南部的范家浜，使范家浜与黄浦江相连，黄浦江、范家浜和吴淞江冈身出海河道成为一体。随着河道刷深，黄浦江取代了原吴淞江中下游河段，成为太湖东部的主要出水干道。这一水流的改变被称为江浦合流。

随着黄浦江的发育，浙北上游来水不再流经金山大部分地区，加上杭州湾出海口因防止海潮倒灌修筑了海塘工程，使之全部封闭，来水全部在朱泾附近一线折向北流，汇入大泖港出黄浦。西水不再东流，北水也不再南注，数年后金山县境遂成为干旱之地。更由于河道水量减少，流速降低，从而使金山水利状况出现严重局面。宽阔的三泖和散处西北部的小型湖荡群逐步淤积成陆，成为低洼地，该地区丧失了天然蓄水库，导致水旱灾害加剧，大片低洼淤积成陆，成为农户分散圈围的小圩村庄。20 世纪 50 年代开太浦河及浙北上游来水全部改道等，其实与吴淞江的情况类似，如果只是简单开浚排水，没有结合合理灌溉、治水用水等方面的综合考虑，虽然排水更快，但也会使整个流域失去水的滋养，传统的水乡特色更为减弱。

江浦合流不但改变了吴淞江的干流状态，也改变了整个太湖地区的水网出水功能与结构。出太湖的水流也通过各路河道，在淀山湖和三泖一带集中而后汇集黄浦江。太湖出水加快，给长期以来的水网涨溢出水格局带来更深层的变化。

1.2.3 乡镇的交往

水乡的基本性格与所处的社会经济环境有关。苏松杭嘉湖江南五府地域物产丰富，苏松以米粮业、桑蚕丝织业、棉纺织业经济为主。上海乡村大部分从事棉业耕织，少部分从事米粮业，滩涂地带曾是盐业生产区。社会经济以及不同产业之间一些微观历史的塑造，对经济、文化两方面形成影响。

追溯江南的市镇，很多时候都是乡村集市、草市的雏形。当时的市镇几乎都与水有不解之缘，它们中有很多都以河浦、塘泾命名。位于平原某一区域中心或者枢纽点附近，商店民居傍水而立，因水成渠，因水成市，桥头水湾最窄处船只穿梭往来，直通镇区。如果说四周乡脚与市镇形成一个农村经济网络的小共同体，那么纵横交错的大小河流，就像血液输送渠道，保证营养供给。在江南地区，船只是最基本的交通运输工具，河流又是交通的动脉，这两大要素成为构筑江南市镇基本格局的决定性要素。

江南水乡市镇跟其他城区市镇的形成历史不同，城市是由于政治和权力上的原因自上而下形成的；而市镇，早期为草市，主要由于经济原因，也就是乡村和商品经济的联系扩大，自下而上形成的。固然，传统市镇的消费对象中，地主阶级仍占相当的比重，但市镇必须与四周的乡村发生许许多多，往往是零星的、小额的，但总量却非常大的一些交易。

江南水乡市镇的丝绸业和棉纺织业发达，这种生产不仅仅是由市镇、城镇里面的牙行、布商组成，还包括乡村地区的家庭手工作坊。由于生产和生活的需要，附近乡民到镇上购买棉花、桑叶及日用、生产用品，同时出售农副产品，乡村经济集散中心便逐步发展成市镇，广大的乡村家

青浦元荡东南岸

庭成为市镇经济的强大后盾。而且交易多选择便利的交通条件，地理位置与行政关系并不完全一致。比如青浦西北的金泽、商榻镇，松江府边界的枫泾镇，周围为河网湖泊，市镇几乎是一个孤岛，离县城很远，但是因为该处水乡四周村落汇聚，所以在北宋后期、元、明前期就已经贸易繁荣，还曾经位于府县中诸镇的前列位置。上海周边如盛泽、乌镇等更是闻名的商贸“巨镇”。

很多市镇的诞生与农村经济的发展都有极为密切的联系。在江南水乡地理条件下，乡村经济已经不是传统的男耕女织，自给自足，而是形成了米粮业、棉业、桑蚕业、纺织业等社会产业分工。在江南的水田系统中，不同的在地产业必须形成市场贸易，以交换所需，进而在形成市镇的同时，也形成不同产业之间的配合和社会产业分工的默契，有效提高劳动效率。这种以米粮业作为基础，棉业、桑蚕业、纺织业产业链高度发展的江南乡村自然经济，相对于其他地区更早进入一种更为开放的、融合发展的状态。

1.2.4　文化的情感

水乡的文学和艺术的起源是生活。人总是习惯去美化自己生活中最重要的事物，如经脉一般遍布于上海地区的大小水系构成的江南水乡，成为寄托情感的载体。

“江南好，风景旧曾谙；日出江花红胜火，春来江水绿如蓝。能不忆江南？”曾经出任苏州刺史的白居易，晚年在洛阳写下此诗，道尽了江南胜景在他心中的印象。江南水乡在宋朝之后的中国，成为文化繁荣和经济富庶的代名词，文人墨客不断地吟咏，表达着对江南水乡不一般的意象与情结。上海的水系与苏杭嘉等历史悠久的水乡地域连为一体，同样是湖荡交错、水网纵横、田园村舍、诗意画境。

孟德斯鸠认为，地理气候会让人产生不同的生理与心理反应，进而产生不同的文化性格。在江南水乡温和湿润的气候条件下生活，人民具有和谐、温润、细腻的心理特征。中国的传统文化观也认为山川物候、五行之气会影响人的性格气质。从心理投射效应来阐释，自然界的美感类型会成为个人心理中既定的审美类型。水乡地区物产丰饶，水体流转细微多端，生活在这里的人们，感受到的是莺飞草长，碧水烟树，自然会生出细腻温婉的性格和情绪来。

湖荡沟渠密布的水网，决定了水乡适合稻作生产的资源禀赋，杭嘉湖平原也是世界上最适宜种植水稻的地区之一。“十里西畴熟稻香，槿花篱落竹丝长。”南宋范成大（1126—1193）描绘的是金秋时节稻谷飘香的场景。“村田高仰对低窳，咫尺溪流有等差。我欲浸灌均两涯，天公不遣雷鞭车。”刘一止（1078—1160）描述了有高差的农田，需要农民辛苦地人力浇灌。种植水稻与小麦不同，生长周期相对缓慢，期间还需要育秧、灌溉等过程，十分依赖水环境，生产技术要求更为精细。江南的稻作用自然秩序影响了一方水土的民族性，滋养出当地人平和、耐心，纤细、安稳的文化心态。

“碧柳黄莺啼早春，古桥净水醉红尘。晚来谁处渔家曲，翠色轻烟一径深。”杜甫在《同里春·七绝》中描述，相较阡陌纵横的田野，更具水乡意象的是古桥交叠、桨声欸乃的水乡河道。摇橹驾船是不可或缺的交通方式，筑岸架桥又是水乡街巷相通的独特风景。清晨宁静的古镇河道上，早起的主妇在河埠头边洗漱，三两农家桥头叫卖，桥下船橹轻摇，延绵的青色屋顶上炊烟袅袅。

松江府境的自然不是幽不可测的高山丛林，而是乡村野外、太湖边缘地带的局部浅丘，大片湖海相连的平原、沼泽。面对这种广袤、浩瀚的景观，置身其中仿佛苍然孤起，只见野塘湖沼横逸，水田纵横无垠，河泖浅水沉积，蒲苇漫滩望之不尽……

杨维桢（1296—1370）曾在《跋君山吹笛图》中记录他与黄公望在松江三泖间游历的情况：“予

往年与大痴道人扁舟东、西泖间，或乘兴涉海，抵小金山……不知风作水横，舟楫挥舞，鱼龙悲啸也”。

无论松江、华亭、云间、苏松，画派文风都以淡为宗，强调自然性情，率真飘逸。当然任何画派都有历史的局限，其中也不乏庸俗鄙陋，良莠不齐者。苏风重理，松风重笔，作为对当时细密、纤弱、繁琐、甜腻的流弊的反叛。松江云间画派在晚明艺术变革中有决定性的意义。

正是在这样的水乡底蕴下，加上江海交汇独特的环境，孕育了当时松江云间画派追求开阔、淡泊的境界，对当下的乡村文化，仍具有重要的参考意义。不同于生长在大江大海水系中的民族，惊涛骇浪会培养出开拓激情的民族性格。江南水乡先民的生活游走于波澜不息的塘浦河道，跳动于船桨荡开的涟漪清波，沉静于夜色阑珊下的逶迤绿水，他们生活的水乡，被柳暗花明的拱桥和风雨廊，装点铺陈出一幅自然、自在、惬意、舒展的江南画卷，是多少文人墨客的诗意故乡。

（明）马愈《畿甸观风图》卷（局部）

（明）马轼《归去来兮图》卷（局部）

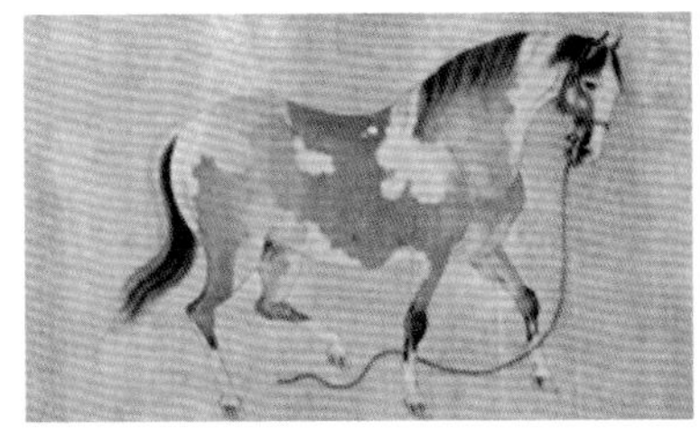

（元）任仁发《二马图》卷（局部）

（元）李升《畿甸观风图》卷（局部）

（元）张观《疏林茅屋图》卷（局部）

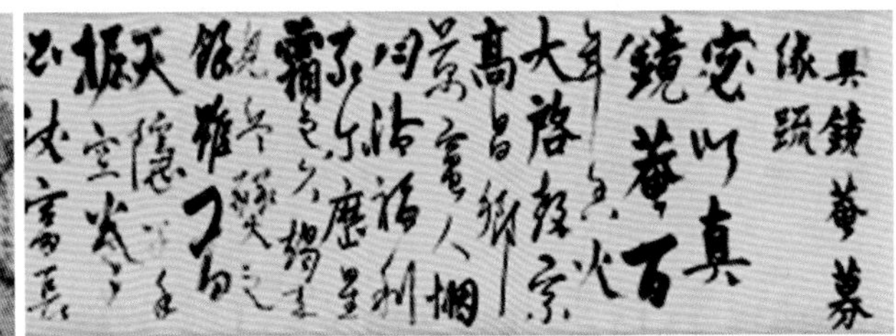

（元）杨维桢书法《真镜庵募缘疏》卷（局部）

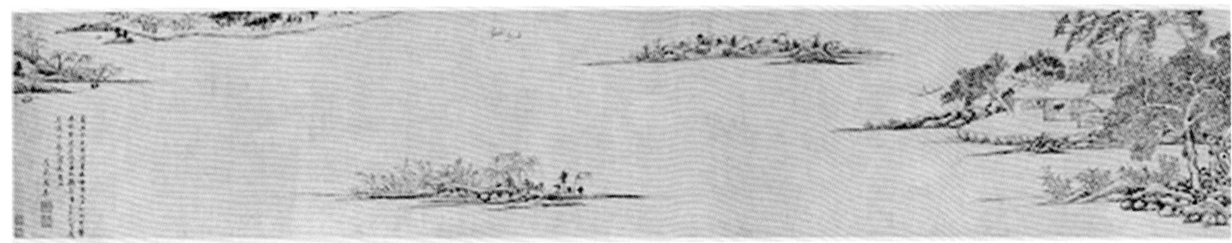

（明）文嘉《曲水园》卷（局部）

松江云间画派代表作

认知乡村，塑造高品质的城乡人居环境，既要关注自然资源，也要关注人文资源；既需要识别当下地域空间要素的内涵，也要继承地域空间要素的历史文化特色。

随着区域性文化遗产保护利用理论与实践的不断发展，借鉴"建成遗产"概念，并拓展成为全域空间规划范围内相关研究视野、思路与理论工具，在乡村中构建从建筑到聚落，以及聚落以外的自然地理景观、民俗民间文化的立体视角，对探索研究乡村空间格局的整体框架具有基础启示意义。

从自然地理景观、民俗与民间文化分别展开，针对上海乡村以平原为主的自然地理景观，重新认识江南田野中各类要素与景观感知意象之间的关联性，深入研究田园审美与人文景观的形成关系；从文化特征大致相同的区域着手，分析区域功能、文化精神的内在关系，梳理乡村民间文化生成、发展的时空背景。

发微

2

建成遗产视角下的乡村启示
江南意象与田野景观结构
城乡民俗与日常

2.1 建成遗产视角下的乡村启示

2.1.1 建成遗产概念提出的背景

建成环境保护经历长期的发展与演进，其保护的对象逐步扩大，从最早的文物建筑到历史地段，再到城乡空间。在保护领域扩大和丰富的同时，在城乡空间的规划设计中，从人工环境到自然环境、建成环境及景观的保护策略，成为一种综合的思考方式、一种有效的工作方法。

1. 国际遗产保护理论的内涵拓展深化

面向广袤的中国乡村，为了整体认知和把握乡村地域千姿百态的城乡建成遗产，常青院士及相关学者提出从地理和民居建筑谱系分布入手，不断寻找、挖掘并保存乡村风貌及其背后的意义。其中，地域风土建筑、乡村建成遗产比重最大，然而这些乡村遗存大部分尚未得到理念与价值方面的重视，更遑论身份的认定。截至 2022 年底，已公布 1 ～ 8 批全国重点文物保护单位 5058 处，上海市共有历史文化风貌区 44 处（其中郊区及浦东新区 32 处）、国家级历史文化名镇 11 个、国家级历史文化名村 2 个、国家级重点保护单位 40 处，不可移动文物 3462 处。这些进入保护名录、获得保护身份的国家重点文物保护单位，主要分布在中心城区，而位于郊区村镇的历史遗存、村落环境等综合的风貌要素价值并未被真正认知与认定。

1931 年《雅典宪章》提出的保护范围仅限于单一古迹、小块遗址及其紧邻古迹的周边环境，其保护目标聚焦在不损害古迹遗址等的历史性特征。因此，其提出的策略方法是孤立视角下的古迹或遗址保护的策略、技术、方法，其所关注的环境也主要从视觉环境或者说美学角度提出保护控制的要求。

1964 年《威尼斯宪章》扩大了历史文物建筑的概念，即古迹保护包含保护它所处的环境，一般不得迁移。这一原则已成为世界遗产保护领域的共识。

1976 年《内罗毕建议》写道：“历史地段和它们的环境应该被当作全人类的、不可替代的珍贵遗产，保护它们并使它们成为我们时代社会生活的一部分是它们所在地方的国家公民和政府的责任”。文件进一步阐明了使历史性城镇能够适应现代化生活的需要的技术路径。

1985 年欧洲理事会通过的《欧洲建筑遗产保护公约》（简称《格拉纳达公约》，*Convention for the Protection of the Architectural Heritage of Europe*，*The Granada Convention*）中，进一步认为历史遗产的概念应该包括“地区”（sites），是人类与自然的共同作品，部分建立在地形上或被地形明显区分的、特色鲜明的相同类型区域，明显具有历史的、考古的、艺术的、科学的、社会的或技术的价值，更加强调了文化遗产与自然环境的关联性和有机联系，关注到建筑遗产与自然环境不可分离的整体关系。

1987 年《保护历史性城镇与城市化地段宪章》（简称《华盛顿宪章》，*Charter on the Conservation of Historic Towns and Urban Areas, The Washington Charter*）提出“大小城镇和历史性的城市中心或地区，包括它们的自然的或人造的环境”的保护内容。

2011 年联合国教科文组织（UNESCO）通过《关于历史性城市景观的建议》（*Recommendation on the Historic Urban Landscape*），将历史性城市景观（Historic Urban Areas，HUL）方法，作为一种保护和管理的方式，以景观方法去识别、保护和管理历史地区，充分考虑其物质形态、空间组织关系、自然环境特征，以及社会、文化和经济价值等方面之间的相互关系，把保护、管理和规划策略整合到地方发展进程与规划管理之中。

2. 新型城镇化背景下的城乡空间发展

随着新型城镇化建设高潮的到来，城乡建成遗产保护与传承面临新的挑战，专业领域和国家管理层面对遗产保护工作都有紧迫感。2015 年 12 月，中央城市工作会议提出了“以人民为中心”的城市发展思想和针对城市遗产问题的建设方针，即以“城市修补”和“有机更新”的方法，留住城市特有的地域环境、文化特色、建筑风格等“基因”。但现有工作思维仍以物质环境的更新改造为主体，然后进行功能植入再利用。虽然这种做法在近几十年来取得显著的成绩，有效地保存了大量的历史城镇和街区，保护范围也从文保单位扩展到历史建筑以至于风貌建筑层面。但其忽略了“人”的因素，忽视了“生活”的内容，往往容易造成无形的社会文化价值断层或丧失。

已有的历史遗产保护偏重物质环境更新改造与功能更新，对遗产内涵的认知忽视建成环境的文化与社会意义。原有的城市规划与建筑学科体系，近年来在建成环境保护理论方面吸收的文化哲学、公众史学、旅游人类学、民俗学等相关学科的研究成果还有待进一步梳理和整合，对建成环境与国土空间环境之间的系统性认知仍然不够，致使在理解建成环境的价值与意义时，往往出现偏颇，造成许多“非主观意志”的保护建设性破坏，或是底线失守、似是而非。

2.1.2 建成遗产概念回顾

国际语境中的“建成遗产”（built heritage），涵盖了以建造方式形成的建筑、城市和景观遗产，是承载着多种多样历史文化信息的建成环境的组成部分，其生存状态和命运走向，正愈来愈成为学界、业界，乃至全社会都关注的焦点。在全球化、网络化的巨大影响下，当代经济、社会可持续发展的多元化诉求，对于如何看待和处置建成遗产及其历史环境，如何为其在未来城乡发展进程中准确定位，提出了一系列新的挑战。

在“建成遗产：一种城乡演进的文化驱动力”国际学术研讨会上，大会学术委员会主任常青院士对建成遗产的概念进行了全面的阐释——建成遗产是国际文化遗产界惯常使用的概念，泛指以建造方式形成的文化遗产，由建筑遗产、城市遗产和景观遗产三大部分组成。将“建成遗产”概念的空间范围扩展开来，其另一种表述方式就是“历史环境”（historic environment），即具有特定历史意义的城乡建成区及其景观要素，比如城市中的历史文化街区和乡村中的传统聚落。不仅如此，“历史环境”概念的外延还包括那些虽建成遗产早已凋零，但历史影响依然深厚的地方。

从文化景观、自然风土、历史遗产的广义定义看，建成遗产应当包括以下四大类：

（1）具有突出文化价值的纪念性遗产，例如具有保护等级的文物建筑，或代表了当地特色的建筑物、构筑物；

（2）没有突出的遗产要素，但表现出相对丰富的连贯性与一致性特征；特别体现在结构的要素中，包括：绿色（城镇与乡村的环境植被、植物、山体、林地、田地等农业生产地区，被视为一个整体），蓝色（城镇、乡村中存在的水体，渔业、湖泊等在生态系统中每一个相互关联的方面），灰色（任何种类的路线，桥梁、交通路线、路径等）；

（3）具有当地特色的民俗文化、民间传说、风土习俗等；

（4）需要考虑新的持续发展的生产生活要素。其中，包括乡村的建成形式（urban built form），也就是乡村的建筑群或天际线、大地景观等整体风貌，而不是建筑单体结构物；建筑物之间开放空间的“建成环境”：街道、公共开放空间等；乡村生产设施、基础设施、物质网络与设备等。

2.1.3 从建成遗产到乡村建成遗产

乡村中大量的建成遗产，是我国传统文化不可多得的载体，是故土“乡愁”的根和身份认同的源。

《关于乡土建成遗产的宪章》(*Charter on the Built Vernacular Heritage*, ICOMOS, 墨西哥，1999 年）所阐明的乡土建成遗产保护原则和指导方针，深入探讨了乡土建筑和古村落的保护与利用，提出乡土环境在人类的情感和自豪中占有重要的地位，它已经被公认为是有特征的和有魅力的社会产物。乡土建筑、乡土建成环境的元素看起来不拘于形式，却是有秩序的。它是有实用价值的，又是美丽和有趣味的；是具有某个历史时期代表性的生活场景，同时又是社会史的记录。它是人类的作品，也是时代的造物。如果不重视保存这些组成人类自身生活核心的传统元素，将无法体现人类遗产的价值。因此，乡土遗产是社会文化的基本表现，是社会与其所处地区关系的基本表现，同时也是世界文化多样性的表现。

宪章同时指出，乡土建造是社区自己建造房屋的一种传统和自然的方式，为了对社会和环境的约束作出反应，乡土建筑包含必要的变化和不断适应的连续过程。当今对乡土建筑、建筑群和村落所做的工作应该结合多学科专业，理解和尊重其文化价值和传统特色。乡土性几乎不可能通过单体建筑来表现，最好是各个地区经由维持和保存有典型特征的建筑群和村落来保护乡土性。乡土性不仅在于建筑物、构筑物和空间的实体构成形态，也在于使用和理解它们的方法，以及附着在它们身上的传统和无形的社会文化。

面向乡村，面向广袤的乡土建成环境进行干预时，应该尊重和维护场所的完整性、维护它与物质景观和文化景观的联系，以及建筑和建筑之间的关系。除了传统建筑体系，与乡土性有关的传统建筑体系和工艺技术对乡土性的表现至为重要，也是修复和复原这些建筑物的关键。这些技术应该被保留、记录，并在教育和训练中传授给下一代的工匠和建造者。建筑物、建成环境所在的社区、乡村社会的参与和支持是基础，因为乡村本身就是一种对功能、社会和环境约束的有效回应。

因此，乡村建成遗产是文化遗产中最为量大面广的组成部分，是乡村中经由人工建造活动所形成的建成遗产，涵盖了建筑、聚落和景观遗产本体(tangible)及其所关联的非物质文化遗产(intangible)。乡村建成遗产（built vernacular heritage）应包括乡村中的传统聚落与特定地景要素一起构成的、整体的乡村历史环境空间，以及与之关联的传统和无形的社会文化。

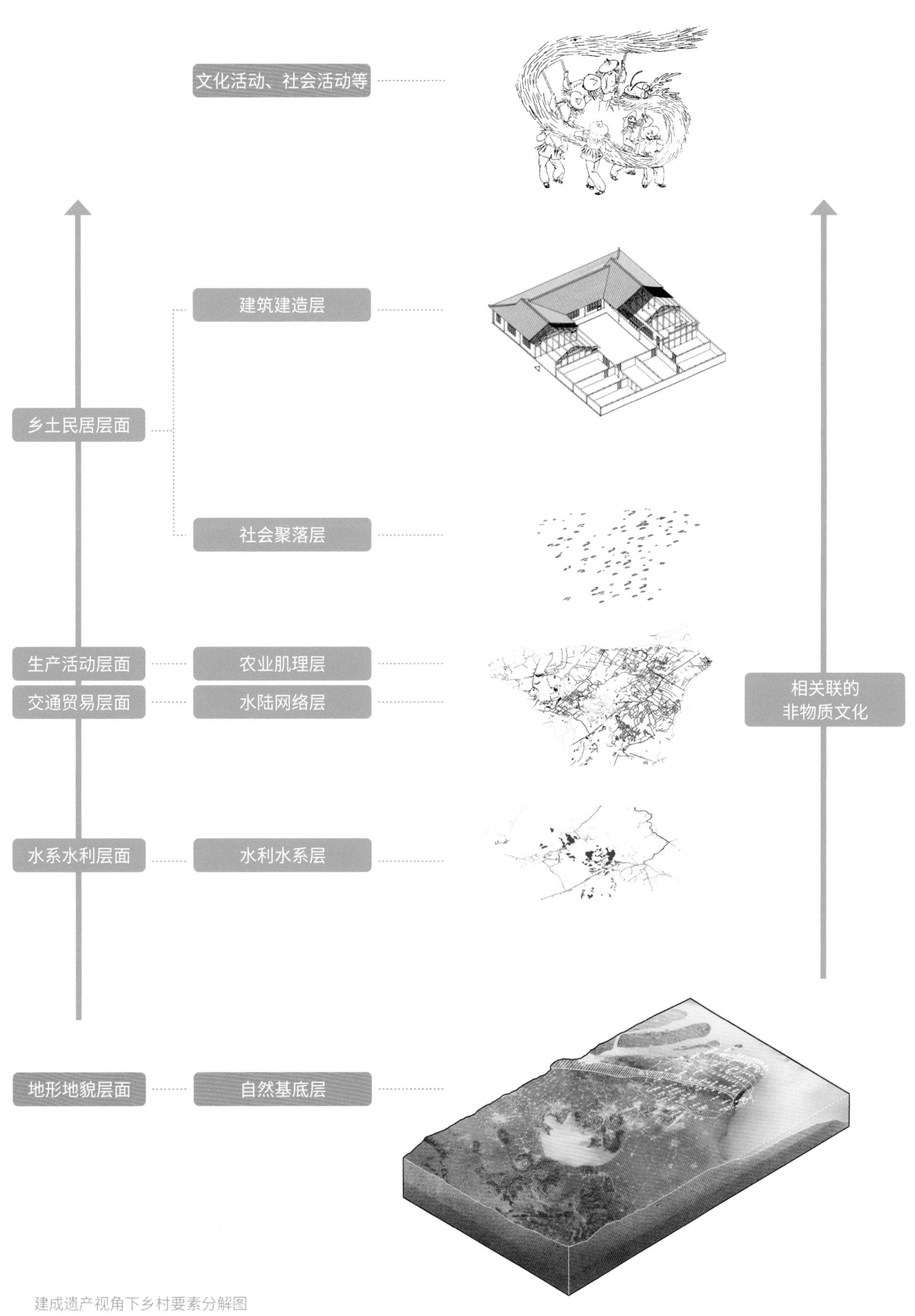

建成遗产视角下乡村要素分解图

2.1.4 建成遗产概念下的乡村研究方法

从乡村建成遗产的概念出发，从区域整体空间格局中理解聚落的产生，需要了解自然基底等背景要素，包括整体的乡村历史环境空间，以及与之关联的传统和无形的社会文化等多个层面。从天然形成的自然基底至非物质文化活动，可以分为地形、地貌要素层，水系、水利要素层、交通贸易要素层，农业及分类作业生产活动要素层，以及人类活动较为密集的传统聚落和民居建造要素层，同时各类要素层面又影响了人类非物质文化活动，包括民俗民间文化的产生，并受其影响。

乡村遗产概念下对各类要素层面的剖析，可以作为一种在乡村工作中的研究方法，成为全域空间规划范围内相关研究视野、思路与理论工具，在乡村中构建从建筑到聚落，到聚落以外的自然地理景观、民俗民间文化的立体视角，对探索研究乡村空间格局的整体框架具有基础启示意义。

1. 地形、地貌要素层

从远古时期地壳运动形成的水陆自然“基底”——地形、地貌，既是建成遗产的要素层，又承载着其他要素。地形、地貌影响着人类的活动，而人类的活动也会改造地形、地貌。总体而言，人类活动尤其是古代的人类活动对于地形、地貌的影响十分有限，但历朝历代开垦、圩田、开渠、筑堤、修塘、植树等活动也在这片古老土地上留下恢弘的印记。

通过古地图、地貌形势、水利志，研究上海及周边地形的演变，以及人类在适应地理环境、改造地形地貌中所做出的重要举措，重现先民的壮举，解析古人的智慧。

2. 水系、水利要素层

总体来说，上海位于太湖以东，水文状况受制于太湖东部吴淞江、冈身地形的流域水环境。入宋以后，由于太湖东部地区的围垦，太湖出水主干吴淞江开始淤塞。直到明中后期，太湖出水干道由黄浦江取代吴淞江，在9—16世纪的漫长时期内，太湖东部吴淞江排水不畅。崇明沙洲自唐初成陆以来，由河水冲积、沙洲围垦而成，与苏松二府隔江相望。历史上的崇明是典型的乡村型生态地区，土地肥沃、水系平直，“沙”“河”“溦”“港”构成了百年来发展的基本格局。

通过古地图、地貌形势、水利志，研究重要的地形中人工干预的水系、塘浦、湖荡等水系工程，并对相关水利设施，如闸口、围堤、河道遗存现场踏勘，分析人工干预下的水系及地形、地貌特征和取得的效果。

3. 物产及农、渔、盐作生产活动要素层

在湖荡平原，明清时期已较为常见在积水与缓流的水环境下围田开发——人们在湖沼淤积区中将田围于水中，挡水于堤外开垦；在冈身地区，由于水流不畅，土壤中夹沙泥，土体疏松且水质含盐略高，不利农作物生长，以棉代粮的生产活动较多。上海历史上棉纺织业在嘉定县、松江府以及冈身以东的集镇中曾广泛分布。在沿海地区旧时多为滩涂，以盐业生产为主，形成独特的滩场、灶舍、灰淋、卤井等煮盐设施。随着海岸线东扩，上海地区的盐场逐渐东移，原本的盐场也逐步改为植棉，出现塘浦疏浚与棉业种植的并行。

通过古地图、农业志，探寻历史上根据地理、地貌特征因地制宜形成的耕种业、渔业、盐业分布，以及由此引发人工干预的圩田、养殖、团灶等基础设施，并对相关遗存进行现场踏勘，分析历史上农、渔、盐作的生产活动特征。

4. 传统手工业、商业与交通贸易要素层

江南蚕桑业、棉纺织业发达，促成家庭手工业生产的发达，随之而生的商业性和流动性促成丰富发达的水路交通贸易路线。相关研究指出，在水乡市场网络体系中，各市镇平均间距十多里。明清时期，江南地区商品市场大致可分为农村集市、乡镇市场和城市市场三种贸易体系，形成棉布手工业与棉花专业市场、蚕桑及丝织专业市场。上海地区主要以棉布手工业与棉花专业市场为主，还包括粮食、运输、盐业、水产、编织、竹木山货业、建材，以及铁制品农具、绣品、花车、榨油等各类市场。

通过古方志及相关文献研究，对历史上乡村的传统小手工业进行分类，并通过路程图、路程图记、交通路线与物产、手工业、经济古籍记载，把古代路程图所指位置、航线分布与地形图、航拍图、旧照片对应叠合研究，同时对河道、水埠、古桥等相关遗存进行现场踏勘，分析传统手工业、商业与贸易分布特征。

5. 传统聚落和民居要素层

利用不同时期的文献史料和古地图，追溯乡村空间的形成过程，可以看到河流湖泊的沿岸是如何开垦成为农田的，之后又是如何确定发展方向并逐步被建造活动占据，高低不同的田地利用方式、空间结构与林、田、水塘及河流这些乡村景观是如何逐步浮现或者消失、变化的。

乡村空间与自然地形有着紧密的关联，乡村生产活动需要丰富的环境感知，也丰富着乡村的空间意象。以地形地貌、河流水系等为载体的物质要素，融合了人们建造水利工程，开展耕作、渔作、盐作等生产活动及社会生活行为，展现出民居聚落空间极为丰富的内涵。

6. 民俗民间文化要素层

乡村建成风貌元素不仅包括物质层面的功能、生产、空间、视觉、象征和环境，还包括其中“人”的活动，包括使用传统方法与技术累积的知识、文化、习俗等，涉及人与自然关系的技术、科学及实践知识。从乡村建成遗产的角度，对目前乡村中与之关联的文化进行研究，针对以下三方面进行探讨：第一，人工活动影响下的水系及地形、地貌特征，产生的治水思想和管理制度；第二，农、渔业和盐业资源开采生产下，所产生的农耕文化、祭祀曲艺、民间信仰等；第三，传统手工业、商业与贸易交往影响下，衍生的相关民间活动、社会习俗、戏曲活动等。以非遗、乡镇民俗等有代表性的文化遗存名单为线索，展开对其他有代表性的民间文化类别的补充，收集古图、旧照片等历史文献，并开展访谈、影像记录、现场调研，分析社会民俗文化的区域分布、历史渊源，以及乡村中的民间文化的活动载体、场景、空间场所要素及文化活动特征。

上海郊区乡村地域范围广阔，除了建筑之外，涵盖镇、村、田、林、河、湖等多种要素。从推进现实发展的方法构架上看，乡村建成遗产等相关理论提示了一种组织开展研究的视角，有助于揭示在自然地理环境的历史演进中，产生的乡村建成环境及聚落肌理风貌蕴含的内在文化基因。从地形、地貌、水系、水利、交通、贸易以及生产活动中，通过采样建筑、聚落及其承载的相关社会、文化、人文活动等切片，多角度相互印证，探寻历史背景下乡村空间的痕迹和信息，从中能够发现影响乡村空间发展的规律。

2.2 江南意象与田野景观结构

唐宋以前，江南的自然山林与田野景观富有自然特色；唐宋以来，特别是宋以后，景观已经被大规模地人为改造了，士人审美视野下的江南田园风光，是众多小农的组合，形成山水与田园的印象，长期流传。因此，宋代江南景观的形成与文人对景观的认知，是江南景观结构的基础，是此后千年江南印象的根源。

从江南山水田园诗、山水画和宋时该地区面貌可以得知，江南有两种景观最为突出，一是低地圩田区的景观，一是平原与天目山一带山地交汇区域的景观。前一种景观一直是田园诗的对象，后一种不单是诗人的讴歌对象，也是山水画家寻求与关注的对象。

景观成为遗产，本身意味着景观代表了人与景观互动的历史文化过程。分析这两个景观类别，在细处展示了江南景观的构成和特点，推动了对现实景观深度价值的认知。江南遗存的田野景观，之所以有保留的价值，是因为它承载了千年的历史文化进程，对塑造江南文明具有一定的意义。

2.2.1 山水的自然与人文塑造

整体性的山水景观是高山与水流、湖泊等水环境的美学组合。山水诗和山水画一直关注这些对象。在江南，山水中的山是指天目山一带的低山丘陵，水是太湖、东西苕溪等水流。江南山水在六朝时期被中原地区的汉族知识分子充分发掘，在唐宋时期逐步进入新的阶段。

1. 发展回顾

六朝时期，大量北方士人来到江南，在江南之地重建北方的审美情结。士大夫对山水的审美传统加上江南的优美风光，审美水平出现较大提升。中国艺术史上第一个具有较大影响力的画家群体出自江南，这其中有东晋顾恺之（348 — 409），南朝陆探微（？—485）、张僧繇（？—547）等，人数甚多。郭熙曰：

> 山以水为血脉，以草木为毛发，以烟云为神采。故山得水而活，得草木而华，得烟云而秀媚。水以山为面，以亭榭为眉目，以渔钓为精神。故水得山而媚，得亭榭而明快，得渔钓而旷落。

六朝时期，类似的自然美景非常多。谢家这样的大家族中的文人学士，可以实行全方位的审美探索。溪水、岩石和山林的关系，构成六朝文人所见的深幽之境。山洞幽深，水流弯曲，溪水与石山相彰而益加幽静深远，浅山处一般分布着竹林，比如《兰亭集序》之“有崇山峻岭，茂林修竹，又有清流激湍，映带左右。引以为流觞曲水，列坐其次”。

到唐代，山水的整体景观是发展的，但更多积聚于水面。如张若虚对长江的景观有着深刻的记忆，他的描述中带有唐代诗人的宏远。

春江潮水连海平，海上明月共潮生。

滟滟随波千万里，何处春江无月明。

江流宛转绕芳甸，月照花林皆似霰。

空里流霜不觉飞，汀上白沙看不见。

江天一色无纤尘，皎皎空中孤月轮。

这里提到的江波、潮水、汀洲与白沙，都是长江下游的生态环境。

2. 宋代的山水色彩、结构与组合

到宋代，山水画的模式多是一体化的山水，山水诗则可以在诗中分解为山水的局部特点和局部印象。然而，整体感很强的山水诗仍然盛行。这种整体特点，可以呈现于色彩，也可以呈现于各种景观的组合中。

比如，刘一止（1078—1161）是透过竹林和月色的景观看山（《月出》），“东峰高如屏，月出久未知。竹影忽上窗，淡墨时参差。”句中称山色为墨色，与当时山水画的风格相关。“窗间岩岫如争入，笔下云烟洗不空。”山区平原交错的青山与溪水是诗人与山水画家关注的区域。水体倒映效果使青山绿水和农田树林景观格外美丽，没有水体、湖面，景观效果失色甚多。孙应时（1154—1206）在《秋日遣兴》中道：“门前白水映青山，草满荒庭书掩关。”陆游（1125—1210）描述了山水和树林的色彩组合变化，“山重水复疑无路，柳暗花明又一村。”

3. 山水审美的影响力

在太湖地区，一般诗人往往把远山与太湖搭配，“吴山濯濯烟鬟青，湖水练练光绕城”（周麟之，1118—1164，《与苏州守十诗以“兵卫森画戟，燕寝凝清香”为韵》），将实景与画景配合进行山水的整体审美。

山水与树木最为集中的地区，例如在湖泊、孤山、桥、堤和柳、梅的景观形成一定的模式。这种中国传统山水建造模式不仅影响了江南的园林化风格，也影响了诗人的意境和山水画家的构图，具有区域性的审美影响力，而且不限于一个朝代和一个地区。

蔡幼学（1154—1217）的《田园》描绘的山水乡野景观，将水与田、庭院与树木等一一纳入。

野水萍无主，晴风草自香。

庭阴新似染，物色去如忙。

岸树鱼依绿，畦花蝶斗黄……

范成大（1126—1193）为山水画题诗（《题画卷》），其中既有溪水之景，也有田园与乡村之乐；既有高远的的意境，又有生活之美。比如，

凿落秋江水石明，高枫老柳两滩横。君看叠巘云容变，又有中宵雨意生。

欹倾栈路绕山明，隔陇人家犬吠声。无限白云堆去路，不知谁识许宣平。

秋晚黄芦断岸，江南野水连天。日色微明鱼网，雁飞行人苍烟。

宋赵伯驹《兰亭修禊图》（局部）福建省顶信 2013 秋拍图稿

江南水系发达，除了岸上树木植被，水生植物也使得湖边水景更胜一筹，周紫芝（1082—1155）“已是湖山无限好，更栽芦叶伴轻鸥”，表达了对湖山再加上水生植物的欣赏。李纲（1083—1140）的乡居理想是宅前屋后有泉池水景，能欣赏堤边草色：“疏泉凿池沼，植竹来云烟。纵目望震泽，策杖登山巅”（《和陶渊明〈归田园〉》），陆游的诗中则“堤远沙平草色匀，新晴喜得自由身。芋羹豆饭家家乐，桑眼榆条物物春……”（《肩舆历湖桑堰东西过陈湾至陈让堰小市抵暮乃归》）别有一番水乡田园意趣。

江南山水由山、溪、林、田、湖相互依托，从宋代开始历经文人的逐步描摹，又与山水画概念相互影响，形成整体之美，勾画出江南山水田园印象的轮廓。

2.2.2 树木、植被

江南水乡的树木、植被因与水体临近，春雨时常有雨雾，诗人把田野中的树木也称为烟树。王同祖（1497—1551）有诗《湖上早行》，“钱塘门外买湖船，雾气冲云水接天。只有苏堤金线柳，半笼斜日半笼烟。”蔡开有诗《题资福院平绿轩》，“瞰水地仍敞，开窗望不迷。良畴连远近，秀野混高低。晓起烟千树，春耕雨一犁……”范成大在临平看到桃花盛开，想起（苏州）石湖边的桃树（《临平道中》），“烟雨桃花夹岸栽，低低浑欲傍船来。石湖有此红千叶，前日春寒总未开。”

从树木、植被的景观描述来看，江南的主要树种有柳、橘、竹、松（杉）、桃、李等。

1. 柳

河岸之柳的景观最为广泛。

宋时吴淞江正处于从积水之地向陆淤圩田开发的过程中，特别在圩田形成后，塘岸或圩岸上多种柳树。范成大的《横塘》一诗中有：“年年送客横塘路，细雨垂杨系画船。”在《半塘》一诗中，他写了苏州门的柳树和堤岸的芳草之绿，“柳暗阊门逗晓开，半塘塘下越溪回。炊烟拥柁船船过，芳草缘堤步步来。”

在农村的街巷中，也多柳树。张镃（1153—1221？）讲南湖岸边的绿柳《南湖书事》，“初来作舍少人行，桥外如今满市声。绕岸种成桃间柳，一家和气万家生。”

江南的渡口处往往也有柳树，柳与山水之景往往融为一体。“烟山漠漠水漫漫，老柳知秋渡口寒。尽是西溪肠断处，凭君将与故人看。”（范成大《题山水横看二首》）

在城门附近的道路上，还有官方管理的杨柳。范成大在秀州门外有诗（《秀州门外泊舟》），“拍岸清波扑岸埃，黑头霜鬓几徘徊。禾兴门外官杨柳，又见扁舟上堰来。”

“官杨柳”也往往出现在河道堤堰上。韩元吉（1118—1187）在《松江感怀》一诗中咏道，“当年路傍柳，半已阴扶疏。系舟上高桥，春水正满湖。”苏州吴江运河一带，柳是运河两岸的标志性植物。

2. 橘

吴江地区的田野多种橘，唐代张藉对苏州的描述（《江南曲》），“江南人家多橘树，吴姬舟上织白苎。”至宋代种橘尤为盛行，刘过（1154—1206）诗（《泊船吴江县》）中言：“草树连塘岸，人家半橘州。”既称之为橘州，可见种橘之多。高似孙（1158—1231）有诗（《赵嘉甫致松江蟹》）言及吴淞江，“雁知枫已落松江，催得书来急蟹纲。消一两螯如斫雪，强三百橘未经霜。”

宋代文人眼中的橘树，不单引发人们对美食的联想，还是审美对象。北宋早期的江南种橘，多是些为生活度日的农民，而士大夫种橘表现出生活和审美的演化，可能与苏东坡的诗句有关。苏东坡发现秋霜时的橘林特色（《将之湖州戏赠莘老》）：“余杭自是山水窟，仄闻吴兴更清绝。湖中橘林新著霜，溪上苕花正浮雪。”吴中士大夫园圃后来多种橙橘者，好采东坡诗（《夷坚志》）：“一年好处君须记，正是橙黄橘绿时”之语。

至南宋时期，人们对江南橘的认识开始向苏州西山橘集中。叶适（1150—1223）有诗（《西山》）言及西山之橘林，“对面吴桥港，西山第一家。有林皆橘树，无水不荷花。竹下晴垂钓，松间雨试茶。”在平地，橘树沿河塘分布，“窈窕随塘曲，酸甜在橘中。所欣黄一半，相逐树无穷”（《看橘》）。吴江两岸也有许多的橘树，“好在松江水，丁年忆此过。垂垂梅子雨，细细麦尘波。花老千头橘，香闻数丈荷。”（汪藻《吴江》）

3. 竹

竹林为景观树种，江南有山林的竹，有园林和庭院的竹，乡野多为自然山林形态的竹林。孙觌（1081—1169）在描述野生山林之竹时（《龟潭》）有：“稚竹缘崖瘦，苍藤翳树昏。野花浑少态，谷鸟自能言。”陆游对乡野竹林也有描述（《秋兴》），“修蔓丛篁步步迷，山村东下近鱼陂。”

4. 松、杉

松、杉与竹、柳之类的树种不同，树形高大挺拔。古代对树种的记载较为笼统，常常采用“松”来描述松、杉等树木。张镃的《桂隐纪咏・松桥》一诗就表达了桥边松的雄姿，“欲向松间去，梅西竹坞穿。莫言吟兴在，风雪灞桥边。”李光（1078—1159）有诗句（《感松》）：“每忆西湖九里松，眼明忽见紫髯翁。隐居庭院多栽种，为爱笙箫递晚风”，描述的是风从松树之间吹过，形成笙箫一样的声音。

5. 其他

经历沧海桑田之后，湖边的树木也承载了诗人对过往的寄思。华亭的陆机宅呈杂木丛生的荒凉景象，诗云“华亭今何在，千年谩有名。披榛问遗裔，寂寞一伤情。”（许尚《华亭百咏・陆机宅》）柘湖落干后，也是一片丛林，“桑田复更变，触目总柴荆。”（许尚《华亭百咏・柘湖》）

2.2.3 农田

小农经济下的江南田园有着独特的美丽，尽管没有那种整齐划一，却有随意化、自然形成的特色，农业生产的空间安排上，也尽可能地在靠近居处的地方安排占地最集约化的农作物，例如经济作物蚕桑、蔬果、棉业等，外围则是大片种植粮食作物如稻、麦的区域。

《耕织图》作于南宋绍兴年间，后期得到历代帝王的推崇和嘉许。作为官方劝农的一种手段，《耕织图》中有农夫、田埂、稻田、秧苗以及住宅内的织机，他们都成为审美的对象。这也不单是士大夫的审美，也是农人的审美，将农业安排得井井有条，构成景观的秩序。反之如果缺乏农业作物景观，其实是治理不勤所致，如王禹偁（954 — 1001）刚到长洲县上任时，曾写道“其土污潴，其俗轻浮。地无柔桑，野无宿麦。”（《长州县令厅记》）

就当时江南的农田而言，平原的圩田在构图上非常有特点，不逊于山水，而田间作物也成为特有的景观元素。

1. 平原圩田

早年的圩田景观是在各种水道旁边形成的圩田，基本形态是大圩。嘉湖平原以运河为中心的圩田在唐代水利制度基础上得到较好的治理，“溯自吴越天宝八年（915），置都水营田，募卒为部，号撩浅军，使撩清于太湖旁，一名撩清卒四部，凡七八千人，专为田事，治湖筑堤。”塘浦圩田区的治水要点在于利用高大圩岸提高水位，“驱低田之水尽入于松江”。塘浦体系中高筑圩岸，大圩岸之间将低田区的水狭起，灌溉岗身高地。“低田则高做堤岸以防水，高田则深浚港浦以灌田。”这样使嘉湖平原北部地区沿太湖的低田与沿海的冈身高地得以兼治。北宋初年，郏亶提到吴淞江口南至嘉兴有吴越时所开大浦二十条，“沿海之地，自松江下口，南连秀州界，约一百余里，有大浦二十条”，形成横塘纵浦这种带有半天然半人工的景观构架，以及低田水通吴淞江、横塘灌溉高地的圩田风貌特色。

宋夏圭《溪山清远图》（局部）中国台北故宫博物院藏

太湖沿岸的溇港区也是农田比较集中的区域。到南宋末年，嘉湖平原已形成“青天不尽鸟飞尽，吴楚川原似衲衣”（范成大《泉亭》）的景观。在大面积浅水湖泊区中，围出一个又一个岛状农田，因此圩田亦称围田。围田与水域以不规则的间隔错开分布。这一地区后期围田发展越来越密集，水域缩小成河港汊浜。圩岸由乡村各家合力维护，“乡村钉塞筑坝，河港皆在田围中间。古来各围田甲头，每亩率米二斤谓之做岸米，七八月间水涸之时，击鼓集众，煮粥接力，各家出力，浚河取泥做岸。岸上种桑柳，多得两济。近因水涝，围岸四五年不修治，状若缀旒，桑柳枯朽。”围田岸种桑，围田内种稻，桑基稻田逐步成熟。后期向深水垦成的围田又叫围荡田或圩荡田。圩荡田分散在水面上，田地四周围着堤埂，中间种植水稻，一块圩田就叫一个圩头。大者数百亩，小者数亩或数分，都是低地圩田。部分官圩也以植树为界限，圩岸皆如长堤，形成“植榆柳成行，望之如画云”（《建炎以来朝野杂纪》甲集卷 16《圩田》）的画卷。

2. 麦、稻为主的景观

江南农业主要以麦、稻为主要粮食作物，形成小麦与水稻相间、季节轮换的种植景观。小麦与早稻可以在夏天收获；秋天收荞麦，也有晚稻、荞麦与豆类等。在春末夏初的江南水田，水稻插秧后的绿苗与白水相映的清新之感，最为文人所欣赏，陆游有诗（《残春》）“桑间葚紫蚕齐老，水面秧青麦半黄。”

江南麦田景观，与北方不一样，如范成大（《四时田园杂兴》）“梅子金黄杏子肥，麦花雪白菜花稀”，描述的就是晚春初夏麦田的景象。

田野中的农耕场景，是农民辛勤劳作的景象。刘一止写道（《水车一首》），“村田高仰对低窊，咫尺溪流有等差……绿芒刺水秧初芽，雪浪翻垄何时花。农家作劳无别想，两耳未厌长呕哑。残年我亦冀一饱，谓此鼓吹胜闻蛙”，描述了农田有高差的地块，耕作灌溉的时候，农民不断地使用水车踏车行走，非常辛苦。收麦时，田野一片繁忙的景象，“江村夏浅暑犹薄，农事方兴人满野。连云麦熟新食麨，小裹荷香初卖鲊。”（陆游《江村初夏》）

3. 桑园、菜圃、池塘

早期的桑蚕业有很大一部分在山区，元时仍有部分山区丝织业不下平原。与高大的山桑相比，圩田岸上的桑，是一种小灌木形态的植被。南宋大开发，桑蚕业向低地和东部地区大规模地扩展。随着圩岸的堆迭，形成旱地的桑园土，为嘉湖地区的桑蚕业提供了丰富的土壤基础。范成大言（《春日田园杂兴》），“桑下春蔬绿满畦，菘心青嫩芥苔肥。溪头洗择店头卖，日暮裹盐沽酒归。”在春天里，桑在田间更像作物，“新绿园林晓气凉，晨炊蚤出看移秧。百花飘尽桑麻小，夹路风来阿魏香。”（《夏日田园杂兴》）

清雍正《御制耕织图》（局部）故宫博物馆馆藏

陆游曾描绘菜园的景观，《蔬圃绝句》里有“拟种芜菁已是迟，晚菘早韭恰当时”，说明当地的园圃中常种白菜和芜菁。蔬菜是劳动力高投入型植物，必须在家宅附近，以减轻人的行走负担。陆游在《蔬圃》一诗中写道，“蔬圃依山脚，渔扉竝水涯。卧枝开野菊，残枿出秋茶。”蔬菜往往种在山脚，还会靠近住处，而茶往往在高处，可以远行采茶，因为茶叶种植的劳动投入远不及蔬菜多。

田园风光经常与小水体结合，自然中的农田有小池塘，乡宅前后也有小池塘。苏轼特别欣赏小池塘的生境，“草满池塘霜送梅，疏林野色近楼台。天围故越侵云尽，潮上孤城带月回。”（《秋晚客兴》）朱淑真（1135?—1180?）曾多次提到池塘，她这样描述立春前的景色，“梅花枝上雪初融，一夜高风激转东。芳草池塘冰未薄，柳条如线著春工”（《立春前一日》），以及“池塘水暖鹣鹣并，巷陌风轻燕燕飞。柳线万条笼淑景，游丝千尺网晴晖。”（《春词》）田野池塘对农田调蓄、生产有辅助作用，例如元儒梁寅（1303—1389）有凿池溉田之议，其略云：“畎亩之间，若十亩而废一亩以为池，则九亩可以无灾患。百亩而废十亩以为池，九十亩可以无灾患。”百亩之田形成十亩之池，田野景观会因此增色不少。范成大描述小池塘的灌溉作用（《喜雨》），“昨遣长须借踏车，小池须水引鸣蛙。今朝一雨添新涨，便合翻泥种藕花。”池塘中有荷花，也有蛙鸣，池塘水体的安排，体现出农民朴素的生态管理智慧。

陆游《泛湖至东泾》一诗中有：“春水六七里，夕阳三四家。儿童牧鹅鸭，妇女治桑麻。地僻衣巾古，年丰笑语哗。老夫维小艇，半醉摘藤花。”从湖到溪、到沿岸的村庄，村庄为三四家的散村，农妇与儿童忙碌其间，小舟穿梭其间。堤坝与山溪也在诗人的视野中，“雨余溪水掠堤平，闲看村童戏晚晴”（《观村童戏溪上》），正是水利发达的平原圩田水稻区域景象。

江南山、水、林、田景观在美学上的文人意境基本在宋代定型，元明清的田园审美由此发展而来。

随着后期人口压力的增加，这种经典的田园风光再难像早期那样完美，生态的破坏、水体的污染、景观的分割、水面的减少，江南农业和乡野景观在明清时期出现大规模的衰退。明清时期士人主要住在市镇，人与自然的分割程度超过前代，也造成乡村早期的原生态审美气韵逐步消失，景观风貌逐步单一化，但农桑为主的乡村景观仍然代表理想中的田园景观审美追求。明代祝允明（1460—1527）在《暮春山行》中写道，“小艇出横塘，西山晓气苍。水车辛苦妇，山轿冶游郎。麦响家家碓，茶提处处筐。吴中好风景，最好是农桑。”

历史表明，一个民族离不开长期生存的生态环境，更难割舍传统的审美意境与处世态度。在当今的乡村建设过程中，需要人们积极地了解历史上生态文明的形成与发展，吸取过往的经验与教训，传承江南景观的特色，最终形成有中国特色的乡村生态文明。

2.3 城乡民俗与日常

乡村的日常生活，以农作耕织生产活动为主，间或到市镇进行交换贸易的经济活动。这是最基本也是最简单的一种经济与生活的联系，市镇起着促进城乡联系的桥梁作用。由于生产和生活的需要，乡民到附近镇上出售农副产品以及购买日用品，农村经济集散中心便逐步发展成市镇。明清时期江南水乡这样发展起来的小市镇为数甚多，一般街长一二里，有丁字形，或者十字形，或者一字形的。大一些的市镇有许多相关的记载，如南浔镇市街，东西长三里，南北四里半；乌青镇是纵七里横四里；或者是东西半里南北倍之；还有很多早市、晚市等的记载。

江南市镇是以棉业、蚕桑纺织业为核心的商业与手工业中心，苏松一带多为棉业市镇，杭嘉湖一带多为丝绸业市镇。农户与布商、牙行的买卖往来，形成以商品生产与市场流通为显著特点的商品经济。常见的市镇商行还有米店、布店、百货店、竹木店、面食点心店、酒铺、酱料店、水果店、茶叶店、胭脂店、南北货、肉铺、药店、茶馆，还有手工业性质的榨油坊、铁匠铺、成衣铺以及理发店等。消费者是附近的乡民或者本镇的居民，消费的形式也带有乡村的特点，农民带着自己的农副产品，如织好的棉布以及鸡鸭禽蛋，在桥头茶馆前现卖换钱，然后再买回米粮和生活所需，以及棉花粗纱之类纺织生产原料等再回乡。这使得乡村与市镇交往联系更为频繁，城乡文化流动更丰富。

上海乡村的地域经济文化特点，不仅鲜明地反映在各种上层文化形态，如文学、艺术、道德、宗教等领域，而且也鲜明地反映在以民俗与非物质文化出现的各种文化形态，如饮食、服饰、节庆、信仰、民间工艺等领域中。

2.3.1 民俗活动与日常生活的地域特点

当今众多的上海非物质文化活动是历史上城乡之间的民俗活动和日常生活的缩影，虽然无法一一列出，但从非物质文化遗产名单中可略窥一二。在历史长河中，城乡民众的生产、生活、日常交往，慢慢生成具有上海特色的稻、棉、渔、盐等地域物产经济与地域物产文化、海洋港口经济与海洋港口文化、市镇经济与市镇文化等多种经济文化因素背景下的民俗与非物质文化活动，形成具有自身特色的历史发展序列，留下诸多光辉灿烂的历史文化印迹。

在空间分布上，非物质文化呈现多样化的格局，它们首先可以根据不同的地域特点划分为都市（中心城区）及乡村（郊区）两大板块。由于都市板块与乡村板块在经济、文化、生活方式等方面都有着较大差异，因此其非物质文化也呈现不同的特色。从上海市前四批非物质文化遗产名录来看，乡村板块项目共计 88 项，占总数 48%；城市板块项目共计

97 项，占总数 52%；城乡两个板块总量上平分秋色。

如果再深入一步，从乡村板块的分布上对上海非物质文化遗产做些分析，便能发现在上海的乡村板块中，具体又可以分为以青浦、松江、闵行、嘉定为代表的内陆传统农业生态区；以宝山、金山、奉贤、浦东新区（包括原来的川沙、南汇等）为代表的内陆 + 沿海传统农业生态区；以及以崇明岛为代表的海岛农业生态区。不同的生态区域特点，致使非物质文化资源呈现不同的地域特点。

2.3.2　上海内陆传统农业生态区中的非物质文化活动

以青浦、松江、闵行、嘉定为代表的内陆传统农业生态区，有着长期的传统农业经济背景，这些区域的非物质文化遗产具有较为鲜明的农耕文明色彩。最为多见的是一些反映传统农业文明生产特点与生活方式的非遗类型，如青浦的田山歌、宣卷、土布染织技艺、摇快船，船拳、簖具制作；松江的顾绣、舞草龙、泗泾什锦细锣鼓；闵行的手狮舞、皮影戏、米糕制作；嘉定的竹刻、草编、南翔小笼，等等。它们都是在民众日常生产劳动与生活环境中产生的，当地民众在农耕文明环境中创造的民俗文化艺术。

1. 田山歌

田山歌是农民在耘稻、耥稻时，由一人领唱，众人轮流接唱的民间山歌形式，其演唱形式独特，自成一格，又称“吆卖山歌”“落秧歌”“大头山歌”。在上海，以青浦赵巷、练塘等地区的田山歌最负盛名，其他地区也有流传。赵巷的吆卖山歌由头歌、前卖、前嘹、发长声、赶老鸦、后卖、后嘹、歇声等部分组成。所谓“头歌”，也就是领唱，在当地也叫“起头歌”。其中的头歌、前卖、后卖、发长声等部分都是一个人的独唱。前卖和后卖即承上连接的意思；而所谓的前嘹、后嘹是顺着前句接唱辅助词“虚词”的意思；赶老鸦、歇声是合唱。练塘的落秧歌分头歌、买歌、嘹歌。头歌由一人独唱，接着是买歌，由男声合唱；然后是嘹歌，由女声合唱。如此反复演唱数轮，完成一个较为完整的田山歌演唱序列。

2. 顾绣

顾绣是松江最为著名的非遗艺术形式之一，最早起源于明代松江地区的顾名世（1508—1588）家族女眷。顾名世曾筑园于今九亩地露香园路，故世称其家刺绣为“露香园顾绣”或“顾氏露香园绣”，

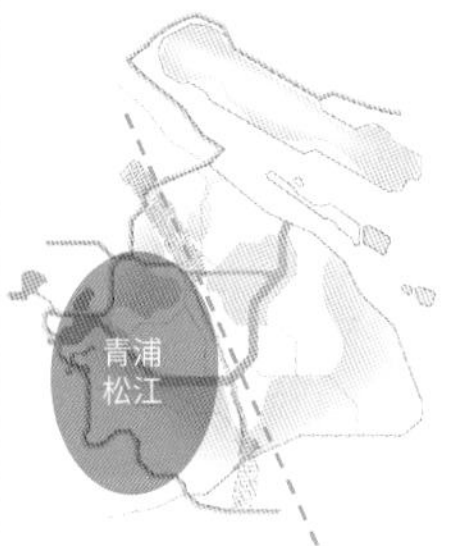

田山歌

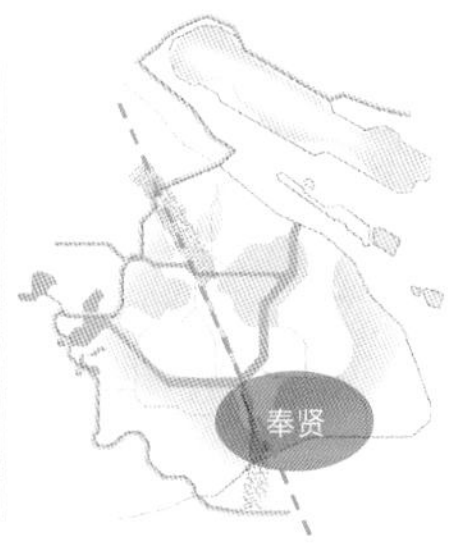

白杨村山歌

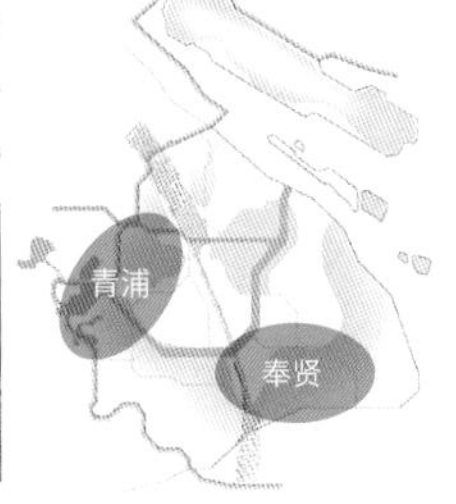

土布染织技艺

药斑布印染技艺

或简称“露香园绣”，所绣的山水、人物、花鸟均精细无比、栩栩如生。

3. 皮影戏

皮影戏也有较为久远的传承历史，最早发端于七宝镇，渐流行于莘庄、华漕、虹桥、长桥、九亭、泗泾等周边地区。演出时，戏台用两张八仙桌相并或用门板搭成，影窗两侧覆以皮雕龙凤作装饰，上沿挂皮雕宫灯，称“天灯”。灯数多寡，显示戏班能力。影窗后悬一照明灯盏，操作者将皮雕人像和兵器、案桌置于影窗，灯光显示图像，通过唱、白和皮影动作展开剧情。皮人分作头部、身部和手臂三个部分，关节处均可弯曲。皮人制作时先在薄羊皮上勾画线条、着色，再覆一层薄羊皮粘牢，入油浸透，晾干即成。皮影戏演出多采用幕表制，表演内容靠口传心授。表演形式多以武打见长，以粗犷取胜。

4. 竹刻

以刀代笔，以书法刻竹，是嘉定竹刻的主要特点和传统技艺。竹刻艺人将书、画、诗、文、印诸类艺术融为一体，赋予竹以新的生命，使竹刻作品获得书卷之气和金石品位，风雅绝俗，成为历代文人士大夫的雅玩。

2.3.3 上海内陆与沿海传统农业生态区中的非物质文化活动

以宝山、金山、奉贤、川沙、南汇等地区为代表的内陆与沿海传统农业生态区，有海岸线，也有内陆腹地。因此，这些地域的文化具有内陆文明与沿海文明的双重特点，它们既有诸如舞龙舞狮、山歌小戏、浦东说书、民间刺绣与灯彩等许多内陆地区的非遗样式，又有诸如哭嫁哭丧歌、卖盐茶、鸟哨、划龙船、海洋捕捞、海洋晒盐等具有海洋文化特色的非遗资源。它们浸润着深厚的海洋文化气息，展现诸多与内陆文化不尽相同的特色。

1. 小白龙舞

金山吕巷小白龙舞是在金山区吕巷镇流传的、一种祭祀求雨的民间舞蹈。明清两代，吕巷寺庙众多，佛事庙会不辍，龙舞在当地很盛行，而当地有关白龙的传说也很多见。到了清末，居住在吕巷网船埭地区的村民自愿集资将以往祭祀求雨的草龙改为白

吕巷小白龙

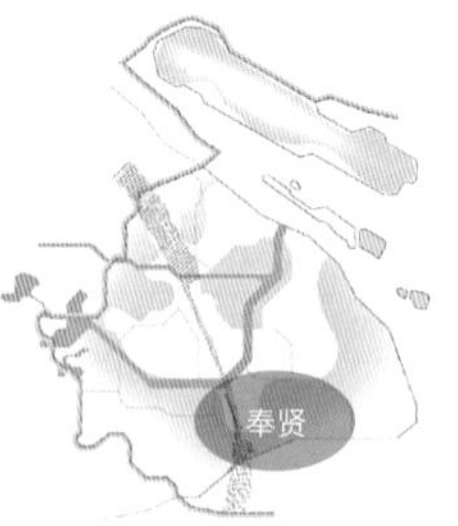

滚灯

嘉定徐行草编

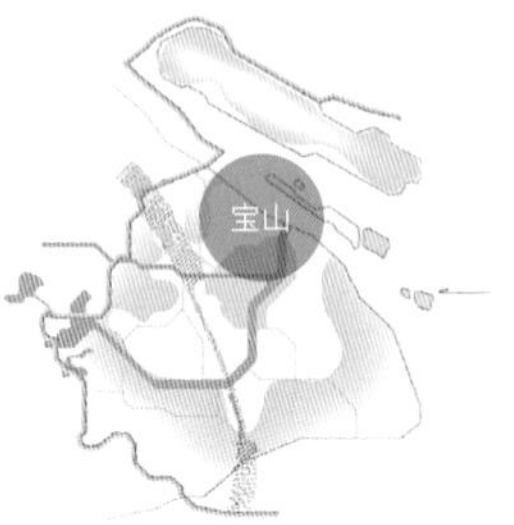

罗泾十字挑花技艺

绸布裹身的白龙，并在庙会中进行表演。此后，小白龙舞便在这一地区流传开来。1949 年后，舞龙求雨的习俗虽被废止，但小白龙舞的娱乐功能保留下来，当地龙舞依然兴盛，有平调、横八字调、过桥调、跪调、座调、困调、穿空调、穿花背调、蹬天路和祥龙戏珠等十种舞龙调法。

2. 滚灯

滚灯是奉贤具有代表性的民俗文化遗产项目。明田汝成《西湖游览志余 • 卷三 • 偏安佚豫》记载，“以纸灯内置关捩，放地下，以是沿行蹴转之，谓之滚灯。”也就是说，滚灯原本是一种可以滚动、旋转的纸灯，后来发展为竹灯，滚灯也从地上发展为人手中，成为一种行街杂耍的舞蹈形式。清代时期，奉贤滚灯作为一种民间娱乐形式颇受当地民众的欢迎。张春华《沪城岁时衢歌》曰“艳说年半五谷登，龙蟠九结彩云燕。瞥如声涛惊涛沸，火树千耍拖滚灯。”

3. 煮盐法

在浦东地区，历史上最发达的产业是海盐业。长期以来，这一带的滨海先民皆聚灶煮盐，兼事农耕渔牧，五代之后著名的下沙、南跄等盐场便都设在这里。元人陈椿（1293—1335）所著《熬波图》（1334 年），详细记述了下沙盐场的煮盐方法和技术，从中可以窥见当时浦东地区盐业发展的盛况。随着海岸线的不断东移，浦东盐场也随之东迁至下沙、新场、大团。明代中后期以后，海岸线东移使盐场离海水愈远，再加之海水成分变化，已不再适合发展盐业。盐业衰落，灶民开始归农，农业和手工业兴起。

4. 卖盐茶

卖盐茶常见为扁担挑着两个花篮作舞蹈行街表演，看似与盐并无关系，其实正是“乔装”打扮，以卖花掩盖“卖私盐”。舞蹈起源于元明时期，全国盐业均为官府管理，浦东下沙在盐业兴旺的背后，是生产繁重，加上苛捐杂税带来对盐民的重压。出于无奈，盐民便乔装卖茶叶或者挑花篮卖花，成群结队到庙会上赶集，实际上暗中贩私盐以帮补生计，躲过盐捕的耳目。久而久之，便形成民间舞蹈卖盐茶。另外各地有不同的名称，如卖盐婆、花篮舞等。反映卖盐人疾苦的史料，如《盐妇苦》《盐夫叹》等诗文、歌谣在历代《两浙盐法志》《南汇县新志》等志书上屡有记载。目前卖盐茶民俗舞分布主要为南汇西部的下沙、周浦，后来传到中部的新场、六灶、三灶及东部沿海惠南、祝桥、川沙、大团、奉贤等地。20 世纪 60 年代到 21 世纪，南汇新场镇参加过行街表演卖盐茶的队伍有 7 支，表演人员达 150 多人，航头镇亦举办过 20 多次的培训班，通常在庙会展演。

5. 灶花

灶花是一种厨房的装饰画，也是珍贵的海洋民间美术，反映了历代劳动人民追求家庭和睦、环境美化、家居装饰的传统理念，其题材选择、表现手法、审美特点都值得研究和探讨。据传，灶花的产生与海盐生产密不可分。南汇早在宋元时期就成为著名盐场，建灶煮盐。盐民为了祈求盐业丰收，便在盐灶和家灶上绘制各种吉祥图案。因此，灶花也可以归属为一种海洋文化。

在川沙、南汇一带，民间绘制的灶花内容十分丰富，人物、山水、花鸟及抽象图案不拘。从类型上看，可以细分为人物画（如八仙过海、聚宝盆、赵云救阿斗、古城会等）、风景画（如宝塔、日出等）、花卉画（如荷花、石榴、仙桃、牡丹、万年青等）、动物画（如鲤鱼、喜鹊、仙鹤、龙凤、大公鸡等）、图案画等。在题材上，传统的灶花不外乎五谷丰登、六畜兴旺、神话传说、山川景物等。常见的形象如竹，寓意“祝（竹）报平安”；鱼，寓意“年年有余（鱼）”；山水，寓意“一帆风顺”（画中必有帆船）；鹰、鸽，寓意“雄鹰展翅”，祈祷“和平吉祥”。可惜的是随着现代灶具的使用，传统的灶花已日渐退出民众的生活。

6. 摹鸟笛技（鸟哨）

南汇芦潮港的摹鸟笛技（鸟哨）也是一项极富海洋特色的文化遗产。芦潮港摹鸟笛技的产生与沿海滩涂地的扩张与开垦有关。清光绪十年（1884）修筑彭公塘后，形成一定面积的滩涂；光绪三十一年（1906）又修筑李公塘，彭公塘与李公塘之间是一大片滩涂；芦潮港镇位于这片滩涂的南端。因为滩涂土地盐碱重，种植的产量极低，难以维持温饱，因此初垦者大半转向半农半渔，有些人开始利用滩涂地有大量小型海产能吸引鸟类的特点捕鸟出售。由于所获颇丰，捕鸟者群体逐渐形成，诱捕鸟类的手艺也日臻完善，摹鸟笛技便是其中最有效的方法之一。该技术世代相传，1949 年前，在芦潮港生活的掌握该技术的专业捕鸟者约有七十余人。从摹鸟笛技的诞生过程来看，同样是一种与海洋有密切关系的技艺。

7. 其他

在宝山、川沙、南汇等沿海地区，以前还有较多的民众从事手工业，如建筑业、烹饪业、理发业、缝纫业，等等，并在此基础上发展出如高桥绒绣、三刀一针等特色手工技艺，与其长期在海边生活，生活流动性较强，以及没有安土重迁的传统思想等因素有关。

2.3.4　上海海岛农业生态区中的非物质文化活动

以崇明岛为代表的海岛农业生态区，其非遗资源形态与前二者有所不同。崇明是我国第三大岛，海洋资源丰富，岛屿特色鲜明，其非遗资源形式上也呈现海岛文化特色。崇明重要的非遗资源有瀛洲古调派琵琶演奏技艺、扁担戏、灶花、天气谚语、崇明山歌、崇明老白酒、崇明吹打乐、调狮子、益智图、鸟哨、崇明俗语、甜包瓜制作技艺、草头盐齑制作技艺、土布纺织、上海米糕等。

1. 瀛洲古调派琵琶演奏技艺

瀛洲古调派琵琶演奏技艺是崇明的国家级非物质文化遗产项目，是发源于崇明岛的琵琶曲和演奏技艺风格的总称。瀛洲古调派琵琶在演奏技巧上兼取南北琵琶的优势，既有气势磅礴的北派琵琶特点，又有柔和、华丽的南派琵琶特色，且浑然一体，形成隽永淳朴、清新绮丽的风格，是我国著名的琵琶流派之一。

2. 扁担戏

崇明扁担戏的历史可以追溯至 100 多年前。当时苏州李姓艺人挑着木偶戏挑子来崇明五滧地区卖艺，五滧人顾再之拜其学艺，于是扁担戏便从此在崇明生根发芽，并很快流传开来。

扁担戏又称“木人头戏”，属单人布袋木偶戏。演出时民间艺人用一根扁担，一端挑着小舞台，一端挑着高脚凳，走村串乡进行表演。到了演出场地后，表演者把扁担的一头插入凳子下横档的榫里，将上端小舞台加以固定。表演者躲到小舞台后边，坐在用曳地布幔围起来的高脚凳上，双脚踩响高脚凳凳面下横档上的锣钹，一阵击打之后，戏文正式开演。此时表演者操纵套在手指上的布袋木偶，同时发声来摹拟剧中故事情节里人物的道白、唱腔，间或辅之描述打斗、格杀的口技等，自我伴奏。

3. 气象谚语

气象谚语是崇明海岛居民在长期的海岛生活中提炼出来的一种口头语言艺术，具有很强的实用性，可以帮助岛民们战胜自然灾害，保障生命安全。如“九月廿七催懒妇，十月呒风拖勿过”（天要冷了，该添衣御寒了）；“十一月里雾，雨雪没道路”（农历十一月里有大雾，说明将要下雨雪了）；“日出日落胭脂红，不是雨便是风”（太阳出来下山时，颜色深红，说明天明将要落雨刮风了）；“月亮生毛，大雨滔滔”（月亮生毛，指月亮周围模糊不清，说明天要下雨）；“鱼鳞天，不雨也风颠”（表示空气层不稳定，将有阴雨或大风）；“冬天有浓霜，必有好太阳”（冬天有浓霜，说明西北气流稳定控制本地，所以天气将晴好）。这些谚语都是当地民众生活经验的总结，也是他们生活智慧的结晶，具有很高的历史文化价值。

上述可见，上海传统乡村中的非物质文化活动具有深厚的历史基础、空间基础以及丰富的表现形式。它们谱写了世世代代上海人的生活故事，同时也反映了世世代代上海人的创造精神与聪明才智。一份份珍贵的上海乡村非物质文化遗产，汇集成一幅厚重的上海历史文化长卷，向世界阐释了其自身的价值，向今人描绘了曾有的辉煌。如今，虽然它们中有相当一部分由于历史社会的变迁已经逐渐淡出人们的生活，但是它们所代表的精神价值与文化品质对于今人而言依然具有十分重要的意义。乡村文化是上海不可分割的历史文化，一个城市只有在尊重历史传统与前人业绩的基础上去建构当下，创造未来，才能具有不断向前发展的生命力。

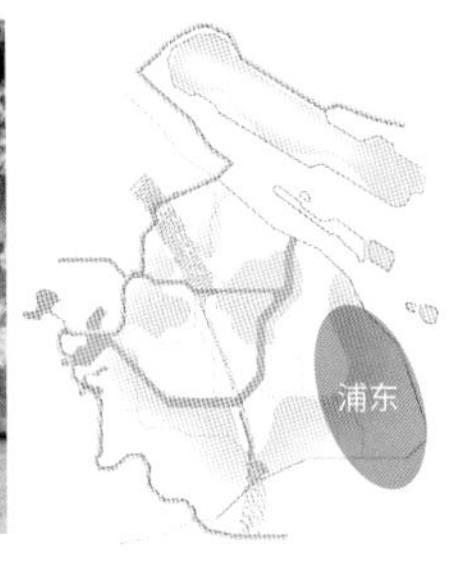

卖盐茶

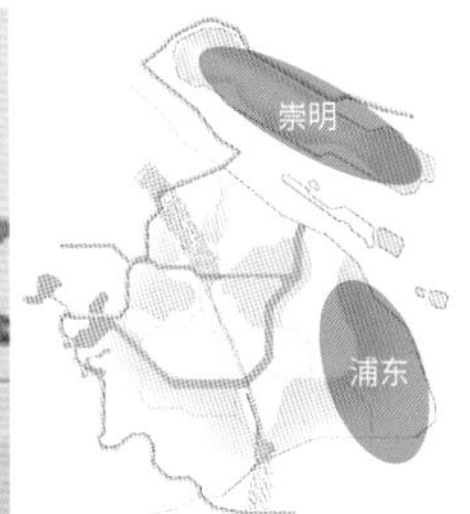

灶花

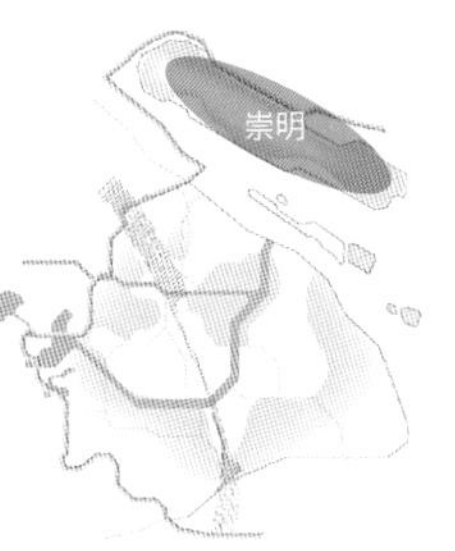

扁担戏

气象谚语

春打六九头。

两春隔一冬，旡被暖烘烘。

春霜勿隔宿，连霜晒破屋。

雷打惊蜇前，四十蒙蒙不见天。

夏至无雨三伏热。

正要日长，夏至一扛，正要日短，冬至一赶。

雨落黄梅头，三天不落断黄梅。

气象谚语

从区域整体空间格局中理解聚落的产生，包括从自然基底到非物质文化活动等多个层面。地形地貌、水系水利、交通贸易、农业及其他生产活动、传统聚落和民居建造五个要素层，层层推进并相互观照，影响了人类非物质文化活动，包括民俗民间文化的产生，并反之受其影响。

本章由各要素层展开，从自然到人文的多重解读，构建乡村空间的立体认知框架。

视野·观照

3

地形地貌／水系水利／交通贸易／生产活动／乡土民居

3.1 地形地貌

——自然环境概况
——冈身地理界线
——平原浅丘地貌
——河口沙洲形成

从人类活动环境的构造层次看，最底层的是远古时期地壳构造运动形成的自然地质“基底”，即“地形地貌”，它定义了地表以上分布的固定物体共同呈现出的高低起伏的状态，包括土层、岩层和岩体等。

古代人类社会生产力低下，发展程度比较低，对地形地貌基本上属于“适应式利用”。虽然人类在利用时也会在地形地貌上留下一些人类活动的痕迹，例如随着土地大量的开垦，天然植被衰退后，水土流失，进而影响土层、山体的地形形态等。但总的来说，地形地貌是影响最初人类活动的基础因素，人类活动对其的干预能力较弱。

地形地貌的形成过程本来不属于传统的乡村空间研究范畴，但上海与其他地区不同，直到今天，这片区域的海陆空间还在明显变化（增长）中。如果对地形地貌没有足够的认识，就难以对上海乡村空间中的特点进行有效解读。所以，阐明自然地形、环境地貌是上海乡村空间研究的起点。

3.1.1 自然环境概况

在中国地理气候环境中，等降水量有200毫米、400毫米、800毫米以及1600毫米四条分界线，上海及江南大部分地区处于等降水量800～1600毫米区域，属于东亚季风盛行区，充沛的降水量使该地区的空气湿润、水网发达。上海是长江三角洲东南前缘一块年轻的陆地，是长江河口地区江南古陆的东北延伸地带。

从地形高程来看，上海的地势并非完全自西向东、向沿海地区逐渐降低。以冈身为界，东西两侧的地理环境有较大的差异。由于整个长江三角洲南部平原的中心部分（太湖及四周的小湖群）最为低洼，其周边高起的地形将此低洼围合成一个碟形洼地，上海正处于该洼地的东侧。因此，冈身以西的区域（今青浦、松江、金山、嘉定局部）微地形呈向西倾斜的半碟形，地势总趋势呈现由东向西的低微倾斜；冈身以东的区域（今浦东、奉贤地区）古代尚未成陆，直到汉唐以后才逐步成陆，为冲击泥沙形成的新区域。

冈身以西，是上海最早成陆地区，属于太湖低洼地的一部分，为湖沼平原。数千年来，人类开渠围堤、挖泥施肥，将整个平原分割成圩堤重叠、河湖纵横交错的地貌。该区域与太湖流域腹地联系较密切，经济、文化发展起步较早。冈身以东，因长江挟带入海的大量泥沙经波浪、潮汐、河流、沿岸流的作用沉积，为滨海平原区。该地历史上多为民众围海造盐田、官方驻兵屯守的聚居点，明清以后才逐渐衍生出一些盐商集镇，如下沙、新场等，也有因防卫倭寇而修筑的卫、所、堡等军事驻地。

长江以北的崇明沙岛成陆较晚，东沙、西沙等几番涨塌后，至元、明时期，崇明岛逐渐稳定成陆，虽然至1949年后仍有坍落，但总体上逐步形成河口沙洲淤积区。几经地理与行政区划变迁，长江出海口进入上海的地域范围内，上海开始拥有自长江上溯中国腹地，自出海口外通世界诸国的地理优势。

整个上海地区地形地貌构造的基本格局大致可分为西部湖沼平原区、东部滨海平原区及河口沙洲淤积区。

（1）西部湖沼平原区

分布于金山、青浦、松江的西部，境内湖荡密布，河宽水深，沟渠交错，有利水产和水禽产业。区域地势低洼，洪汛时河水位常高出地面，易受洪涝灾害。土质黏重，渍水严重，不利旱生作物生长，治水改土需求较大。

（2）东部滨海平原区

包括白鹤、佘山、天马山、小昆山、石湖荡、兴塔一线以东的沿江、沿海地区，从冈身形成后不断淤积成陆，由滨海平原与贝壳沙堤（冈身）组成。早期以制盐为主，制盐业衰落的同时土地熟化，农耕逐渐兴起。区域地势较高，河渠纵横，排灌能力良好，利于水旱作物生长。经过长期耕种改造，宜种棉、油料作物等。

（3）河口沙洲淤积区

位于上海东北部，包括长江河口、崇明、长兴、横沙等沙岛，渔业水产资源丰富。境内地势低平，土质适中，可种棉、玉米等旱作植物，但潮汐作用明显，部分区域土壤盐渍化，不宜耕种，改良土地需求较高。

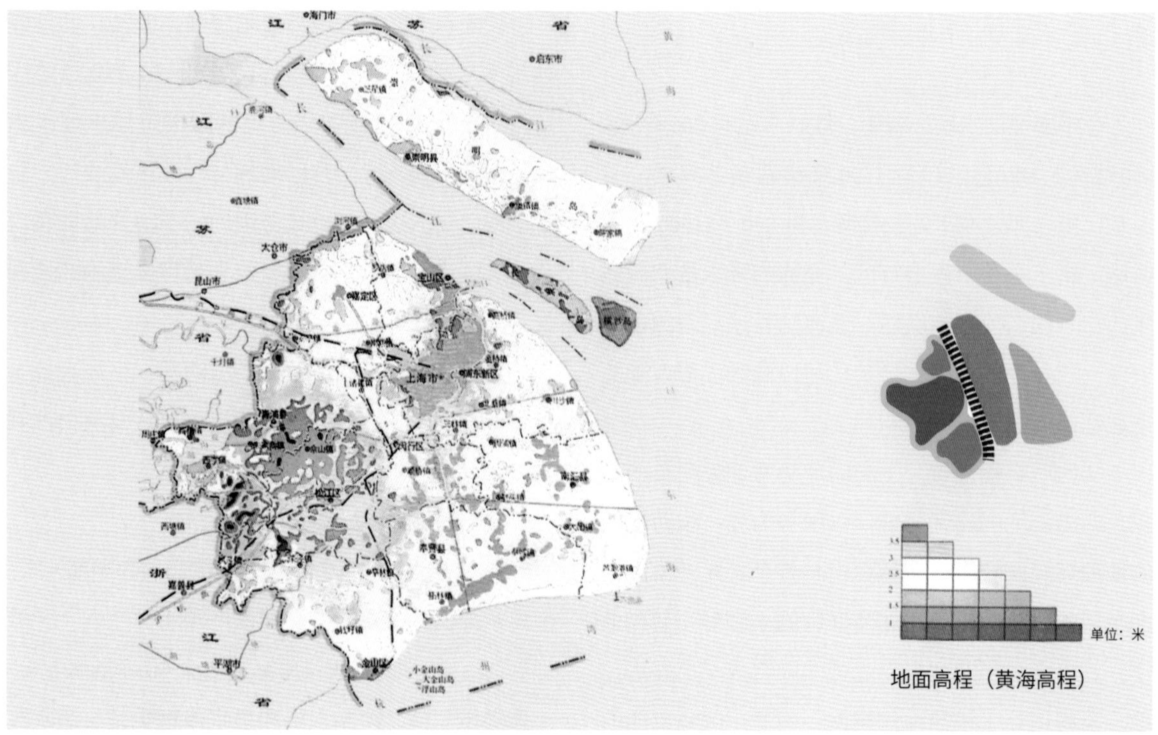

上海市地势高程图

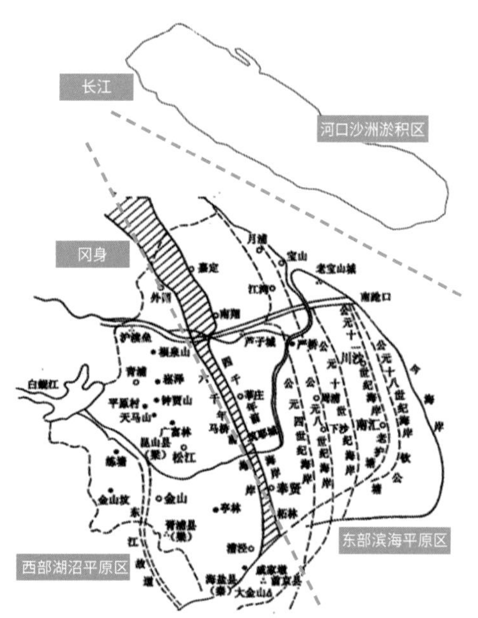

上海地区海岸线变迁示意图

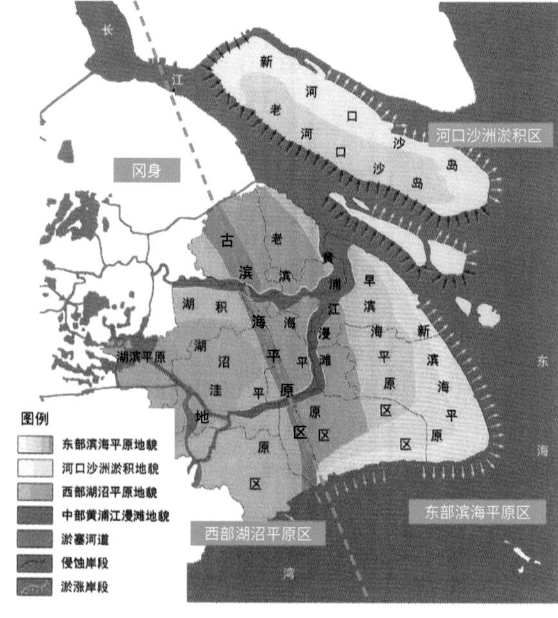

上海地形地貌特征分类
根据《上海市地貌类型与地貌分区》相关资料分析整理

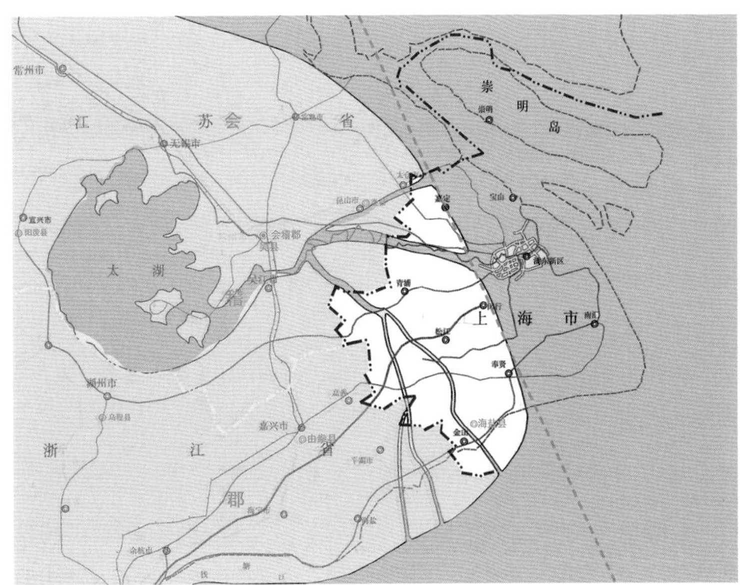

汉代历史地图：冈身作为古海岸线边缘

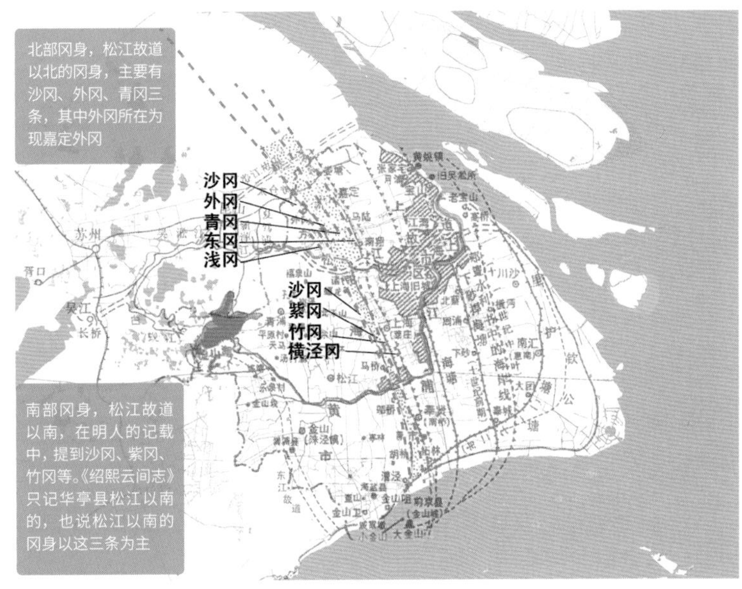

南北部冈身分布图

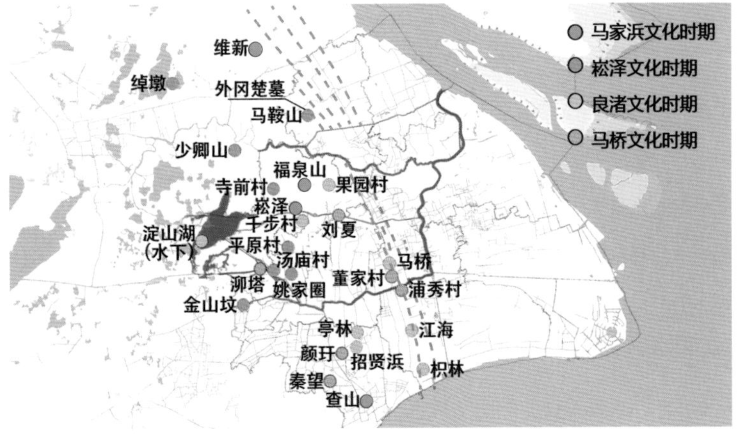

遗址文化主要分布在冈身以西地区

3.1.2 冈身地理界线

1. 冈身的形成

上海古海岸线冈身在距今约6000年前形成，自西北向东南分布在上海中部至常熟、江阴等地，横贯江南东部。

古代沿海地区海潮曾经相当强烈，把近海大量的泥沙和介壳类动物残骸冲上海滩，堆积在海滩上成一条高地，其堆积高度逐渐达到最高潮水位。后来人们因为它高出附近的地面，给了它一个专门名称，叫作冈身。《绍熙云间志》提到松江以南的冈身，“古冈身……在府城（华亭县）东七十里，南属于海，北抵松江，长百里，入土数尺，皆螺蚌壳，世传海中涌三浪而成。其地高阜，宜种菽麦。”

嘉定县方泰镇曾出土唐代开元年间（713—741年）的琅邪人券版，出土时间为清雍正元年（1723），上面刻有“东至广浦三十步，西至冈身二十步”之文，可见冈身这一名称由来已久。

冈身由隆起的数段沙堤组成，高程1.8～2.2米不等。谭其骧教授《上海市大陆部分的海陆变迁和开发过程》提出嘉定县境内除了有沙冈、外冈、青冈三处主要冈身遗迹外，还有浅冈、东冈、伍家冈、蒲冈、涂菘冈、徘徊冈、福山冈七处冈身遗迹。吴淞江以南的冈身，在明代松江府文献中，一般提到的是沙冈、紫冈、竹冈、横泾冈。

这些冈身宽度不一，因为在整个历史时期中，上海成陆海岸并非在同一速度下向外拓展，不同时代的发展速度可能相差十余倍。当冈身以外的泥沙沉积量与本地区地体下沉量和所受海潮的侵蚀量略相平衡时，海岸外延会停滞不前；当沉积量超过下沉量和受蚀量，海岸稍稍向前推进；等到再一次到达平衡时期，开始形成一条新的冈身。吴淞江口水深面阔，长江江流挟带到江口南岸的泥沙比北部滨海沉积下来的泥沙少，当吴淞江以北形成新的冈身时，吴淞江以南仅在原有冈身上增加宽度。因此吴淞江故道南北会形成不同数量、不同宽度的冈身。

目前能够辨识的主要冈身，包括吴淞江以北的沙冈、外冈、青冈，吴淞江以南的沙冈、竹冈、横泾冈，一共六条。吴淞江以北最西一条为沙冈，相当于太仓、外冈、方泰一线；最东一条大致为青冈，相当于娄塘、嘉定、马陆、南翔一线；东西相距在太仓境内宽约8千米，从西北向东南渐次收缩，至嘉定南境减为6千米。吴淞江以南，最西的沙冈相当于马桥、邬桥、胡桥、漕泾一线，最东的横泾冈相当于诸翟、新市、柘林一线，宽度一般不过2千米，最狭窄处约1.5千米，南端近海处扩展至4千米左右。

2. 冈身与古遗址分布

冈身以西特别是淞南冈身以西地区是上海新石器时代和早期青铜时代遗址的富集区，按照时间的先后序列，包括马家浜文化、崧泽文化、良渚文化、钱山漾文化、广富林文化、马桥文化诸遗存。

依据已有的研究和发现，上海遗址主要分布在冈身的西部地区。宏观来看，马家浜文化、崧泽文化等多处遗址都分布于冈身西部地区。按遗址分布的时间顺序排列，冈身以西在距今六七千年到距今三千余年间，普遍发育成滨海湖沼低地平原。崧泽文化之前的古人避水择高而居，而至良渚、马桥文化之后，湖沼干涸，人们才逐渐选用适合生存的平地而居。而冈身本体所在之处，地势相对高爽，因此有些古文化遗址就发现在冈身上。这些冈身上遗址的文化属性主要是良渚文化和马桥文化等遗存。换言之，冈身之上未见距今5300年良渚文化年代上限之前的崧泽文化和马家浜文化时期的考古遗址。这说明在冈身未形成之前，冈身及冈身以东的区域还没有人居住，这片区域还是海域。

崧泽文化

广富林文化

马桥文化

距今约 6000 年 - - - - - - - - - -> **距今约 3700 年**

主要遗址 \ 文化年代		马家浜文化 约 6000B.P.	崧泽文化 约 5500 B.P.	良渚文化 约 5000B.P.	钱山漾文化 约 4300 B.P.	广富林文化 约 4200B.P.	马桥文化 约 3700 B.P.
1	松江广富林		√	√	√	√	√
2	松江平原村		√	√			
3	松江汤庙村		√	√			√
4	松江姚家圈		√	√			√
5	松江辰山 *	○	○	○	○	○	
6	青浦淀山湖（水下）			√			√
7	青浦福泉山	√	√	√		√	√
8	青浦果园村			√			
9	青浦金山坟		√	√			√
10	青浦刘夏 *	○	○	○	○	○	√
11	青浦泖塔						√
12	青浦千步村			√			√
13	青浦寺前村		√	√			
14	青浦崧泽	√	√	√			√
15	闵行董家村						√
16	闵行马桥			√			√
17	金山查山	√					√
18	金山韩坞 *	○	○	○	○	○	
19	金山秦望						√
20	金山亭林			√			√
21	金山颜圩						√
22	金山招贤浜			√			√
23	嘉定马鞍山		√	√			
24	奉贤江海			√			√
25	奉贤浦秀村 *	○	○	○	○	○	√
26	奉贤拓林			√			√
遗址量值		3	9	17	1	2	20

注：根据目前的考古调查结果，松江辰山、青浦刘夏、金山韩坞和奉贤浦秀村四处遗址仅知存在新石器时代遗存，尚无法分辨具体文化期段，表中以符号“○”表示，也未计入表末“遗址量值”。

资料来源：依据黄宣佩、张明华《上海地区古文化遗址综述》（上海博物馆集刊，1982）中“上海地区古遗址文化内涵一览表”，根据各遗址的考古发掘报告，以及 2015 年度上海市哲学社会科学规划课题《上海市考古遗址保护现状、问题及对策》（课题负责人陈杰）结项报告校订。

遗址文化主要分布时期

青浦区顾巷村与南洋村

南洋村

不同文化时期考古学文化的遗址分布特点

（1）马家浜文化时期（距今 6000 年前后）

上海现已发现并确认的福泉山、崧泽和查山三处遗址，分别出现在青浦和金山地区，向西北可延伸到江苏省境内马家浜文化分布区域，即昆山的少卿山遗址以及偏西北的正仪镇绰墩遗址。这些遗址多以“山”或“墩”名之。

（2）崧泽文化时期（距今 5800—5300 年）

这一时期的遗址数量增幅较大，增加到 9 处，相对集中地分布在青浦和松江地区，反映出崧泽文化时期适合人居的环境变化，人类开始较大规模地分布于上海西部地区。

（3）良渚文化时期（距今 5300—4300 年）

上海地区遗址数量猛增近一倍，达到 17 处，完全覆盖了崧泽文化遗址的分布范围，而且又向西分布到淀山湖，再向南分布到亭林和招贤浜。

（4）钱山漾文化和广富林文化时期（距今 4300—4000 年）

目前发现的遗址尚少，主要集中在广富林遗址，仅以点状形态分布。

（5）马桥文化时期（距今 4000—3700 年）

遗址数量增到 20 处，超过良渚文化时期。这个时期的遗址空间位点呈密集分布状，而且继良渚文化之后又有多处遗址向东扩展，分布到冈身之上，包括邻近上海的江苏太仓双凤镇的维新遗址。

3. 冈身与流域形态

与其他大多数地区的河流不同，吴淞江和众多塘、浦等水流自长江三角洲向东出海需经历一个由低向高的过程。这是因为，整个太湖地区是一个碟形盆地，由于外围的冈身高于内部的低地平原，水流以涌涨的方式东流，到达冈身后，需要越过高地，才开始从高向低排入大海。正是太湖和冈身的构成，塑造了独特的水流格局，冈身就像整个太湖流域田地的保护堰，“横亘百里殆若天，所以限截湖海二水，使不相通耳。”

从流域水系的形态上看，冈身以西水网密布，连片湖荡密集，地势低洼，具有浓郁的江南水乡地貌特点。吴淞江及其南北塘、浦水系以一种外涨的方式溢流，在涨溢和溢流的过程中，支河水量充足，外潮与其水流相顶托，看似排水困难，却充分滋润了太湖东部，使之成为中国最著名的鱼米之乡。因为冈身的存在，太湖流域下游呈现独特的溢流出海特征，也使得不同的流域水系片区呈现不同的肌理特点。

4. 冈漕河塘水系——盐铁塘、沙冈塘、竹冈塘、横沥（横泾塘）

现今远远看去，难以发现冈阜、冈身高出地面的状态。据北宋郏亶水利奏疏里说：“冈阜之地高于积水地四五尺至七八尺”，即比冈身内的地面高四五尺至七八尺。冈身是海潮推拥贝壳沉积物形成的，因为其高度只能达到原始时代堆积时最高潮位的高度，所以比冈身以内的地面高出并不多。冈身经过多年自古以来的农业种植和土地平整，特别是经过今天城市发展建设，已经看不出冈阜相连的情

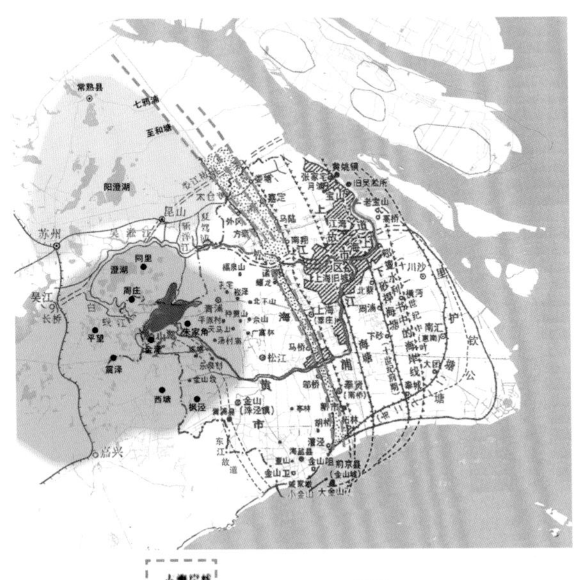

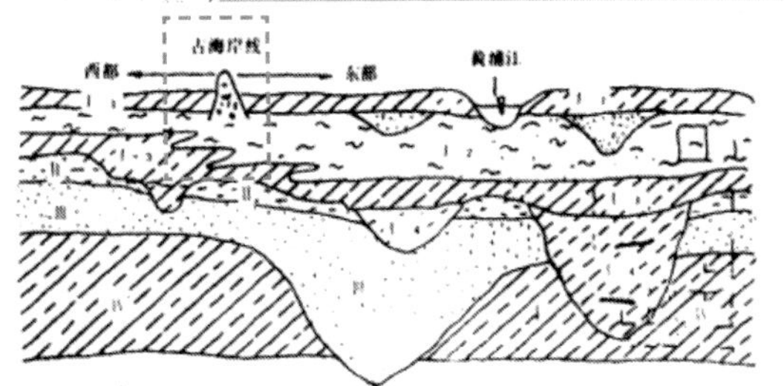

太湖泄水受到冈身阻挡，冈身以西，湖荡密布，水网密集

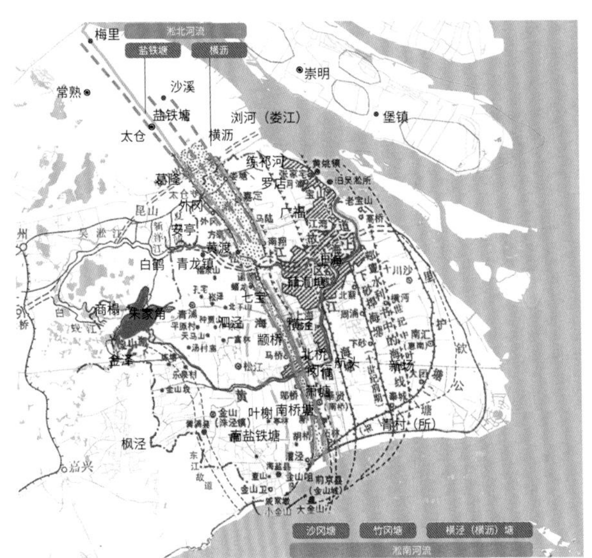

冈身“四塘”分布图

景。不过，因为冈身中多条高冈自西而东线形并列，每条高冈旁边都有水槽，而且不仅古代地图上有这些水槽河塘的记载，今天这些河塘依然存在，可以通过“河塘”大致辨认冈身的分布。

例如，现在留存的横沥（吴淞江南北均有记载，局部表示为横泾塘）分布在冈身最东一线，其他位于吴淞江以南的南北向河塘有沙港（明清地图记载为沙冈塘）、竹港（明清地图记载为竹冈塘），标志着相互平行的沙冈和竹冈的位置。紫冈水道呈一段短斜线，在沙港和竹港中间，南自马桥镇，北达春申塘，它不与沙港、竹港平行，南不到海边，北也不到沪渎故道，可见紫冈是局部的。这条水道，现在并没有紫港之称。不过在这条水道的旁边，恰有紫江、紫兴两村，经相关考证它是紫冈所在水道的标志。

沙冈塘，俗称“沙冈”，现称“沙港”。明天顺四年（1460）、清顺治九年（1652）和同治三年（1864）有过疏浚，后日趋淤塞。《读史方舆纪要》卷二十四记载：松江府青浦县冈塘“南绝黄浦，至捍海塘”“涨入淞江，西达盘龙汇”。

竹港，古称“竹冈塘”，俗称“竹冈”，1949年后易今名。旧竹港自清光绪三年（1877）后未复疏浚，渐见淤浅……自黄浦纳潮，由南邑境越萧塘港、南桥塘，经新市镇，又越下横泾、上横泾，至柘林城西门，又越运石河，南抵杭州湾。

横泾塘，《蒲溪小志》记载，镇（现七宝镇）左有南北向之横沥塘（一名横泺、横泾），北接吴淞江，南连黄浦江。《吴郡志》：今昆山之东，地名太仓，俗号冈（堽）身。冈身之东，有一塘焉，西彻松江，北过常熟，谓之横沥。（范成大《吴郡志》卷 19《水利》，第 266-267 页）

除了以上三塘外，江北沿外冈一线的盐铁塘也是主要河道。盐铁塘，西起长江南岸的沙洲县（今江苏省张家港市）杨舍镇北，向东南流，至嘉定，在黄渡镇注入吴淞江，全长近百公里，大部位于江苏常熟、太仓地区。在汉初具备雏形，到唐代已经开始发挥很大作用。借助于两岸相继开挖的塘浦和设置的堰门、斗门，盐铁塘既可遏水于冈身之东，灌溉高亢之田，又可遏自身之水，减轻塘西洼地的行洪排涝负担。

3.1.3 平原浅丘地貌

1. 九峰——平原火山残丘的形成

上海地区地势平坦，只有西部及西南部有十余处星散山丘露头，分布在青浦、松江、金山境内。旧志史料一般指佘山、天马山、横山、小昆山、凤凰山、厍公山、辰山、薛山和机山等九座山峰。据旧府县志所载，每座山峰均有“八景”“十景”等，总计百余景。古代人们注意到这些山峰，在松江府境中与流经的湖泊水系并称为“九峰三泖”。实际

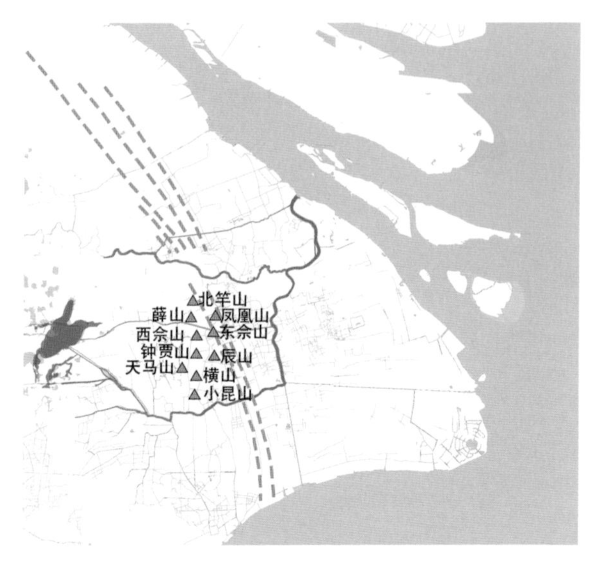

九峰浅丘分布

天马山
辰山
西佘山

松江九峰实景

上还有钟贾山、北竿山、卢山等若干山峰。山丘露头面积普遍只有 1 平方千米左右，根据地质勘探以火山岩为主，从构造特点看，为岩浆溶岩喷溢与侵入形成。

大小金山远离陆地，在金山海岸以南杭州湾中，大金山岛海拔为 103.7 米，是上海的最高峰。

佘山是上海最有名的山峰，高度 90 余米，上设佘山天文台和佘山天主教堂，为上海市民休闲游憩之所。

天马山，为松郡九峰中最高的山峰，约 99.8 米，森林繁茂。有南北两峰，形如天马，故名天马山。山麓的斜塔护珠宝光塔建于宋元丰二年 (1079)，还有 700 多年树龄的古银杏、长眠着元明年间杨维桢等学者诗人的“三高士墓”等文物胜迹。

辰山因在松郡九峰中列于“辰”位（即东南方），故名辰山。山南为针阔叶混交林，山北坡多毛竹。现有著名的辰山植物园，是华东地区规模最大的植物园。

2. 九峰三泖与松江诗画文化

九峰虽高度不足百米，在松江府志记载中被誉为“九峰三泖”首景，也是《天下名山图》中最有名气的低浅山丘，这是源于元明以来松江在文学艺术上取得的非凡成就。尤其在文人艺术最精粹的绘画与诗歌方面，多以“九峰三泖”为题。绘画上元四家大多在松江居住过，他们笔下的山水画也和松江“九峰三泖”的风光颇有关联。

在元代初中叶，松江本地就出现多位著名画家。

任仁发（1254—1327），元代著名画家、水利家，入元官都水庸田副使，官至浙东道宣慰副使。究心水利，学擅专门；长绘画，工人物、花鸟，尤善画马，尝奉仁宗旨画《渥洼天马》《熙春天马》，故宫绘画馆藏有数幅其画的马。

管道升（1262—1319），元代著名的女书法家、画家、诗词创作家。所写行楷与赵孟頫颇相似，所

天马山周边

书《璇玑图诗》笔法工绝，尤擅画墨竹梅兰，精于诗。嫁元代吴兴书画名家赵孟頫为妻，世称“管夫人”，封魏国夫人。因其祖籍华亭小蒸练塘一带，她与丈夫常常往来松江。存世的《水竹图》等卷，现藏北京故宫博物院，《竹石图》一帧，藏中国台北故宫博物院。

曹知白（1272—1355），元代著名画家，居住在长谷，今松江天马山附近，与昆山顾瑛（1310—1969）、无锡倪瓒（1301—1374）过从甚密，是江南三大文艺雅集“玉山雅集”的召集人。

至元末，在诗文、书画方面得益于杨维桢（1296—1370）、黄公望（1269—1354）的客居交流，画家马琬（？—1378）、姚廷美（公元14世纪中）、陶宗仪（1329—约1412）等进一步形成比较稳定的诗画交往传承，取长补短，由此为云间画派积蓄了极大的潜力。

至明代，松江的董其昌（1555—1636）、莫是龙（1539—1587）、陈继儒（1558—1639）、陈子龙（1608—1647）都是领一时风气的人物，留下脍炙

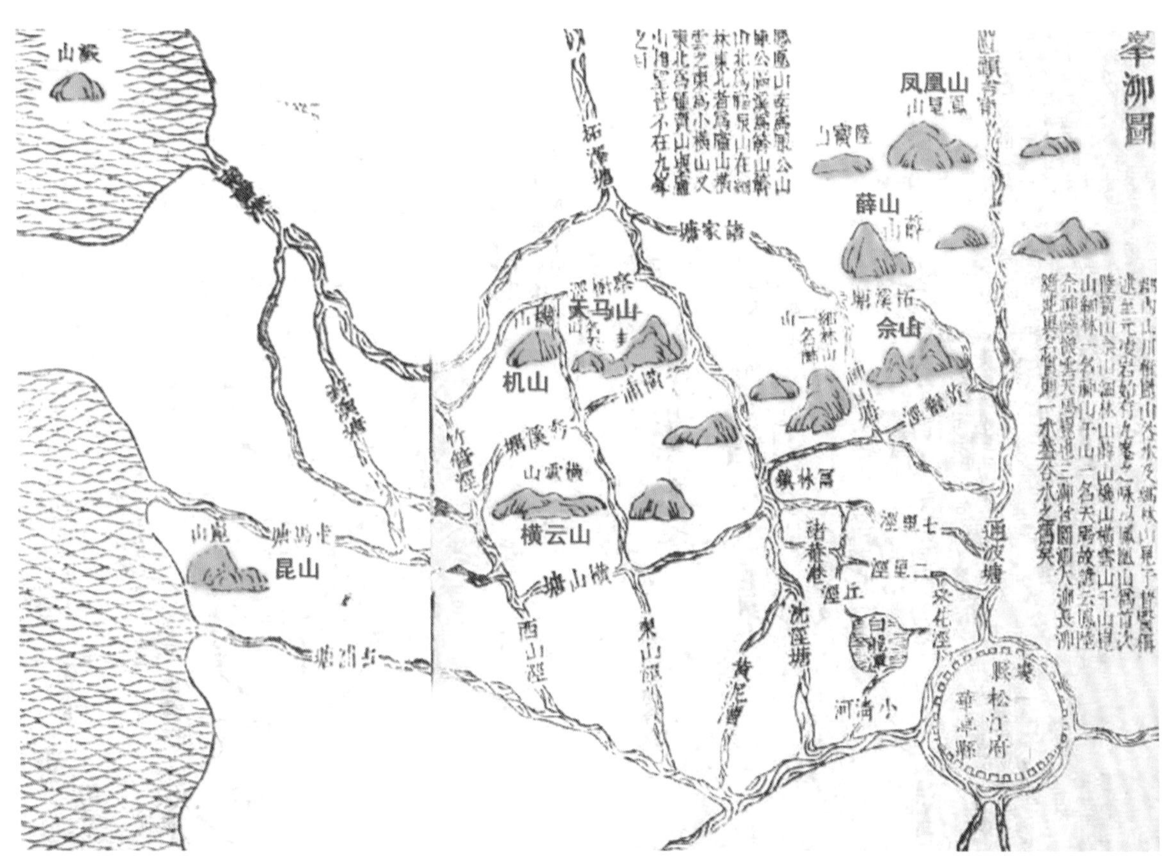

峰泖图，根据清初《康熙松江府境图》改绘

明代画家沈士充《峰泖图》

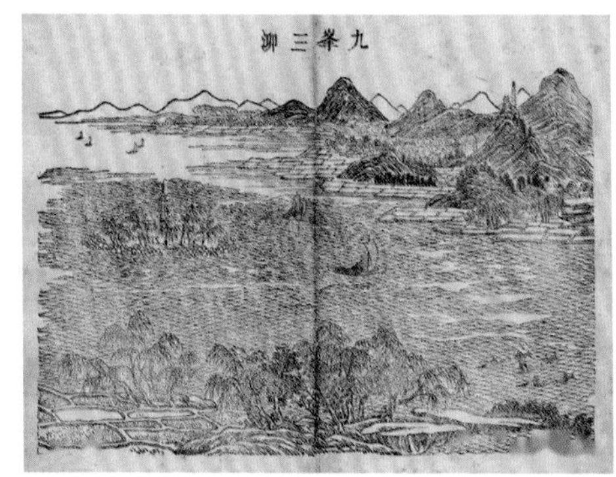

《天下名山图》之九峰三泖

人口的书画诗文艺术。

九峰之中，小昆山、机山还与历史上著名文人陆机、陆云颇有渊源。小昆山主峰海拔 54.3 米，呈东南向西北微斜走向，为东吴名将陆逊封地，其孙西晋著名文学家陆机、陆云的故乡，山中有二陆草堂、二陆读书处等古迹。前人将“二陆”比作美玉，以“玉出昆冈”来赞誉他们。王安石也曾作诗道，“玉人出此山”，因而此山得名昆。后人为区别于江苏省昆山县的马鞍山（名昆山），故称“小昆山”。后来陈继儒也在小昆山一带隐居，吸引了各地的文人来此居住，切磋文艺。机山为松郡九峰中第六山，山势较为平坦，山高 38.9 米，因西晋文学家、书法家陆机而得名，曾出土西晋古井、陶片等遗物。

3.1.4 河口沙洲形成

1. 崇明岛涨塌兴废

崇明岛是新长江三角洲发育过程中的产物，它原处长江口外浅海。长江奔泻东下，流入河口地区时，由于比降减小、流速变缓等原因，所挟大量泥沙于此逐渐沉积，一面在长江口南北岸造成滨海平原，一面又在江中形成星罗棋布的河口沙洲。这样一来，崇明

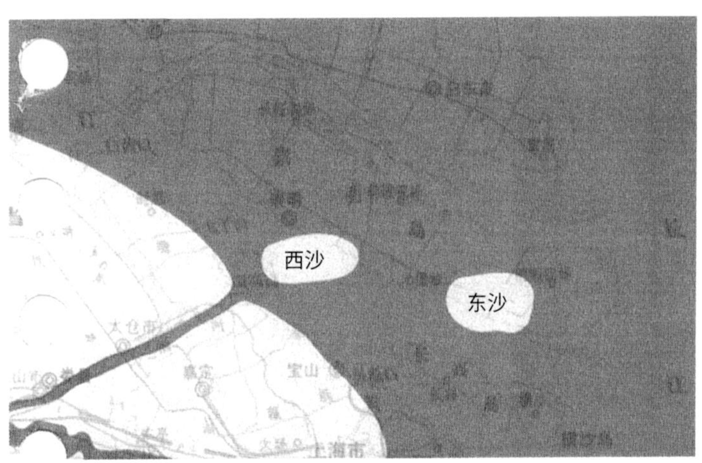

天宝十年（751）

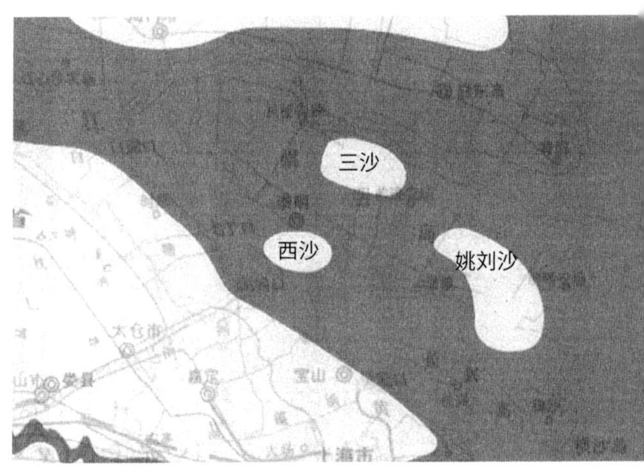

政和元年（1111）

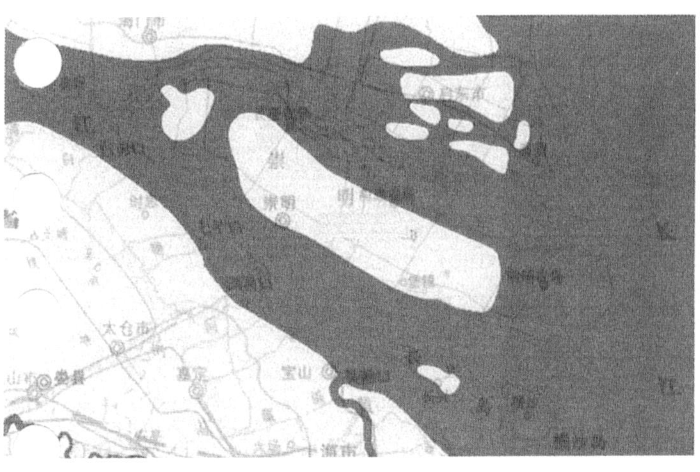

乾隆元年（1763）

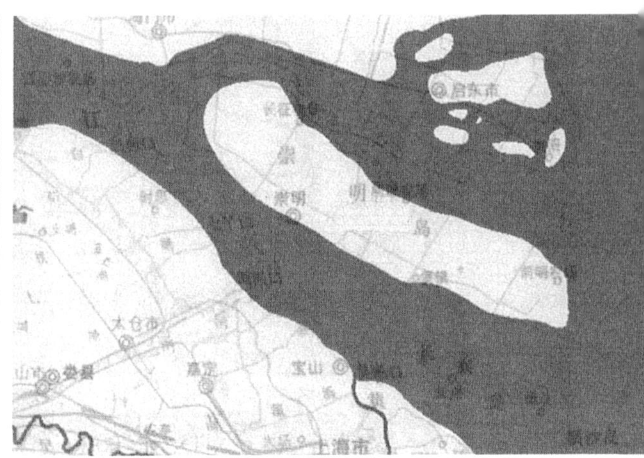

嘉庆二十五年（1820）

崇明沙岛成陆过程

岛便逐渐成为一个典型的河口沙岛。在成陆过程中，由于受江流冲刷影响，岛屿土地不稳定，历史建设多为潮水所破坏，经历了多次涨塌才形成。从露出水面到最后形成大岛，经历了千余年的变迁，岛上最古老的历史见证不是人工建造物，而是一株古老的银杏树，树龄约 460 年，当年位于局部沙岛边缘，如今已处于平坦的岛屿陆地中部了。

2. 成长中的入海口沙洲

上海位于长江入海口。长江长 6300 多千米，居世界第三；多年平均径流量 9500 亿立方米，居世界第四；多年平均泥沙量约 4 亿吨（近年锐减至 1.5 亿吨），居世界第五；长江河口三角洲覆盖面积达 5.2 万平方公里，是世界上第四大三角洲。

相关研究显示，与全球十大河口三角洲对比，崇明所在的长江河口三角洲的形状、类型、沉积动力环境、地貌发育具有自身的特色。长江三角洲形状是三角形的，属于建设型、潮汐型三角洲。

河口潮差平均 2.5 米，属中等潮差，在其控制下，河口前缘形成明显的盐度梯度现象。在不规则半日潮的作用下，近岸部分由涨潮流形成潮滩，向海部分在落潮流作用下形成河口沙洲群，形成三级分汊、四口入海的平面格局。

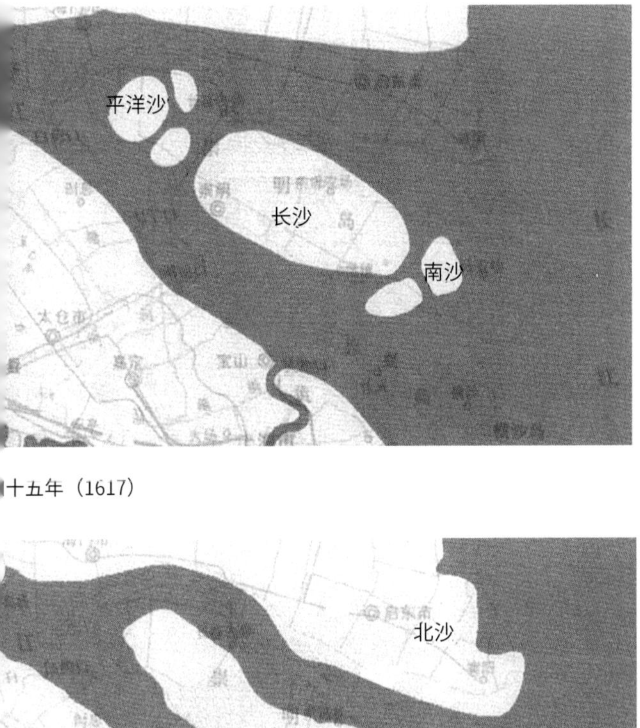

十五年（1617）

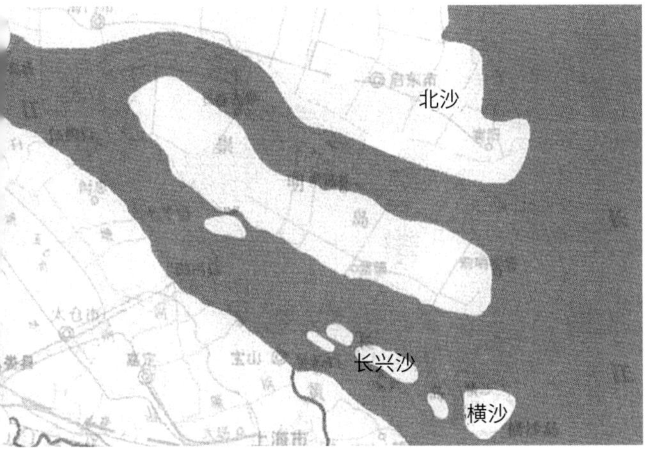

年

因崇明沙岛成陆不稳定，明万历二年（1574）古银杏树是崇明最古老的年代见证

崇明各沙历史演变

东沙于618—626年(唐武德年间)露出水面……1025年(宋天圣三年),东沙与新涨成的姚刘沙接壤,元末明初坍没。

西沙……与东沙同时露出水面……元末明初始坍。

姚刘沙于1025年(宋天圣三年)左右露出水面……1506—1521年(明正德年间)与西北三沙连成一片。1550年(明嘉靖二十九年)左右坍没。

三沙于1101年(宋建中靖国元年)左右露出水面,位于姚刘沙西北隔水50里(25千米)。1506—1521年(明正德年间),与姚刘沙涨连。1529年(明嘉靖八年),县城曾迁移三沙马家浜。1550年(明嘉靖二十九年)三沙始坍。至1662年(清康熙元年)左右已无存。对照今图,其位置约在今三沙洪一带。

平洋沙涨于明建文中。1507年(明正德二年)定名为平洋沙,在三沙西南,隔水30余里,南与白茆港隔水相望。1553年(明嘉靖三十二年)县城四迁于此。1583年(明万历十一年)平洋沙始坍,而后,坍存部分渐与长沙接壤。对照今图,其位置约在今三星乡以西直至海门县三和镇一带。

长沙于1506—1521年(明正德年间)露出水面,在姚刘沙西南,隔水60余里,平洋沙东南。该沙成陆后,位置基本未产生过迁移,大致在今城桥镇周围一带。1583—1588年(明万历十一年至十六年),县城五迁于此。而后,渐与万历中涨出的吴家沙、袁家沙、响沙等连成一片,开始形成大岛。1644—1722年(清顺治、康熙年间),又涨出日隆沙、永安沙、平安沙、东三沙等30余沙。清末,全岛已有长沙等60处,其后各沙基本连接,形成崇明大岛。

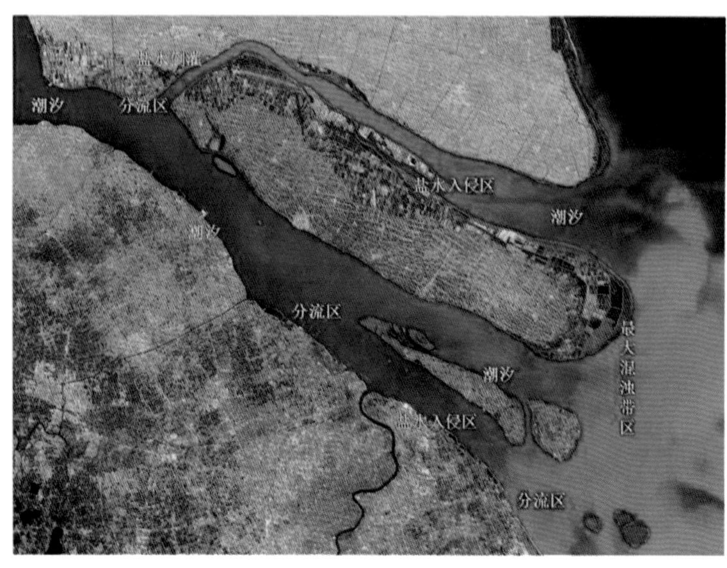

长江三角洲航拍图

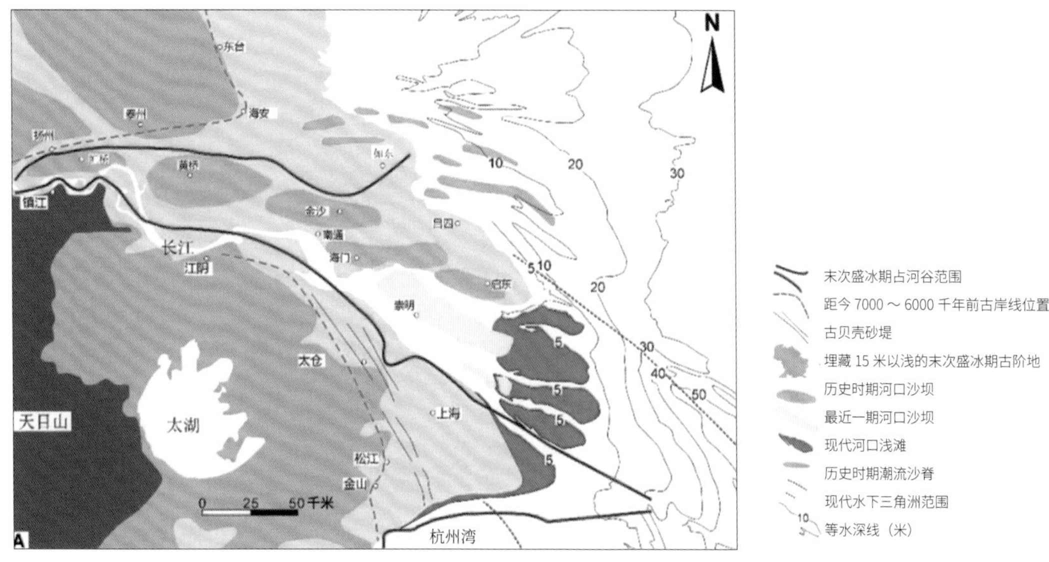

长江河口三角洲地貌示意图

从地质上看，崇明岛为江海之中沙洲沉积成陆，长江下泄泥沙在岛周围形成广阔的滩涂，成陆过程中滩涂资源曾非常丰富，得天独厚。从《崇明县志》的记载看，北部和东部泥沙淤涨迅速，滩涂面积较大。滩涂上繁殖生长石璜（土鸡）、蝓蛏、蟛蜞、芦苇、关草、丝草、芦竹等动植物，蕴藏着较丰富的生物资源。崇明海洋水产以黄鱼、带鱼和鲳鱼为主，虾、蟹也较多。另外还有长江水产经济鱼类及岛上河沟河蟹、河虾及其他杂鱼。滩涂也是崇明东部地区候鸟迁徙途中栖息的食物来源。在《中日保护候鸟及其栖息环境协定》列入保护的 227 种候鸟中，崇明曾观察到 132 种，常有丹顶鹤等珍稀鸟类歇足。

3. 径流与潮汐涨落

长江河口三角洲地貌是上海最具特色、也是全球独特的地质景观。长江江心沙洲潮水为半日潮，潮汐每日两涨两落，平均潮位差达 2 米左右。由于长江径流与潮汐涨落的双重交替作用，沙洲具有独特的水文地貌。崇明沙岛边缘自然形成弯曲的潮沟河流，部分明清古地图上的内凹河港形态，记录了古代人们对潮沟形态的观察。

3.2

水系水利

——江南海塘工程

——柘泖淤浅湮塞

——吴淞水系治理

——沙岛溆港演变

太湖水系中，上游来水苕荆二溪古今无大的变化，但下游去水有着很大差异，从古代“三江”入海，后仅存吴淞一江，黄浦夺淞后，主要为黄浦泄水。

现代上海的黄浦江、苏州河，其前身分别为古代江南的松江（吴淞江）、东江。在古代江南，联系太湖与东海的河流主要有“三江”——娄江、松江、东江。三江分别在西北、东、东南三个方向连通太湖与东海，三江中穿越现上海地区的有松江、东江，其中东江中游的淀泖湖群又被称为“三泖”。

吴淞江、东江的水系变化主要发生在元代以后。随着海岸线的扩展，吴淞江的河道也不断延长，河床越来越平，流速越来越小，冲淤能力越来越弱。河道因淤积变窄，水患不断，多次疏浚无效后，明代放弃原吴淞江下游水道，“浚范家浜引浦入海”，使黄浦江成为太湖入海的主要河道，吴淞江逐渐成为黄浦江的支流，史称“江浦合流”“黄浦夺淞”。它成功地解决了水患，也连通了海船直接进入上海县城的水路。

通过古地图、水利志与地形地势结合分析，研究经过人工干预的塘浦、湖荡等水系，并对相关水利设施如闸口、圩堤、古河道遗存进行现场踏勘，得以认识乡村基础地理环境要素。

3.2.1 江南海塘工程

1. 海岸坍塌：上海古陆地易坍塌沉没

在多种因素的影响下，河口泥沙沉积使得上海冈身以东地区的海岸线不断向外延伸，但是局部岸线也有坍塌内退的情况。根据研究，一方面长江口南岸边滩向海推移加剧了潮波结构的变形，另一方面杭州湾北岸不断受到潮水的侵蚀，金山附近的海岸自东晋时代开始就向后退缩。因此，上海的岛陆岸线呈现出北岸向南坍退，南岸多向北坍退的特征。

上海的南岸陆地早期的坍塌较为严重。唐末五代时期，南岸线已经迫至金山脚下。宋淳熙后期，大小金山先后沦为海中孤岛。此外，上海最早记载的 3 个古县治前京县、胥浦县、海盐县，均位于金山附近，但由于历史地理的变迁，这些地区早已坍没无存。宋代以后，杭州湾北部海岸线仍然逐渐向内坍退，外延变缓，情况有所缓解。此外，上海北部的长江口南岸地区，大量泥沙慢慢在三角洲北部堆积，局部仍有向内坍塌，尤以宝山岸段内坍退较多。

2. 海塘修筑：上海陆地的拓展巩固

历代海塘的修筑，使得上海陆地得以巩固稳定，并向外拓展。较早有确切记载的海塘修筑，是在宋乾道八年（1172）完成的，记载称“起嘉定老鹤嘴以南，抵海宁之澉浦以西”。有学者认为，江南沿海在唐代早期已建筑海塘，但并未发现明确史料。文献中唐宋记载中的海塘即捍海塘。由于瀚、捍同音，世人亦称“瀚海塘”。宋乾道年间（1165—1173）海塘也称“下沙捍海塘”。

捍海塘在筑成时很受重视，“雇五十人专职巡逻修葺”，从南宋起到明代方才被海潮冲毁重修，共计历经近四百年，保存时间较长。今川沙、南汇二县许多重要城镇，都出现在这条海塘以内，从北而南，依次为黄家湾、蔡家路、顾路、龚路、暮紫桥、川沙县城、六团湾、祝桥、南汇县城、三墩及大团镇等。捍海塘的修筑也使上海陆地边界逐渐外拓到浦东的合庆、奉城一线。

明成化年间（1465—1487），捍海塘加固，又称“老护塘”“里护塘”。明万历十二年（1584），在成化老护塘东侧约三里处，修筑与老护塘平行的“外捍海塘”。清雍正十年（1732）海塘遭毁，次年南

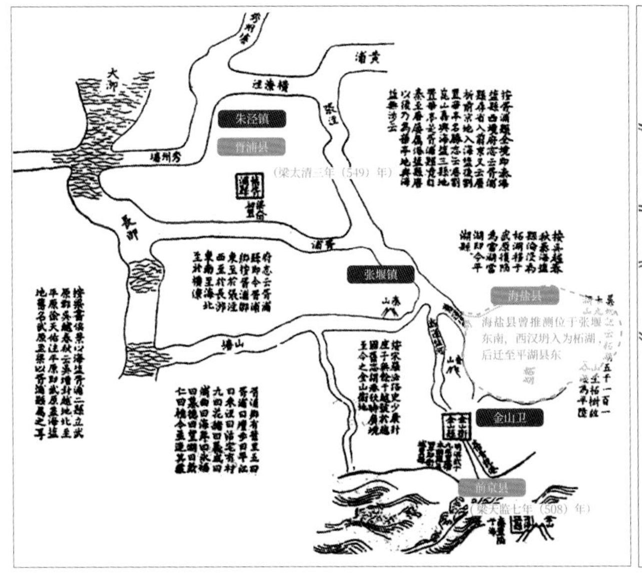

清乾隆《金山县志》中卷首图中关于古县治的推测示意

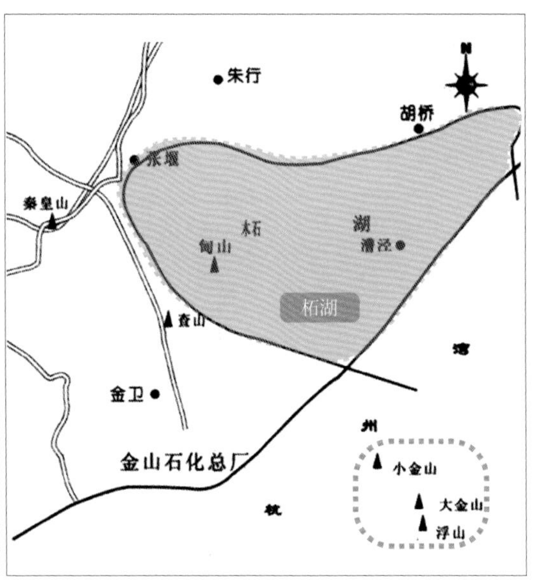

《金山县水利志》中柘湖及大小金山位置示意

汇知县钦琏又在原址重修，后世将外捍海塘俗称“钦公塘”。全线工程包括川沙、南汇、奉贤三厅县的段落，塘身现在成为川南奉公路的一部分。

钦公塘以外约一里多位置，坐落的是人民塘，又称“李公塘”“袁公塘”“予备塘”等。光绪三十一年（1905），钦公塘以外的数个海塘工程遭到大潮灾冲坍，包括老圩塘、外圩塘（陈公塘）、王公塘（彭公塘）等，后知县李超群修筑新圩塘，称“李公塘”。20 世纪上半叶历经数次大潮灾后又曾多次修缮。1949 年塌毁后沿原址建立新塘，改称“人民塘”，后又有加筑，长 110 余千米，奠定了上海海岸轮廓。后期逐次海塘修筑阻止海水的倒灌，减少灾荒，使上海乡村地区的农耕得到保障，逐渐成为谷仓满盈的鱼米之乡，经济实力日益壮大。

建于清雍正三年（1725）的奉贤华亭海塘现状

大小金山（其余海岸已坍塌）

大小金山、坍没的金山岸线远眺

3. 防御生产：盐业、商业与军事相互促进

东南沿海卫所城市的营建，一般认为主要由明代开国将领汤和 (1326—1395) 在洪武中期奉朱元璋之命布置海防，设置卫、所、堡、墩等机构。卫所是明代的军事机构，各自负责一定的区域设防。卫所下又设堡、烽墩，作瞭望、通讯之用。烽墩分布在海塘一线，例如金山卫共有 46 个烽墩。这些卫所、堡墩等军事机构留下的地名，成为上海沿海地区地名的历史特色，如金山县的金山卫和戚家墩，奉贤县的五墩，南汇县的二墩和三墩。除此之外，还产生了一些派生地名，如奉贤县的墩民和墩外等。

古代卫所的选址以近海为前提，且依赖原滨海盐业的建设基础。金山卫、青村所和南汇所等卫所就是以滨海盐场发达的聚落为基础建立起来的，聚落史可追溯至宋代甚至更早。金山卫之前设有盐场管理机构，得名“小官场”。设卫筑城之后，曾在小官场的横浦场盐课司西迁至城外三里处，市镇改设金山卫。南汇嘴所设置的位置，原地名为三团。

洪武十九年（1386），设金山卫，下设青村、南汇嘴等千户所。北部设吴淞江千户所，属太仓卫。

嘉靖三十六年（1557），设协守吴淞千户所。万历五年（1577），协守吴淞千户所改名宝山千户所（今浦东新区高桥镇东北）。同年，在上海县八团置川沙堡。

清代初年，卫所撤销，烽墩的军事作用逐渐消失，盐业、商业与军事相互促进，除了位于宝山的千户所坍没之外，其他卫、所、堡继续发展为政治、经济聚集之地。例如，青村所为五代乾佑年间（948—950）设置，初名青墩盐场，置监官廨于青墩（今奉城）。南宋时，易名为青村盐场；元代改分场为团，青村场辖 4 团，计有一团、二团、三团和四团；明代增为 5 团，清代则至 29 团。明洪武十九年（1386）筑城后，大量建筑应运而生，人口聚集，清雍正三年（1725），分置各县时，定青村所为奉贤县治。

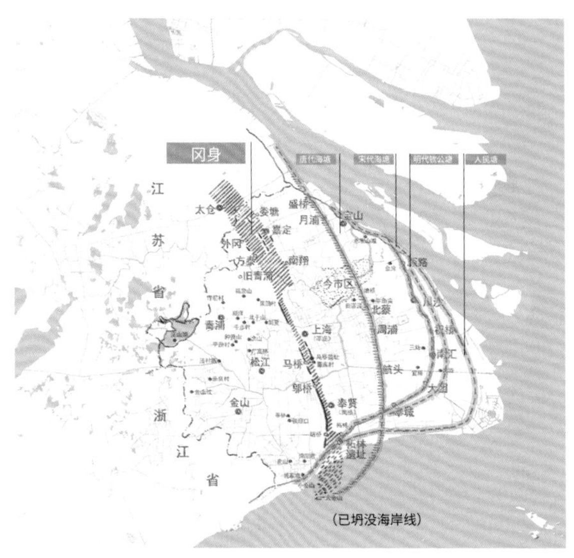

历代主要海塘位置分布

历代岸线外拓变化图

注：长江主流在明万历以后由从北支入海改走南支入海，宝山海岸不断内坍，原宝山县城（吴淞所）宝山所城和著名集镇黄姚场相继沦没于江中，所以明以前的海塘遗址已荡然无存。

海塘上的主要卫所堡分布

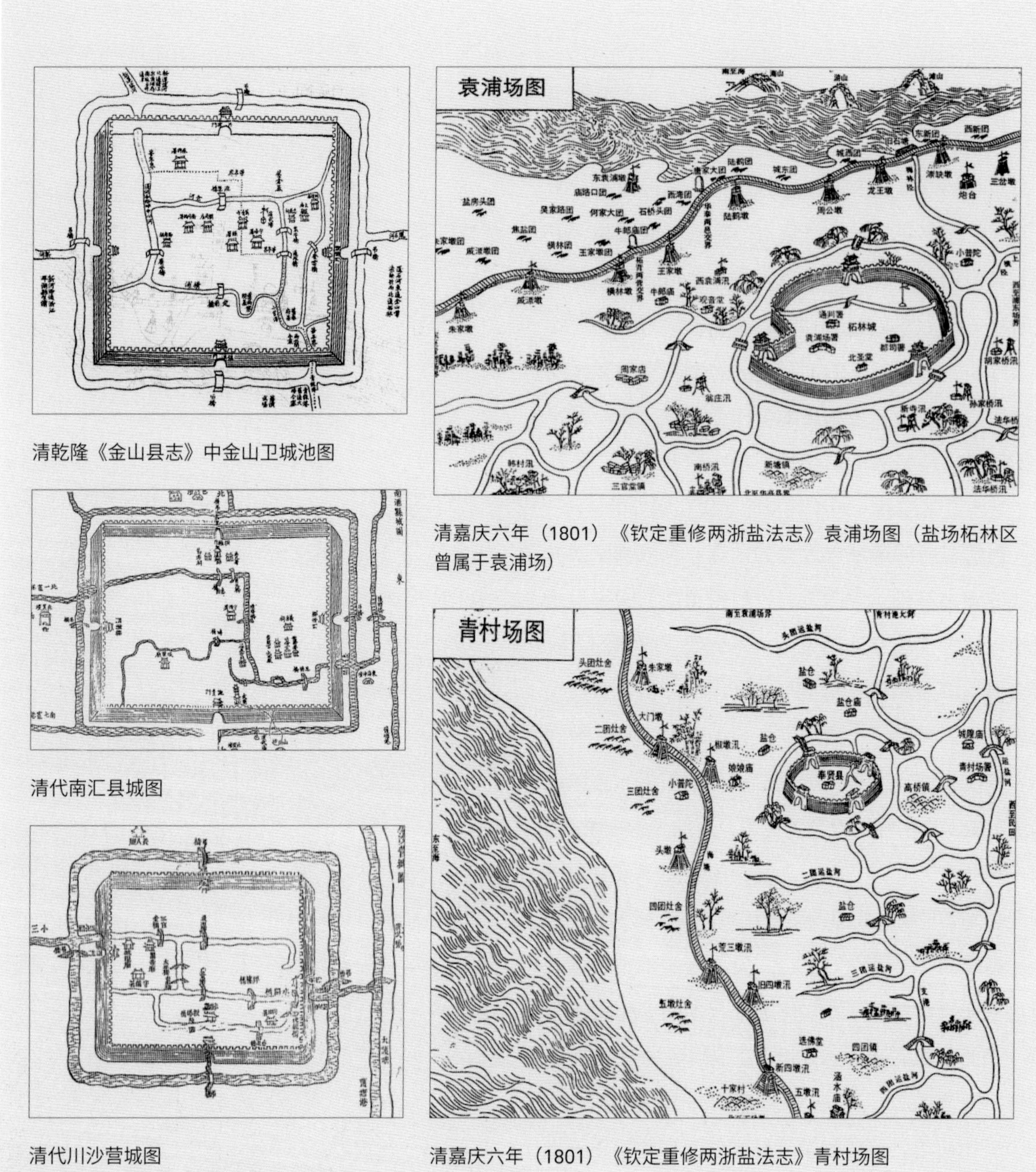

清乾隆《金山县志》中金山卫城池图

清嘉庆六年（1801）《钦定重修两浙盐法志》袁浦场图（盐场柘林区曾属于袁浦场）

清代南汇县城图

清代川沙营城图

清嘉庆六年（1801）《钦定重修两浙盐法志》青村场图

3.2.2 柘泖淤浅湮塞

1. 淀泖流域的水系变迁

太湖下游古代泄水分为三江，其中南部称为“东江”，大致位于青浦南部、金山及嘉兴一带。东江，古称“谷水”，因主流出海口堙塞，形成大型的带状湖泊，按其形状分为圆泖、大泖、长泖三段，统称“三泖”（在金山境内为大泖及长泖的一部分），同时仍有支流在杭州湾出海。上游下泄之水，先入三泖，然后进入柘湖，再经金山卫南青龙港入海。

据《吴郡图经续记》记载，“谷水，据郦善长云：‘松江，一东南行七十里，入小湖，自湖东南出，谓之谷水。谷水出小湖，径由卷县故城下，即秦之长水县。又东南径嘉兴县城西，盐官县故城南，过武原，出为散浦，以通巨海。’”

长泖在今金山、平湖之间，因形如长带，故名长泖，今已淤成田。

大泖在今金山、松江之间，因面积较大，故称“大泖”，今已全部围垦为荡田，亦称“泖田”。

圆泖在今松江、青浦之间，因泖略呈圆形得名，圆泖今尚存，即今泖河，但面积已缩小。

2. 其他受影响而改变的河道

随着泄水逐渐改道黄浦江，潮汐作用增强，泥沙淤淀，一批大河淹为小河，甚至像柘湖、三泖那样的大湖泊也湮成平陆。同时不少小河却冲刷成为大河，如胥浦塘、大泖港、掘挞泾（今掘石港）等。

胥浦塘，原名胥浦，历史较为悠久，据乾隆《金山县志》记载：周敬王二十五年（前 495），吴行人伍子胥，凿胥浦，“自长泖接界泾而东，尽纳惠高（泾）、

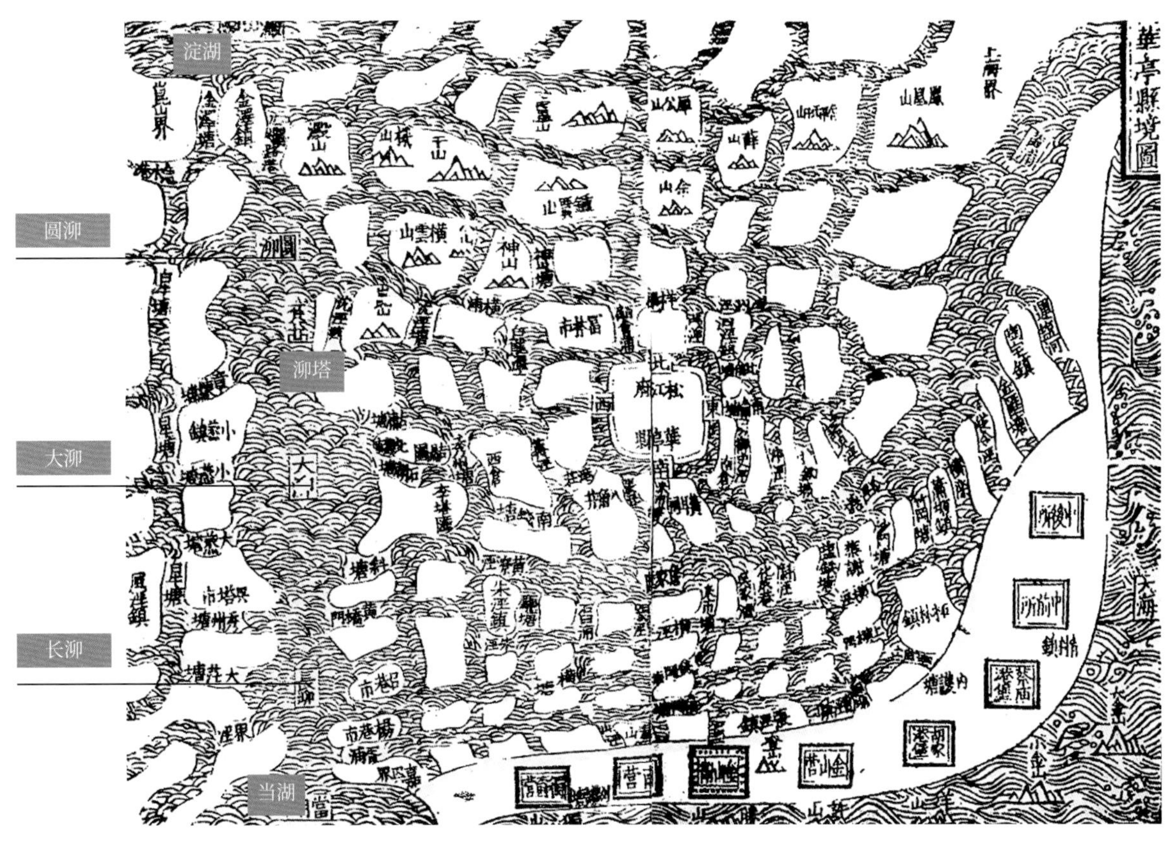

明正德《华亭县志》（1521 年）水系图——黄浦夺淞后一段时期内方志图仍有“三泖”

泖柘地区，奉贤区花园新村一带

彭巷（港）、处士（塘）、沥渎（塘）诸水，绝石臼浦”，为金山最早的河道工程。宋、元以后，由于杭州湾出海口多次更易，造成这一地区河流改道，水系紊乱，南部潮感微弱，流速缓慢；北部浊入清出，极易淤淀。明、清以来，胥浦塘在三泖湮塞后，来自浙江平湖方向的水流，汇注青浦，河身日益扩大，遂改称“胥浦塘”。

向南的河道不通畅后，众水汇聚东流，冲刷原有河床扩大，如掘挞泾河身扩大后，改泾为港，称之为“掘石港”；泖港承接掘石港的中间一段，河身扩大，被称为“大泖港”，掘石港以西一段也就称为“小泖港”。

3. 南部水系泖湮成陆

乍浦堰、柘湖十八堰、运港大堰的修筑，几乎切断了东江下游的所有出口，来自太湖、淀山湖、浙西的水只能由“三泖”经横潦泾（位于黄浦江上游）向东流向闸港，并折向北，与原来的上海浦合并汇入吴淞江，成为吴淞江的一条支流，这条河流也是后来黄浦江水道的雏形。

由于修筑捍海塘堰，东江的许多出海水道被捺断。北宋政和五年 (1115) 乍浦堰坏，乃重新筑堰。南宋乾道七年 (1171) 海患严重，遂重修柘湖十八堰，筑运港大堰，仅留新泾塘以通盐运。南宋乾道八年（1172）除张泾河建闸通海 (青龙港) 外全部筑坝捺断，至此东江下游的出口大多被堵塞。自南宋建炎元年 (1127) 以后杭州湾出海口先后全部封堵，泖水出黄桥向东直冲大黄浦，加速了黄浦江的形成。随着时间的推移，三泖逐渐淤积。

据青浦地方志记载描述，“泖塔为三泖地区的古塔，位于泖河中的一个小洲上。旧时，此地属有着千年历史的水乡古镇练塘，有所谓“练塘八景”：三泖行帆、九峰列翠、塔院晓钟、天光古刹、明因夕照、圆通朝爽、西来挹秀、鹤荡渔歌。其中的“塔院晓钟”就是指泖河中的泖塔。塔为唐乾符年间 (874—879) 僧如海在泖河中筑台而建，后又增殿阁，名澄照禅院。

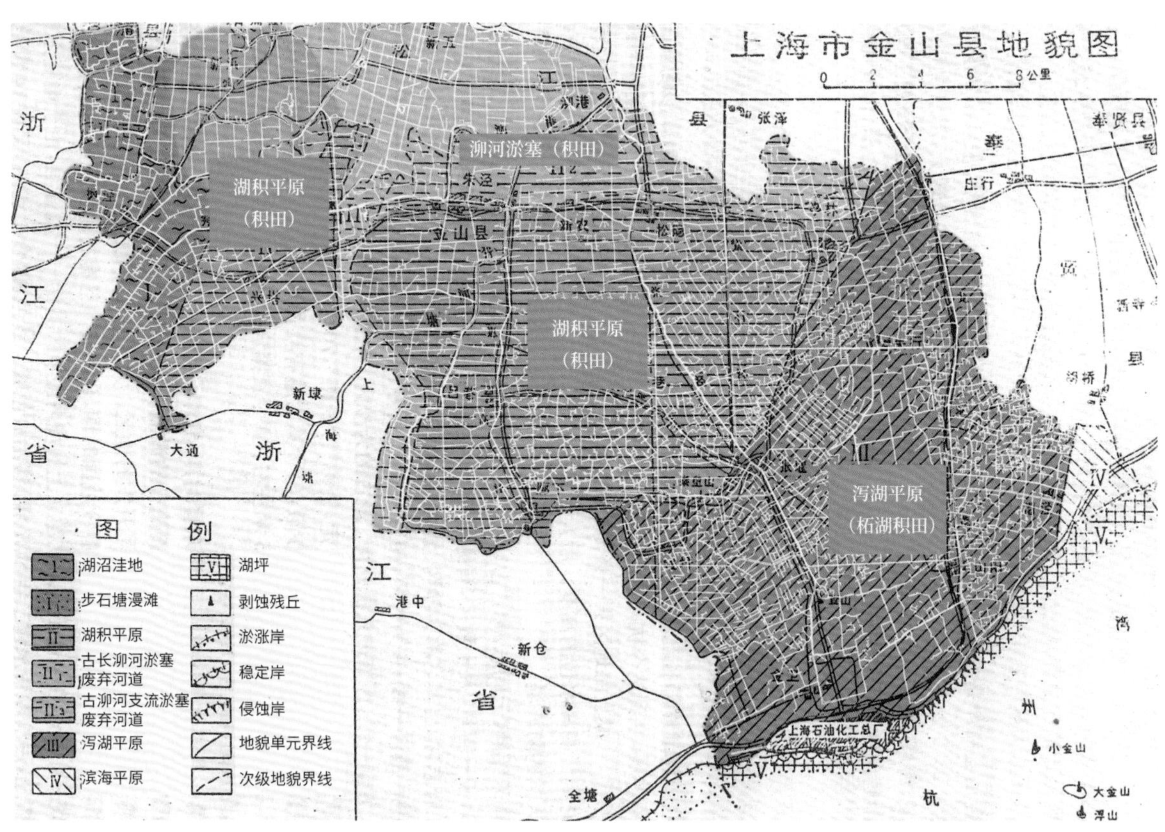

金山区历史地貌分析图（根据 1985 金山县志水利篇图片改绘）

1115 年 / 宋政和五年

宋楼钥（1137—1213）《华亭县南四乡记》最早记载张泾堰灾害

1134 年 / 宋绍兴四年

开凿旧运盐河：灶门港

1166 年 / 宋乾道二年

翻新张泾堰，开凿月河，增建张泾闸

1172 年 / 宋

张泾堰旁设立浦东盐场转搬仓

1340 年 / 元至元六年

增建张泾堰斗门，次年深浚张泾，将积水导入大海

明初

金山卫城及其防御体系建立，张泾水路交通枢纽作用愈加突显，成为松江府城至卫城的“孔道”

1472 年 / 明成化八年

堵塞出海口，张泾由向南流改为向北流，水量逐年递减，束狭情况愈发严重，金山过境浙水全部北流，促进了黄浦江的发育

清初

入清，卫所制度废黜，张泾河军事作用下降

清乾嘉年间

前朝筑造捍海塘，堵塞小官浦出海口的影响加深，泖湮成陆，张泾逐渐束狭，北口南移至泖口

包括张泾在内的内陆河流，成为无源之水；乾嘉以后，张泾疏浚工程日益频繁，据高燮（1877—1958）《金山张泾河工征信录》（1924 年）记载，清朝末年已形成二十年一疏浚的惯例

1923 年

张泾疏浚，疏浚河道北起松隐塔河口，南至张堰镇油车桥，共计三千三百四十丈（约 11.1 千米）

1958 年

新运盐河段并入张泾

1980 年

金山卫西城河并入张泾

2019 年

金山卫东城河计划并入张泾，卫二路将复路为河，与张泾相通，南通杭州湾

张泾河的主要演变

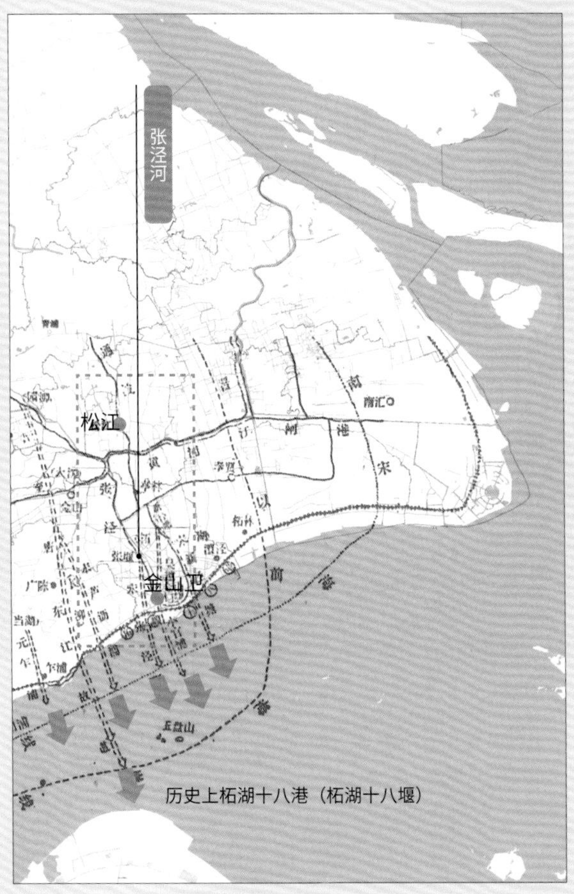

历史上柘湖出海口示意图

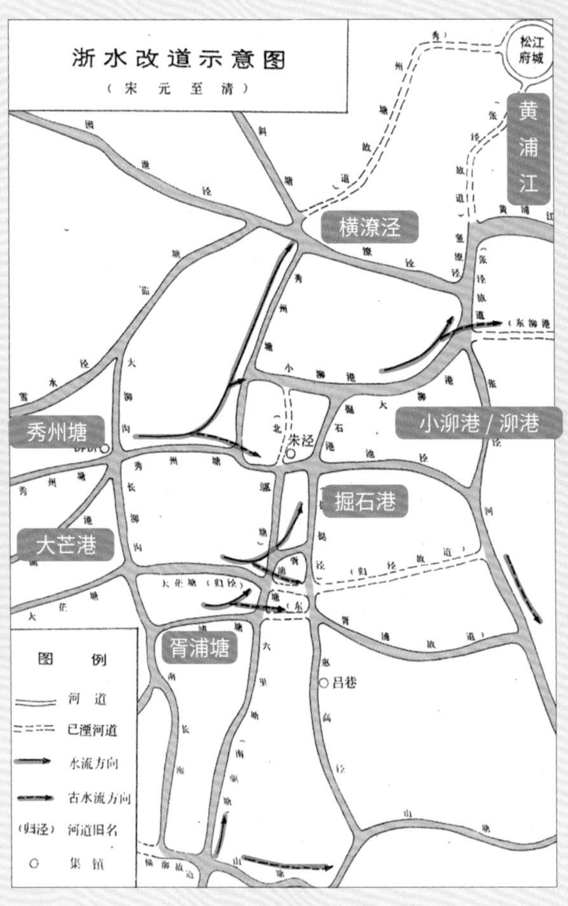

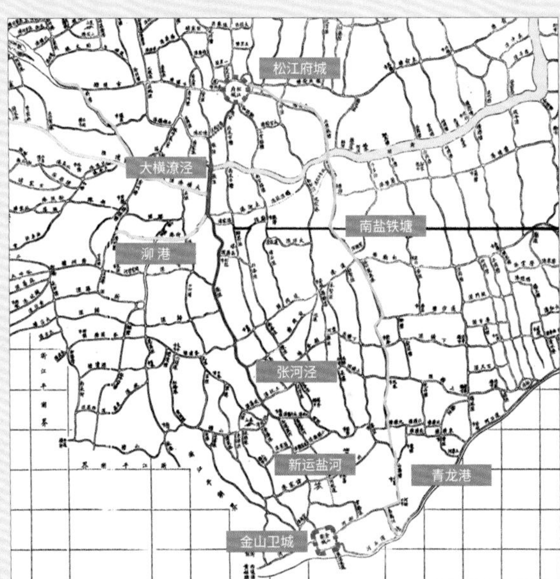

清代金山张泾河位置示意图（据光绪《松江府续志》全境水道图改绘）

明陈组绶《皇明职方地图》海防图，崇祯九年（1636）刻本（福建省图书馆藏）

明郑若曾《江南经略》卷四上《金山卫险要图》，文渊阁四库全书本

青浦、松江泖河鸟瞰现状

其时的泖河广阔，来往船只都以泖塔为标志，夜间塔顶悬灯，指示航道。有时船泊塔下，寺中僧人汲井水煎茶饷客，还共赏湖光塔景，黎明时登塔观日出，听钟声，则别有情趣。”明代屠隆《福田寺长水塔院记碑》(1581) 记载，“登泖塔，坐藏经阁凭栏瞩眺。四面烟水回绝……”

从柘湖十八港到柘湖十八堰，浙水北入黄浦，南流改北，仅余青龙港（南盐铁）通海。三泖、柘湖港堰已废，泖湮成陆。淀泖湖群的淀山湖及浙西平原来水全部改道北流、东流，经横潦泾流经闸港再折向北流注入黄浦。柘湖与三泖的演变，除了可以从港堰历史和九峰三泖旧文中想象当时的景象，还可以从金山地貌图中看到勘探构造分类，三泖故道、淤积成田的大致范围。

（三泖）而一片水实相连接，无所界限。浮屠踞大泖中央，筑基载之。

——（明）吴履震《五茸志逸 · 泖河竹枝词》

由拳城西水拍天，近桥长泖近水圆。闻说女墙湖底见，那教沧海不桑田。

——（清）王鸣盛《泖湖竹枝词》

长泖东南近秀州，半为烟水半汀州。

——（清）王霆《松江竹枝词》

1985 年《青浦县志》拍摄的青浦、松江泖河鸟瞰

大泖港与掘石港交会一带

3.2.3 吴淞水系治理

吴淞江是一条中等感潮河流，即入海的河流受到潮汐作用。潮流界在黄渡附近，潮区界在赵屯附近。初时吴淞江又称松江，记载“故道深广，可敌千浦”，入海口宽达 20 多里，沿江支流旧时有 200 余条，南支 96 条，北支 82 条，著名的有流经松江府青浦县境内的大盈浦、顾会浦、崧子浦和上海县境内的上海浦、下海浦等十八大浦。清时松江自湖至海河道弯曲，有五汇(大湾子)，四十二弯(小湾子)之说，“五汇”是指安亭、白鹤、盘龙、河沙、顾浦。

吴淞江曾作为太湖下游去水的三条干河里居中的一条，后期黄浦夺淞，其水流通畅关乎太湖下游各地区的生产生活，因此各朝各代均非常重视对吴淞江的治理，治水专家在吴淞江流域留下了丰富的水利理论与实践经验。

1. 吴淞南岸：青浦、松江水系记载

吴淞江南岸主要是松江府及松江府青浦县、上海县范围。上海县现今主要为市区，在此重点关注乡村郊区的水系。如据光绪《青浦县志》中《青浦县图说》与《青浦县东北境水道图》描述，吴淞江自金家浜始入（青浦）县境，东历赵屯、大盈、顾会、崧子、盘龙诸浦，支干交流，其谷宜稻，所谓五大浦也。

后期，顾会浦以东的河浦逐步淤塞，记载道，“顾会而东，水利渐微，潮汐淤沙，几成平陆。岁旱则涓滴绝流，潦则停潴而无所宣泄。水利不修，农田大病。图此者，见吴淞故道不可不亟也。”

2. 吴淞北岸：嘉定、宝山水系记载

吴淞江北岸主要属于平江府嘉定县、宝山县管辖，河道多为南北向平行冈身分布。盐铁塘，又称

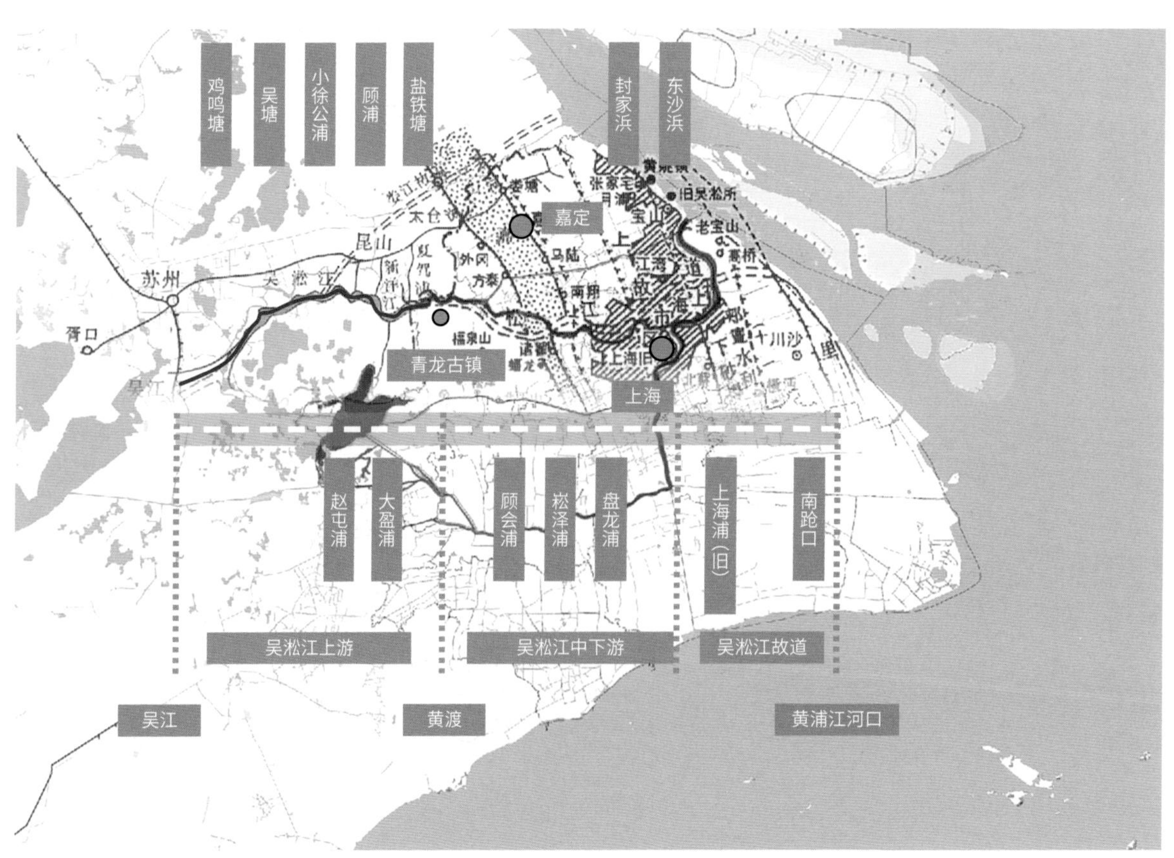

吴淞江两岸主要塘浦水系分布图

宋代概况

《吴中水利书》中收录了范仲淹、单锷、苏轼、郏亶以及后世的赵霖、任仁发、耿橘、孙峻等人的治水策略

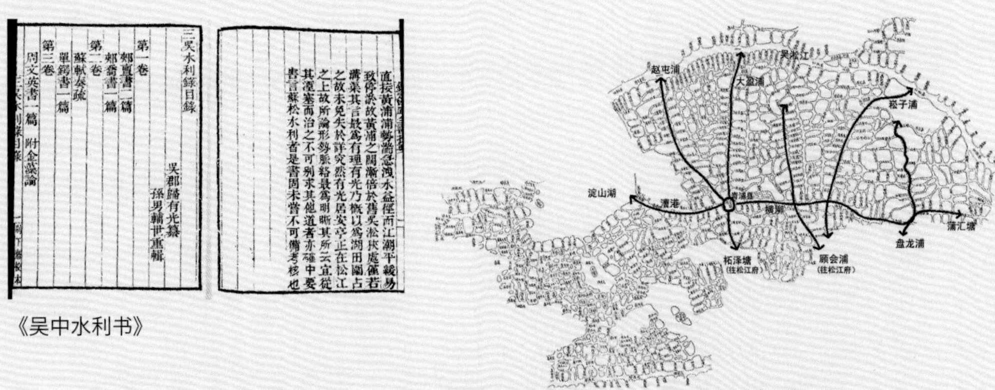

《吴中水利书》

青浦县五大浦位置分析（依据历史资料绘制）

11世纪

对太湖地貌的详细区分和讨论，始见于 11 世纪苏州昆山人郏亶的水利著述。他细致讨论了太湖流域的地貌特点以及古人治田的办法，倡导以治田为先，决水为后，并从整体上统筹水网体系，塑造高低兼治的水利格局

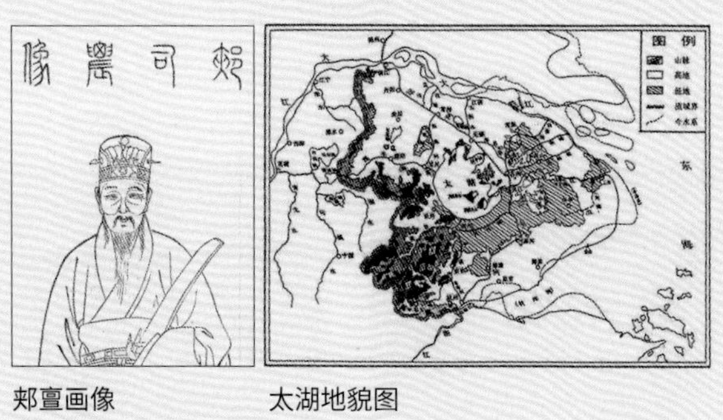

郏亶画像　太湖地貌图

宋元时期

北宋起，吴淞江河床日益淤浅，造成太湖径流不能正常外泄；

自熙宁三年 (1070)，昆山人郏亶上书朝廷论治水方略，其后单锷、郏乔（郏亶子）及元朝任仁发（1254—1327）、明朝耿橘、清朝孙峻等人，或实地调查，或参加治水。他们的水利著作，都留下上海地区重要的治水思想，不少河流名称留存至今，是这段历史的重要见证

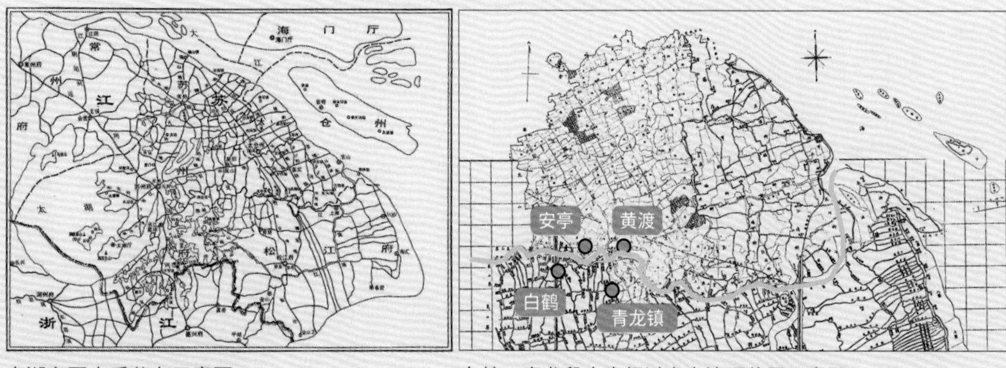

太湖主要水系分布示意图　白鹤、青龙段水患经过多次治理位置示意图

明清时期

明代流域政治地理格局愈发复杂，在水利的统筹管理和维护问题上，无法获得官帑资助的支河疏浚，以及跨境水道的治理权责问题产生矛盾，后世在跨行政地区的流域治水较难推行

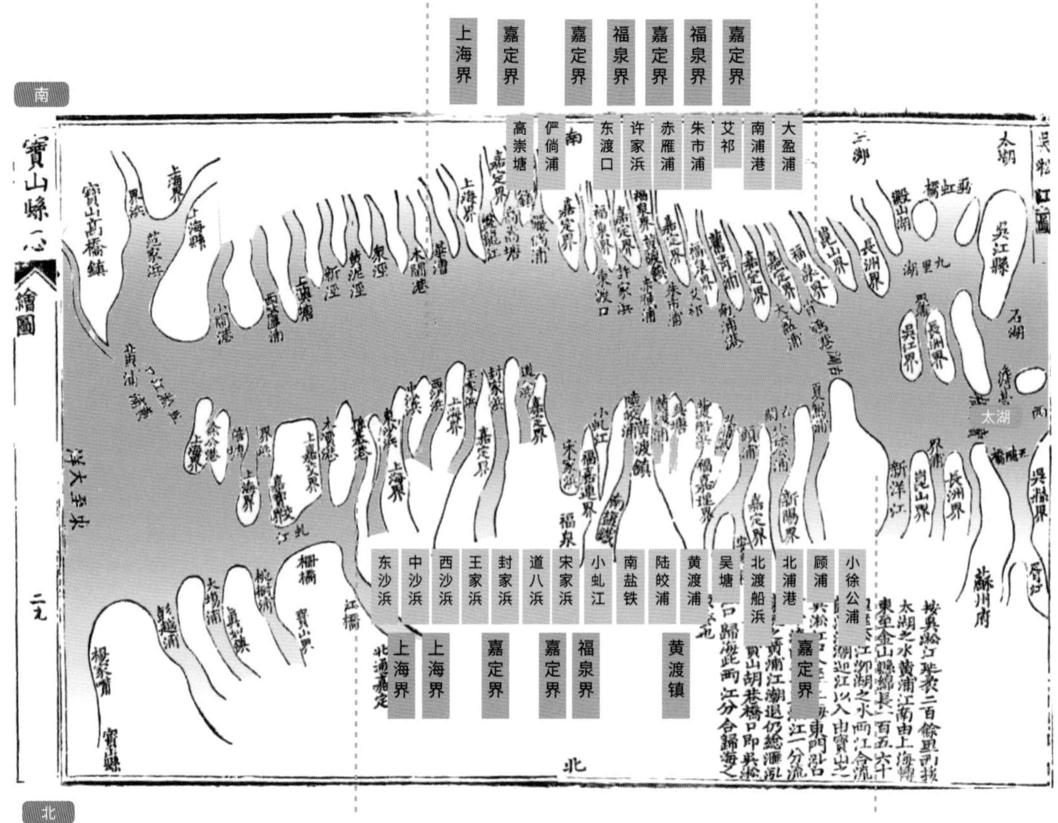

吴淞江流域水道图（清光绪《宝山县志》）

隆平寺遗址发掘的拓片

唐代《长沙窑青釉褐彩雄狮执壶》（上海博物馆藏）

唐代《双鸾衔枝绶带纹铜镜》

北宋《铅贴金阿育王塔》

青龙镇隆平寺塔基遗址及发现宋代砖井

青龙塔照片拍摄于 2000 年前后

青龙镇出土文物与青龙塔

盐铁河，相传西汉吴王刘濞和五代吴越曾先后疏浚以运盐铁，故名。盐铁塘北起江苏江阴，南经杨舍、福山、梅李、支塘、太仓城厢镇，由葛隆入上海市嘉定区域，再经外冈、方泰、黄渡入吴淞江，纵贯望虞河、白茆港、浏河、练祁河、蕰藻浜等。现今盐铁塘长约95千米，其中上海境内长约19.5千米。

盐铁塘以西为顾浦、吴塘等河流。顾浦南起吴淞江，北流与练祁河、娄塘河相交，经安亭、望新、钱门塘，入江苏省太仓市境，汇吴塘后入浏河。吴塘北起江苏省境浏河，南流穿越练祁河，至蕰藻浜。

练祁河，又名练祁塘，是一条古老的河道，宋时名练圻，又名练川和练渠，也称祁江。据《宝山县续志》载："或云以澄澈如练，故名"。随着吴淞江和浏河两大河道的萎缩，南北向引排水失其优势，不涝则旱，嘉定更甚，农业种植只能"稻三棉七"，庶家无宿粮，一旦遭灾，陷于困境。据记载，1949年前练祁河等嘉定河流时有疏浚，平均8～9年疏浚一次，需组织统筹沿线跨州县的市镇乡村，集大众之力进行。

3. 吴淞江与"上海第一镇"青龙镇

南北朝时，吴淞江航道便利，往来海上的商船多由此进出，迅速发展的航运贸易直接促进了后来的青龙港、青龙镇的诞生。青龙镇之名，最早见之刊于北宋元丰七年（1084）苏州人朱长文（1039—1098）所撰的《吴郡图经续记》，其曰："昔东吴孙权造青龙战舰，置于此地，因以名之。"

1400年前，青龙镇乃"上海第一镇"。明正德《松江府志》记："青龙镇在青龙江上，天宝五年（746）置"。唐宋时，吴淞江入海通畅宽阔，青龙镇占了控江连海的地理优势，是"富商巨贾，豪宗右姓"云集之地，被称为"东南巨镇"。到南宋时期，青龙镇因海上贸易的兴盛，市镇规模越发可观，镇上有"三亭、七塔、十三寺、二十二桥、三十六坊"，米芾曾任镇监，任时绘过《沪南峦翠图》、吟有《吴江舟中诗》，细致反映了当地自然风光。陈林于元丰五年（1082）为镇北的隆平寺撰下《隆平寺经藏记》，苏轼等名人也在青龙镇留下了足迹。

起来整巾不称意，挂帆直走沧海边。便欲骑鲸去万里，列缺不借霹雳鞭。

——（宋）梅尧臣《回自青龙呈谢师直》

百川倒蹙水欲立，不久却回如鼻吸。

——（宋）梅尧臣《青龙海上观潮》

黄渡

娄塘

南翔

吴淞江北岸流域市镇旧图片

3.2.4 沙岛溆港演变

1. 拒咸引淡、潮沟溆港：方志地图中的崇明

崇明沙洲成陆时间较晚，记载距今约340年，大约在康熙二十年（1681）后的近20年间，露出水面的崇宝沙、石头沙、瑞丰沙、潘家沙、圆圆沙等才连成一片。之后近300年，特别是18世纪中叶，长江主泓道南偏以来，为应对潮水冲刷影响，崇明岛南岸的水利开发模式逐渐形成传统，布局呈现出对长江口水环境变化的适应特征。长江口两翼伸展、沙洲扩大，引发入海通道分汊，并导致南北支咸淡水分布格局与荡地坍涨的变化。

1529年/明嘉靖八年

施翘河在县治西侧约七里处，开挖的路线与方向自西向东、贯通全岛，入口处位于长江口咸淡水大致分界的位置。施翘河的开凿是崇明岛水利开发传统的标志性事件，河口周边淡水分布，便于迎纳长江来水，并借助海潮顶托作用引灌崇邑沙田，“西引淡水，东拒咸潮，变斥卤为良田”（民国《崇明县志》卷5《河渠志・水利》）

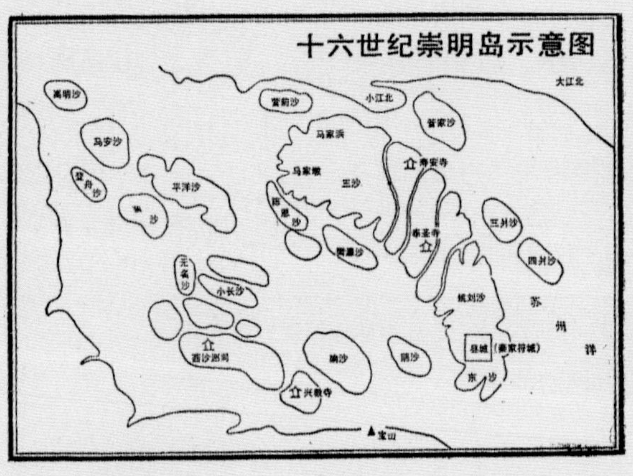

16世纪崇明岛示意图

清初

崇明地区变化较大，因江流冲刷，早期沙岛时有涨塌，县治所历经五迁六建。受地理因素影响，涨潮潮流偏北，东南侧土地受侵蚀严重，县志迁徙趋势基本为自东南向西北

明末清初形成大岛，县治确定在今城桥镇

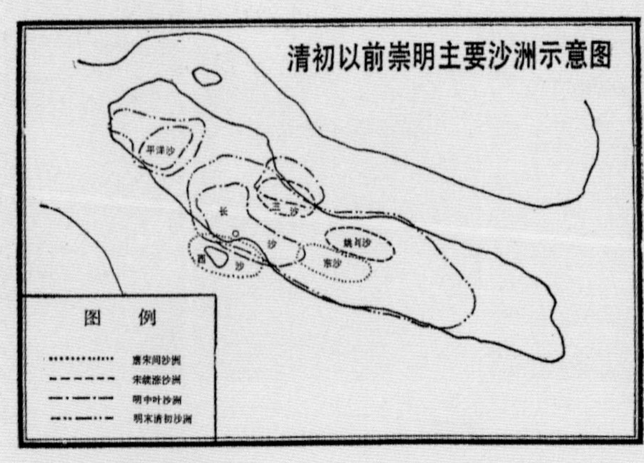

清初沙洲位置推断图

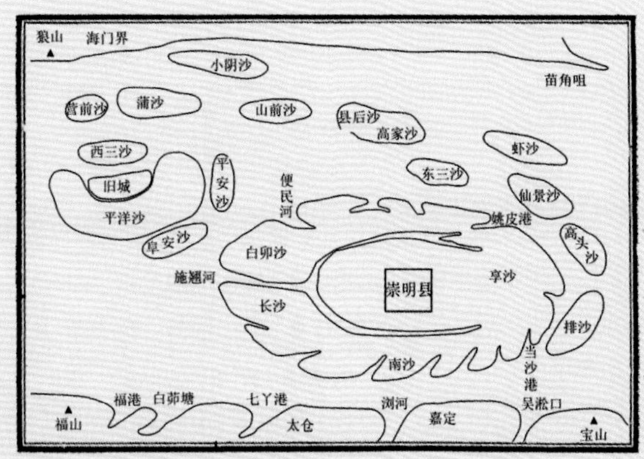

清初《天下军国利病书》崇明长沙、平洋沙县城图，可见施翘河在县治西侧

清乾隆

“东咸西淡”

18 世纪初，开阔的长江口北支通道不断束狭，长江主要出口从北支向南支转移，继而引发长江口咸淡水分布格局新变化。到 18 世纪中叶，南支通道成为长江主要出口，由潮控通道向河控通道转变，淡水下移、咸水后退。例如在上海川沙岸线，明代该岸线八团九团护塘外“皆聚灶煎盐”，后“淡水渐南，地不产盐”；隆庆、万历年间，八、九团已不产盐，至清道光年间六、七团也停煎。南北支通道咸淡水分布格局逆转，显著改变了崇邑沿岸自然环境条件

清乾隆《崇明县志》河渠图

清嘉庆及以后

清代后期，崇明主岛西南岸线不断坍没，盐场的灶荡此时多已沦没江海之中，实际上无法征收课税；

崇明岛以北，长江北支水道的北岸以受侵蚀为主，1954—1980 年共坍塌良田 2 万多亩；南岸则以淤涨为主，沙洲与岸合并，而且淤涨速度甚快，水道在淤积缩窄的过程中向北移动

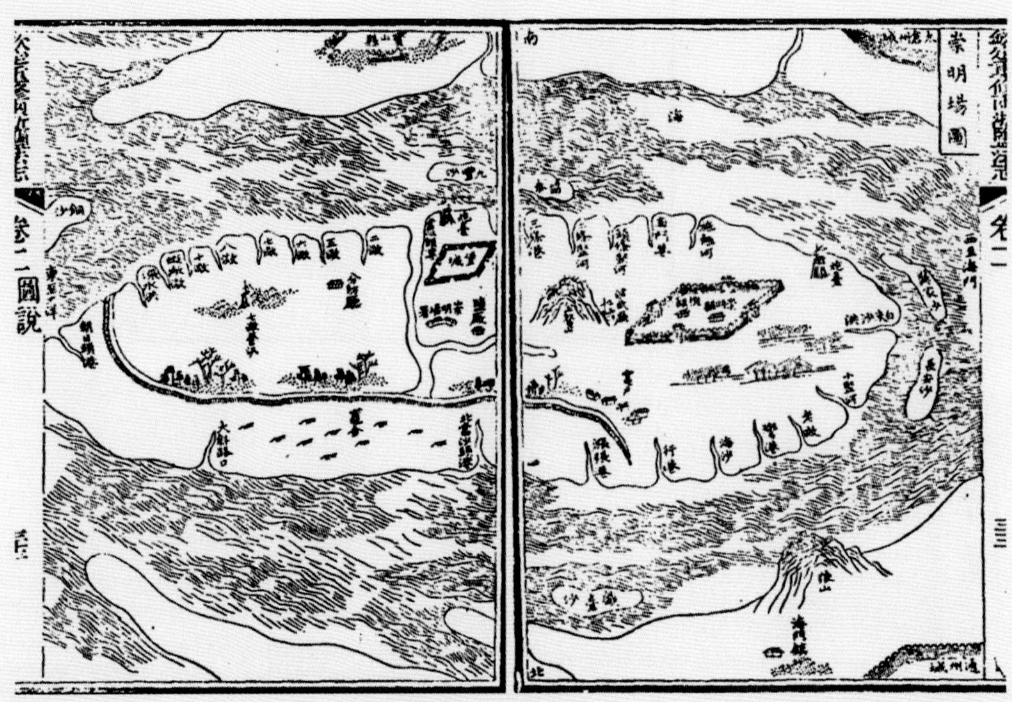

清嘉庆《重修两浙盐法志》卷 2《图说・崇明场图》

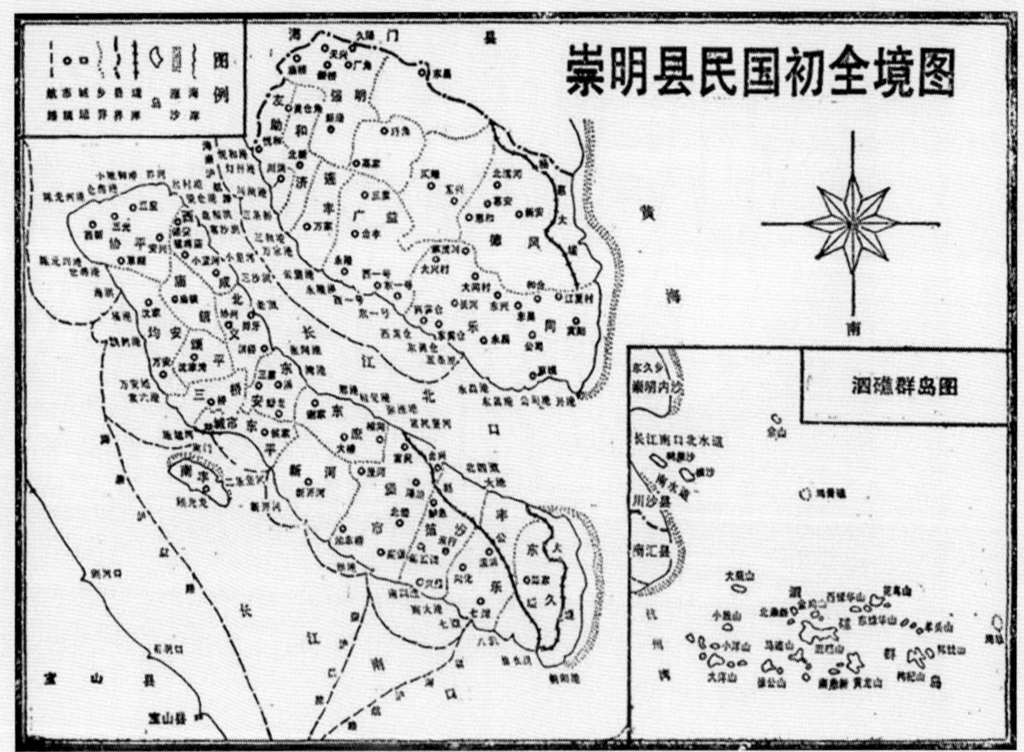

崇明县民国初全境图
来源：《崇明县志》

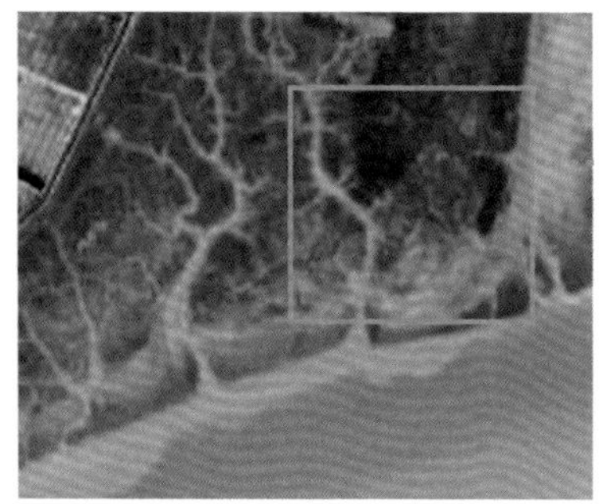

滩涂中滧港水系的雏形

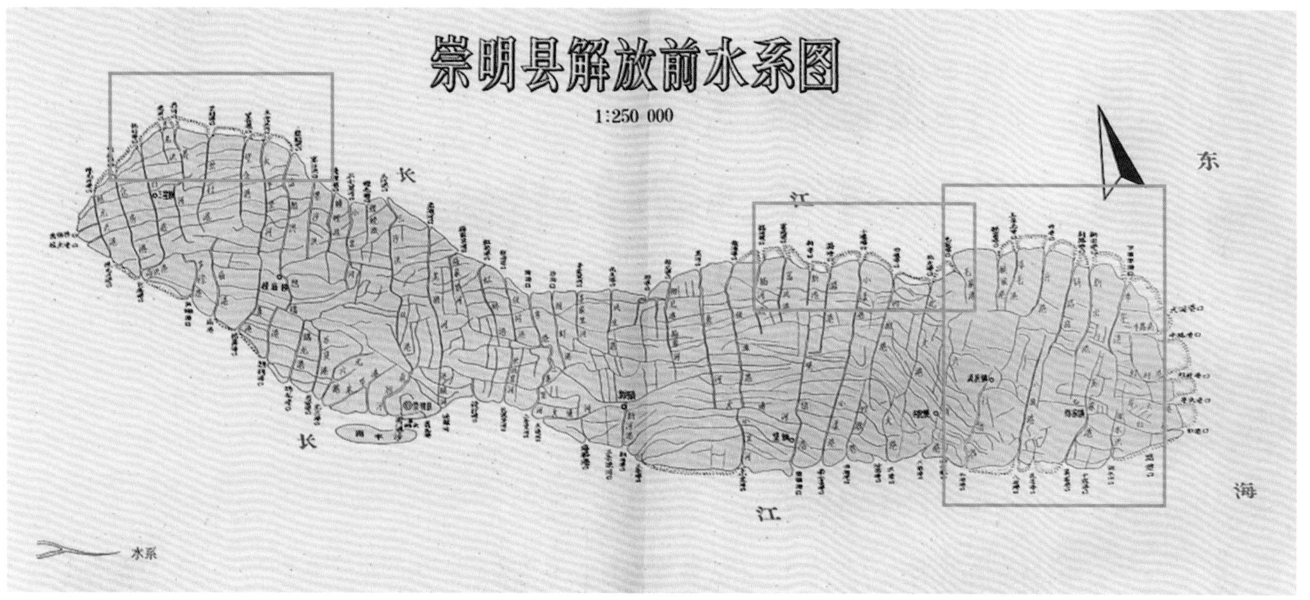

崇明县解放前水系图，沙洲边缘描绘潮沟滧港的形态

2. 滩、滧、港的产生

崇明沙岛具有独特的滩、涂、荡等漫滩特征。据当地老人回忆，“涨滩尚未出水之时，名曰水影；出水之后，滨江曰泥滩，滨海曰泥涂；经过相当时间，两者皆能生长水草，故名草滩或草涂。”草滩、草涂再经相当时间，可以植芦，由植芦而围筑成田，种植谷类。无论滨江滨海，皆名沙田。

历史记载崇明岛的水道有洪、港、滧、河、沟五种。两沙之间流水，日久渐狭，因势利导成渠的称“洪”；入江海之口，有潮汐涨落，可泊舟船的称“港”或“滧”（音 yáo）；在两状交界处掘土成渠，以供蓄泄的称“河”；由乡民自开的田间水道称“沟”。

现今沙岛连片，洪这种水道早已无存。滧，是崇明当地独有的称谓，是早期崇明沙岛边缘潮沟地貌留下的独特景观，反映了长江口区域江水径流与潮汐双重水文交替的作用，在崇明沙岛、海滩沙岸的边缘自然形成弯曲的河口形态。后期经过人工疏浚、水利改造，滧成为长江引水灌溉避潮可泊舟船的河港。

康熙《崇明县志·卷三建置》“河港”记载，“滧，自头滧起至十滧止，共十。俱在箔沙。以上俱在县治东。”崇明旧时的河港多为滧港，各滧以数字命名。

18 世纪中叶，长江主泓道南偏以来，崇明岛南岸受冲刷，至 1894 年加固堤防才遏止坍势。围垦工程的建设，同时也改变岛内的河网水道情况，包括沿沙洲边缘的潮沟溵港，逐步经过人工建设，疏通拉直，再与东西向的南横引河联系，逐步形成现代崇明沙岛的水网体系。

至 1960 年，崇明南岸坍势基本停止，而北岸则迅速淤涨，20 世纪以来先后露出合隆沙、东平沙、永隆沙等。崇明岛北沿的东滩仍在迅速淤涨中，仅以东滩岸线为例，潮间带平均每年向海滩推进 145 米。淤涨成陆都在 30 ～ 50 年内。经 50 年代以来多次围垦，全岛面积由 1954 年的 600 多平方千米，扩大到 1987 年的 1086 平方千米。上海农垦在该岛北沿建有：跃进、新海、红星、长征、东风、长江、前进和前哨八个农场，都是在 50 年代末 60 年代中期围垦建成的国营农场。

由于大部分农场的围垦位于崇明北岸，加上现代之后渔业港口逐步衰退，原来不少繁华的崇明北岸溵港的出海口不再滨海，市镇港口成为内陆市镇，或者衰落为普通乡村聚居点，现在只有南岸的溵港仍大部分保持畅通。

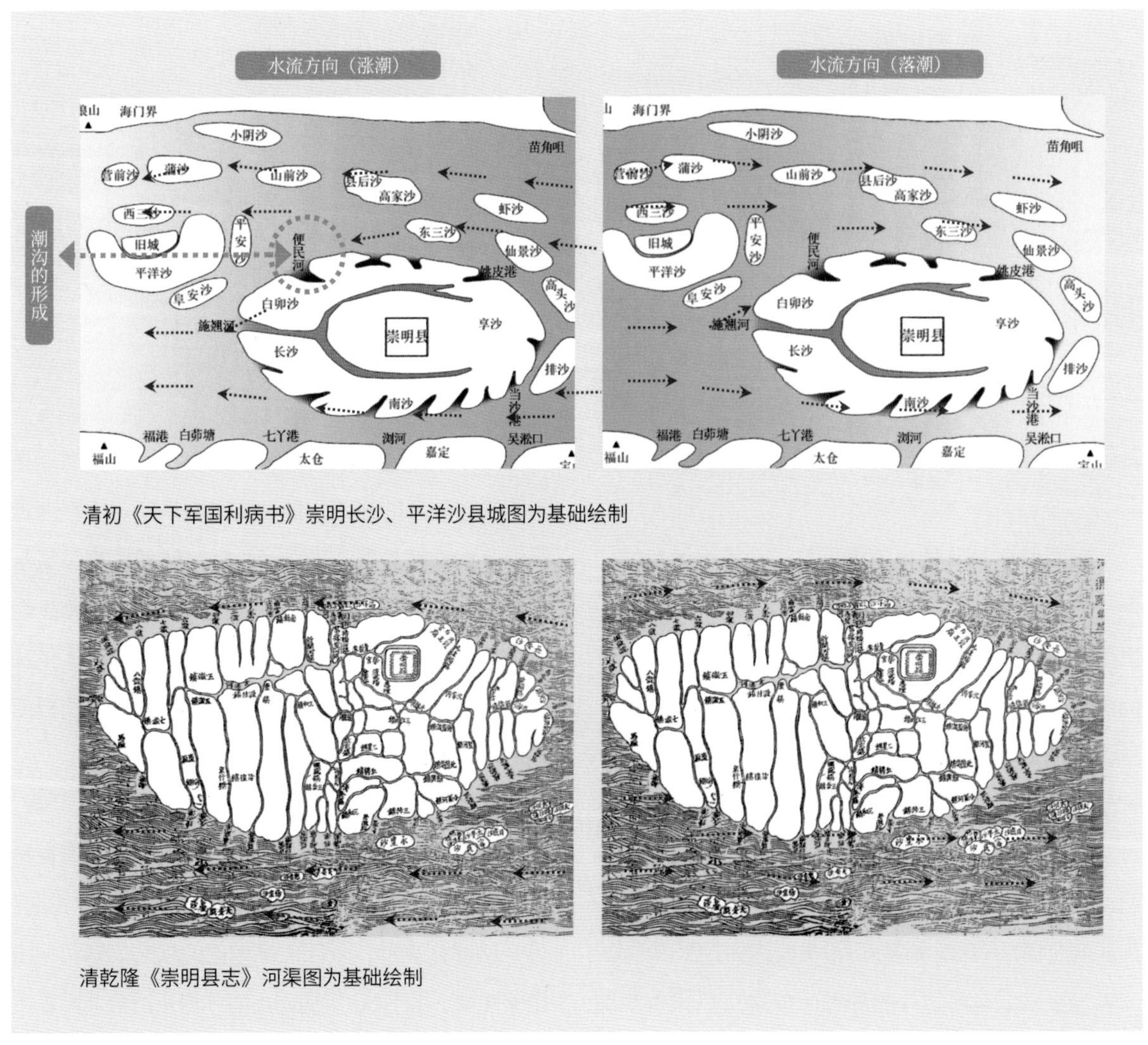

清初《天下军国利病书》崇明长沙、平洋沙县城图为基础绘制

清乾隆《崇明县志》河渠图为基础绘制

江水径流与潮汐双重水文作用及潮沟的形成示意分析

崇明滩涂上潮沟溆港的雏形

崇明区东部滩涂

3. 拒咸引淡的施翘河、南横引河

除了南北纵向为主的溆港以外，崇明古地图中靠近崇明县治有一条河道呈东西走向，据记载这是岛内最早拒咸引淡的施翘河。

据万历《新修崇明县志 • 卷 1 舆地志》记载，隆庆三年（1569）至万历二年（1574），崇明开挖施翘河等干河九、支河三十三，奠定了崇明岛基本河渠格局：崇明河港，所以通潮汐、备旱潦、济舟楫，不容一日弗濬也。惟是诸沙绵亘，河港虽多，率多咸潮，每为农病。先年，知县孙裔兴相度水势，开通施翘河一道，引西江淡水，截东海咸潮，深有利于民。嗣是，各沙荒区苦旱涸者，皆知开濬。至万历二年 (1574)……开过干河凡九道，支河凡三十三道，水利旁通，民甚赖之。

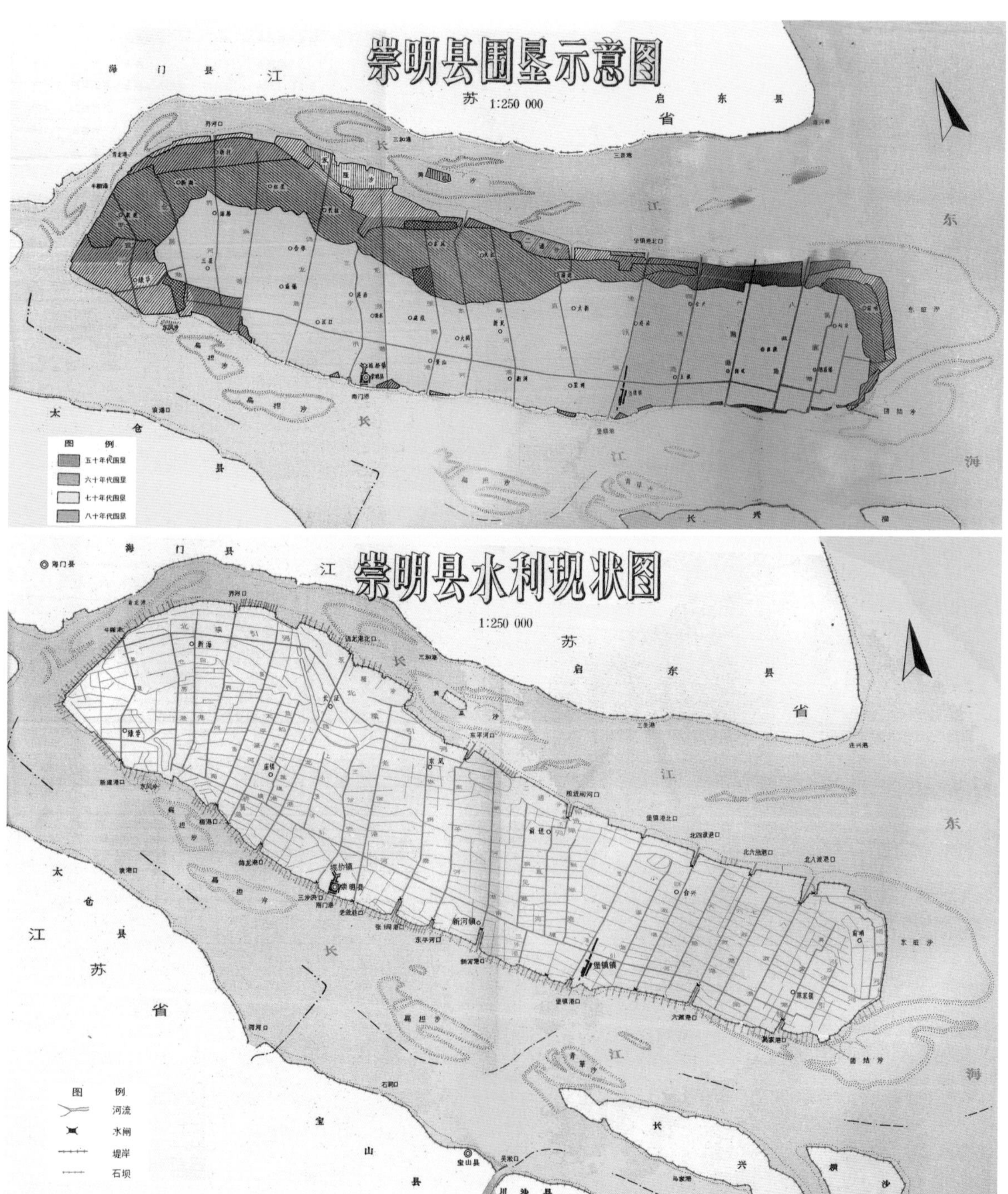

1950—1980 年代围垦、疏浚后的崇明水利图

崇明区传统乡村与围垦农场边界

据光绪《崇明县志 • 卷 2 舆地志》“河渠”记载：施翘河“西引淡水，东拒咸潮，变斥卤为良田。”

施翘河开始为人工开通，西起长江岸边，流经县治，经过历代改造，与各激港连接，后来在此河道基础上开挖南横引河，横贯全岛，成为崇明岛内繁密的河道水网。

目前，崇明最长的河流是横贯全县东西的南横引河。适应防汛排涝和航运的需要，南横引河经多次大规模疏拓后，西起绿华乡跃进河，东至前哨农场，全长 77.36 千米，是崇明岛南部的主航道和汇水河。由于河道加宽加深，增加了河道的调蓄容量，也是解决全岛西引东排、蓄淡排咸的骨干水系。

从崇明激港的历史演进，以及前述海塘工程、三泖柘泖的淤浅、吴淞江的治理，可以看到乡村所在的水系河道，经过自然力和人力工程的相互作用，渗透着古代智慧和文明的影响。崇明沙岛自唐代成沙，沙洲内形成激港河道，经过人工疏浚、开挖拒咸引淡等水利改造，演化成为长江口引江灌溉避潮水系。经过历代治水的探索，形成如今不同的地理水系条件，影响河道、农田的组织结构。

3.3 交通贸易

——水陆交通网络识别

——古船、古桥特色遗存

——水运贸易路线特征

江南地区一般除了农业耕作之外，农闲时家庭手工业多从事蚕桑、棉纺生产。生产商品的交换依赖水乡地区丰富发达的河道，水路交通路线对贸易的商业性和流动性影响较大。正如前文指出，各市镇之间平均相距约十多里路的水运网络，连接起农村集市、乡镇市场和城市市场三种贸易场所。不同于一般乡镇的"墟""集""场"，水乡地区城乡贸易专业分工更强，棉布手工业与棉花专业市场、蚕桑及丝织专业市场之间，航运路线各有不同。

利用古方志与相关文献，对历史上乡村的传统小手工业进行分类，将路程图、路程图记、交通路线以及物产、手工业、经济古籍记载，与现状地形图、航拍图对应，并做位置与航线分布的叠合研究。同时现场踏勘历史照片、河道、水埠、古桥等相关遗存，分析传统手工业、商业与贸易分布特征。

3.3.1 水陆交通网络识别

对于江南地区各水道在航运上的价值，学术界以往多利用明清时期几种商业书和商业路程手册如《一统路程图记》《水陆路程》《士商要览》《路程要览》等的商旅行止资料做大致勾勒。

历代比较有代表性的水陆路程书中，明代的有：隆庆四年（1570）黄汴《一统路程图记》八卷、万历四十五年（1617）商浚《水陆路程》八卷（万历）、壮游子《水陆路程》（万历）。此外，像程春宇《士商类要》（天启）等明代比较有代表性的商书中，也有相当部分的水陆路程内容。清代的有：乾隆三年（1738）英德堂藏本《天下路程》、乾隆六年（1741）陈其楫《天下路程》、乾隆三十九年（1774）赖盛远《示我周行》等。清代最具代表性的商书——清乾隆五十七年（1792）吴中孚的《商贾便览•路程便览卷之八》中“天下水陆路程”亦载有水陆路程图引75条。此外，清代还有大量民间流传的各种或具名或佚名的抄本，休宁商人所编的《江湖绘画路程》与《杭州上水路程歌》《徽州下水路程歌》等。

明清时期的水陆行程书，对于解读江南河道水运交往，了解上海的市镇交通，不同尺度的河道水系的功能，有很好的辅助作用。

1. 上海地区府县水运路程整理

（1）松江至嘉定、嘉定与上海各市镇水路

清光绪五年（1879）《重修华亭县志•营建志》交通目中航业，松江府由南翔至上海县水路如下：

松江府，三十里砖桥，四十里陆家阁，四十里南翔，二十里江桥，即吴松江。三十里至上海县。

嘉定与上海之间的交通来往，从民国《嘉定县续志•卷二营建志》交通目的航业中有关于嘉定内河行驶轮船的记载，主要航线沿盐铁塘、横沥南下后，经吴淞江至上海或苏州等地。

嘉定内河行驶轮船……小轮一艘名曰“凌云”，每日上午八时由西门开，行经外冈、望仙桥、安亭，出四江口，道吴淞江，过黄渡，下午二时达上海。

民国《黄渡续志•卷一疆域》交通中，光绪二十一年（1895），青浦商人创办上海至朱家角（雅称珠街阁，又称珠里）轮船，经过黄渡，遂于千秋桥侧设立码头，以便旅客、货物运送，每日一次，习以为常。

江苏省嘉定县《望仙桥乡志续稿•航行》记载：

航船：自本地出发者，（甲）嘉定航间二日一次；（乙）苏航支船（接运苏、杭之货，转至安亭、黄渡等地，盖因苏、杭直达嘉定，于其来时安、黄之货装于支船，分道出发，去时支船亦回，乃以安、黄收到之件交于苏、杭）二日一次。

（2）奉贤地区水路

《奉贤县志》1980年出版，卷十五《交通志记》载，清雍正四年（1726），奉贤由华亭县析出建县，县治设于南桥；雍正九年（1731），县治迁往青村所城（今奉城）；1912年又复迁南桥至今。

据清嘉庆《松江府志》载：（黄浦江南岸）沿江有巨潮、沙港、横泾渡（即东渡）。

清代后期又记载，县内主要航道有13条，即南桥塘、金汇塘、洋泾、运盐河、小闸港、横沥塘、竹冈、沙冈、柘沥塘、巨漕、上横泾、下横泾和萧塘。

（3）青浦县与周边府、县交通航路

由于航线一般是沿着历史河道继续行驶的，从明清到民国，航路不会有太大变化，清代相关轮船航线可以作为参照。

民国葛冲编《青浦乡土志》三七，对青浦相关的航线记载有，民国之后“……外河航船较大，底甚弥，专以装运米粮为主，兼带笨重货件，搭客则为附属……航路由市河出东西港口，驶行黄浦江，专恃张帆，不论风逆，俱可行驶，亦傍晚开船，翌晨到达，到十六铺外滩停泊。”

从以上历史记载和航路表可知，从青浦去上海的主要路线是朱家角、青浦县经白鹤、黄渡从吴淞江至上海，或者从朱家角、青浦县经天马山、蒲汇塘、至松江，再到上海。

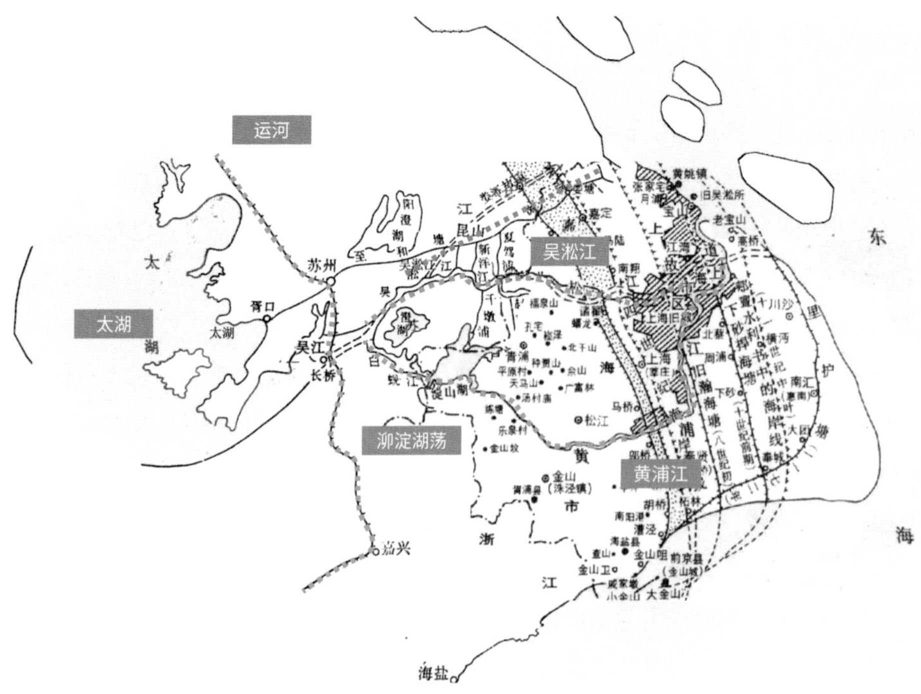

主要水运河道示意图

历史上松江府至嘉定县、上海县水运示意图

（4）松江至金山、宝山、上海等市镇水路

民国《松江志料》（又名《松江志略》）中：

航船创始何年，难以稽考。船有行驶内河、外河之分。行于内河者船较小，与本地之码头船相等。航路由泗泾、七宝等处赴申，以载客为主，寄信带物为辅。

从松江去上海的主要路线与青浦地区朱家角、青浦县经白鹤、黄渡从吴淞江至上海基本类似，或者经天马山、泗泾、七宝等市镇，从蒲汇塘至上海。

黄汴《天下水陆路程》卷之七中有如下记载：

松江府至金山卫

本府出西门清水石桥，搭日船，三十里松隐寺。搭三十里。长堰。十八里金山卫。

嘉兴府至金山卫水、陆路

东府东栅口，六十里平湖县。廿七里广陈。十二里新仓。陆路。五十里金山卫。

松江府至吴淞所水、陆路

本府北门。十八里唐桥。五十里南翔。廿里嘉定县。十一里罗店。水、陆并三十六里，至吴淞所。

又陆路：东门洞泾船四十五里至七宝。陆路，廿七里真如，十二里至大场，三十里杨家行，十里至吴淞所。

松江府至乌泥泾

本府出北门，十五里新桥。六里陈家行。十里新村桥。三里莘庄。十里指乌泥泾。纺棉沙脚车，始自本处一老妇。

（5）上海与浦东各处的交通来往

上海与浦东各处交通的记载早期较少，自近现代轮船产生以后方可以查阅。轮船虽为近代航线，一般认为路线上会沿用历史基础航路，因此对河道水系历史上的航运情况，仍具有参考意义。

起讫地点	经过地点	船只种类	创始时期	备注
珠街阁至周庄	商榻	航船	光绪初年	一艘，间四日来往一次
青浦至珠街阁		航船	同治初年	每日早晚两班，来往四次
重固至珠街阁	郏店、七汇、青浦	航船	光绪初年	一艘，间日来往一次
重固至松江	郏店、赵巷、北乾山、凤凰山	航船	光绪初年	一艘，间日来往一次
白鹤江至珠街阁	杜村、青浦	航船	光绪初年	一艘，间日来往一次
章堰至珠街阁	香花桥、青浦	航船	光绪初年	一般，月开九次
盘龙至青浦		航船	光绪初年	一艘，月开九次
黄渡至上海		航船	同治年间	始有两艘，间日来往。自珠沪间轮船通行，一艘停止
葑澳塘至珠街阁		航船	光绪年间	一艘，每日来往一次
安庄至珠街阁		航船	光绪年间	一艘，每日来往一次
珠街阁至上海	青浦白鹤江、黄渡	轮船	光绪二十一年	上海立兴公司开办，船名华寿
珠街阁至上海	青浦白鹤江、黄渡	轮船	光绪二十五年	邑商开办，船名云鹏，旋停，改驶两轮，名惠通、惠济
珠街阁至上海	青浦白鹤江、黄渡	轮船	光绪三十年	上海内河招商局开办
珠街阁至上海	青浦白鹤江、黄渡	轮船	光绪三十三年	邑商裕青公司集股开办，船名溪溪、源源
青浦至苏州	珠街阁、陈墓	轮船	光绪三十四年	裕青公司以溪溪小轮行驶，未几亦停办
珠街阁至松江	青浦、天马山	轮船	宣统元年	裕青公司自苏州班停办后改驶松江，未几停办
青浦至松江		航船	同治年间	日班两般，一来一往；夜班一艘，间日来往，光绪季年，日班减一艘，夜班停止
珠街阁至苏州		航船	光绪初年	两艘，各间四日来往一次
青浦至嘉兴	珠街阁	航船	光绪初年	一艘，间四、五日来往一次
珠街阁至嘉兴		航船	光绪初年	一艘，间四、五日来往一次
青浦至上海		航船	光绪初年	一艘，间四日来往一次

青浦县与周边府县航线

历史上经吴淞江水运示意图

历史上嘉定县至上海县水运示意图

历史上经蒲汇塘水运示意图

历史上浦东各市镇水运示意图

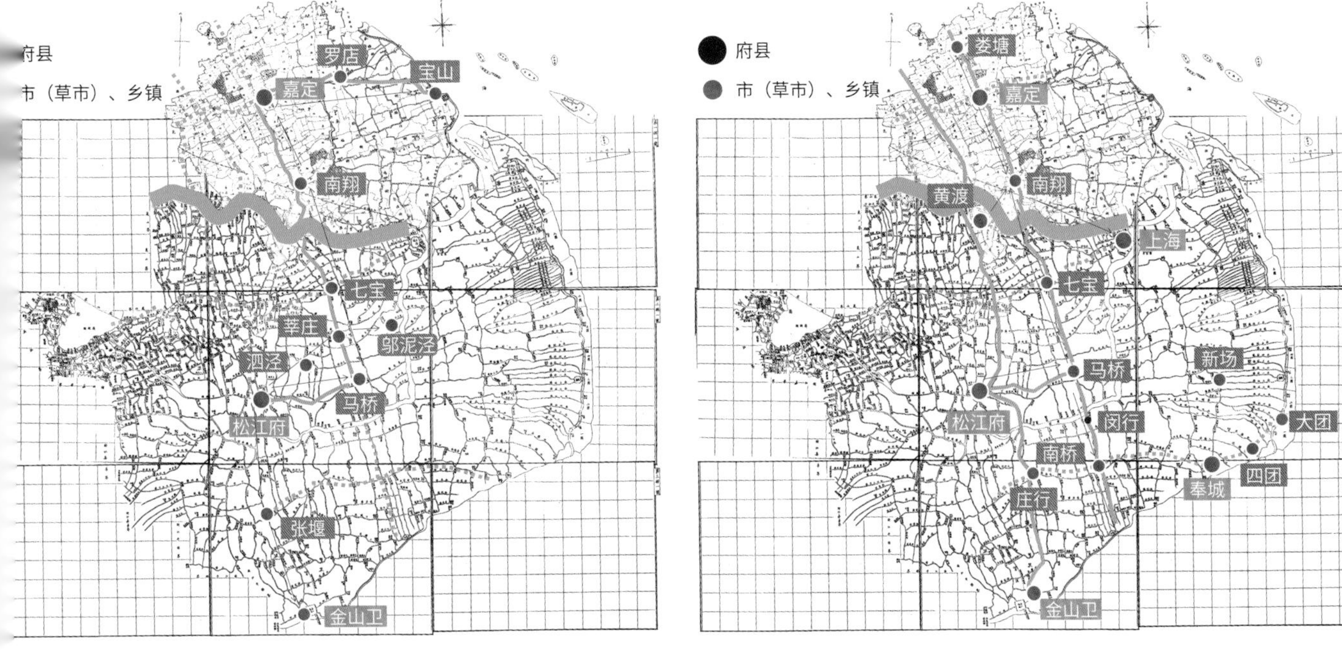

史上经横沥、张泾等水运示意图

历史上横泾、横沥、盐铁塘水运示意图

民国《川沙县志》卷七《交通志·舟车》，民国《南汇县续志》卷二十二《杂志·遗事》相关记载如下：

（川沙）逐日两轮，一由上海驶至南汇，一由南汇驶至上海，皆绕道川沙，而在上海仍泊董家渡，南汇泊于东城外吊桥。其路线所经停船搭客地点，为南汇、四团仓、祝家桥、六团湾（以上均南境）、川沙、三王庙、陈推官桥（以上均川境）、徽州店、牛角尖、北蔡（以上又均南境）、严家桥、六里桥、上海董家渡（以上均上境）。

至光绪二十九年（1903），闸港始有轮船驶入，其航线自浦东第一桥而东，过鲁家汇、航头，以达新场西市，间驶至邑城南门外，终以水浅行缓，不久即止。于是邑城及大团、三墩之乘轮者用民船接送，皆以新场为枢纽。

光绪三十三年（1907），日商三井设采办棉花处于周浦镇，自置小飞燕轮船以便司事到沪之用，兼载旅客，由周浦塘西行过苏家桥，经上（海）境而出塘口，越三年停驶。继起者改而北行，由咸塘而北，经小腰泾、白莲泾以达上海。

（6）外围府县交通情况

苏松二府是明清时期江南的棉业、手工业、商业的重要贸易中心，很多书籍、古志中均记载有二府之间具代表性的水陆行程。其中最重要的就是以吴淞江、秀州塘为代表的水路。明代黄汴《天下水陆路程》等书籍说明了早期的江南河道水运交往情况，并一直为后世所用。

苏、松二府至各处水路

（路虽多迂，布客不可少也）

松江府由官塘至苏州府

松江府，廿里凤凰山，十八里北昆山，十八里唐行（青浦县），四十里陶桥，三十里昆山县，七十里苏州府。

松江府由太仓至苏州府

松江府，三十里砖桥，四十里陆家阁，四十里南翔，三十里嘉定县。陆路，四十里至刘家河。水，四十里至太仓州，四十里昆山县，七十里苏州府。

外围府县交通线路梳理图

松江佘山镇新宅村附近的胥浦塘

松江府搭双塔船至苏州府

松江府跨塘桥，十八里泖湖，广十八里南路，十三里谢寨关。巡司，十八里淀山湖，广十八里。双塔，三十里陈湖，广十八里。大窑六里十八间村，六里高店，六里独树湖，六里黄天荡，六里葑门，九里盘门，九里阊门。

苏州府由周庄至松江府

阊门，九里盘门，九里葑门，六里黄天荡，六里独树湖，六里高店，十八里邓店，十八里周庄，十八里杨善，十八里谢寨关，十二里南路，十八里泖湖，廿里跨塘桥，五里松江西门。

松江府由嘉善县三白荡至苏州府

松江府前，廿里斜塘桥，十三里朱泾，九里泖桥，十八里风泾，十二里张泾汇，六里嘉善县西门。跨塘桥船，一里雇长春桥，四十五里芦魁，一里三白荡，一连三荡，广十二里，牛蚕泾，十二里叶寨湖，十二里同里镇，十八里尹山，十八里盘门，十里阊门。

——（明）黄汴《天下水陆路程》卷之七

---

2. 水陆交通变化

河道水运对乡村市镇尤为重要，各市镇的兴衰与河道水系的畅通都有密切关系。如青龙镇自唐宋以来即为东南重镇，后水系由于泥沙淤积，导致航运条件每况愈下。明后期曾一度在青龙镇设置青浦县城，但未久即废而改设唐行镇。又如乌泥泾镇的衰落，也在于“泾水淤涸，寥落亦非旧矣”；再如金山县朱泾镇，明代“户口殷繁，闾阎充实，虽都会之盛，无以加兹”，而清初一度“市井日萧条，民生日凋瘵”，究其原因无非是“镇当泖浦之交，蓄泄萦洄，所关非浅”“而水利实关乎盛衰”。

近代之后上海发展为东方大港，发达的内河航运仍然是上海地区各县城镇乡村之间及其与上海及邻近城市主要的交通渠道。即使在有铁路经过的县乡，内河航运也因其价格低廉和招呼方便、停靠点多，“乡村中人犹乐就之”。闵行、黄渡地处上海港南北两翼，是内河船只进出港要道，因而客货船过往频繁，市镇经济活跃，吴淞江（市区苏州河）两岸“帆樯云集，富商巨贾莫不挟重资设厂经商”。

近代以来铁路、公路的开通使一些小城镇的商贸活动因邻近铁路或公路，自身又有内河航运之便，交通条件得到改善而颇为兴盛。上海县诸翟镇“在吴淞江南，与上海、青浦接壤，距沪宁铁路南翔车站十公里，沪杭铁路樊王渡车站二十里；市街南北约半里，东西一里余。以紫隄街为热闹，大小商肆百余家，有碾米、轧花厂，每日晨昼两市，从前靛商营业与黄渡、纪王、封浜并称盛，今（指民国以来）则以花、布、米、麦、蚕豆、黄豆等为贸易大宗，市况颇旺。”

南翔镇本身十分发达，商贾很多物产也富，所以称为嘉定各镇中的“首镇”。1911年之后铁路开通，陆路便捷，更为兴盛，记载“自翔沪通轨，贩客往来尤捷，士商之侨寓者又麇至，户口激增，地价房价日贵，日用品价亦转昂，市况较曩时殷盛。”

（奉贤县）西渡口，为沪杭公路渡浦处，置有轮渡码头。渡东数十步，又为横沥出口处，车辆船舶，往来如织，商店、工厂，时有增设，渐成市集。”上海县“虹桥、北新泾二镇，马路通达，渐见光盛”。

总的说来，即使到了近代，有了铁路、公路等新的交通方式，地处江南水乡的上海地区众多小城镇，所凭借的主要运输途径仍是内河航运，河道通塞仍是左右其盛衰的关键因素。时至今日，流经乡镇的河道保持通畅，滨水界面亲切宜人，仍有助于促进乡镇之间的经济联系和城乡之间的商品交流，这是维护各小城镇社会经济可持续发展的重要条件。

青浦区商榻镇及淀西村

淀西村

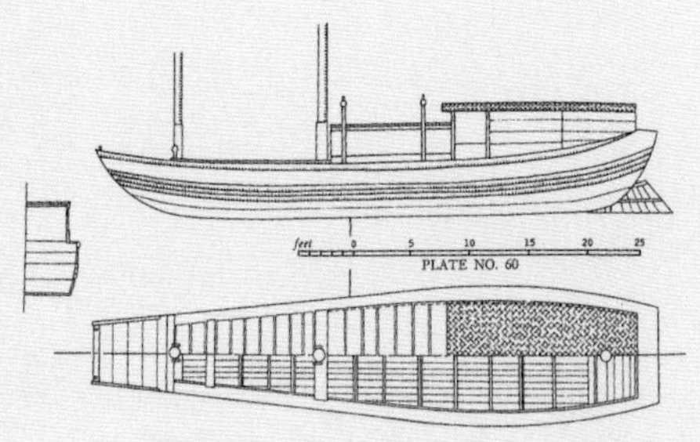

运盐船

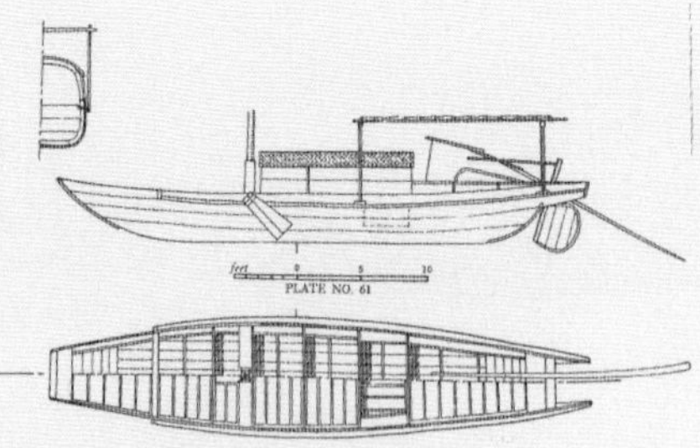

芦墟米船

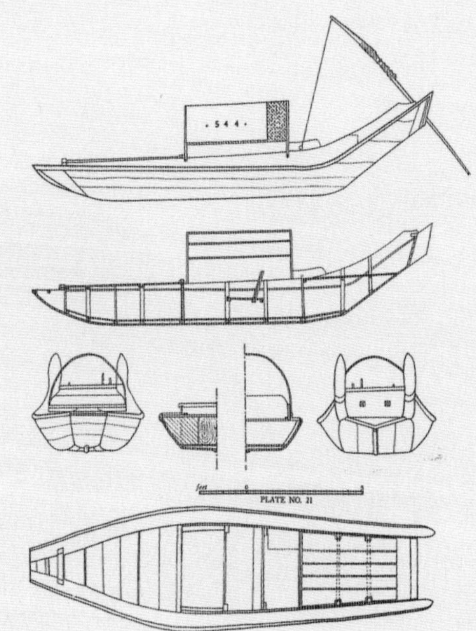

红头三板

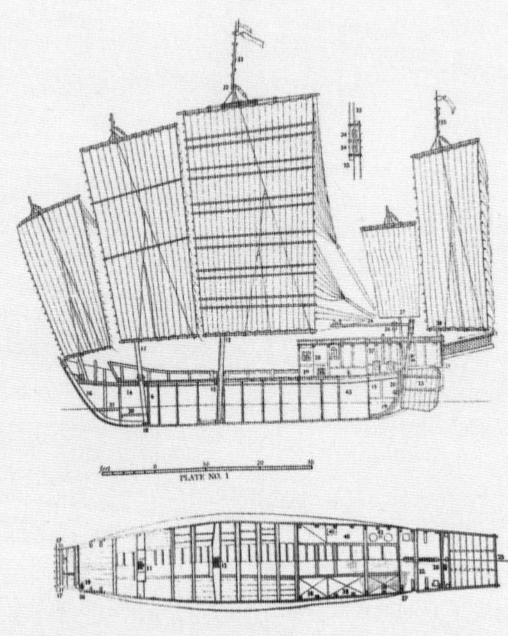

五桅沙船

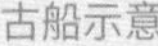

古船示意
来源：*The Junks & Sampans of The Yangtze*，1950

上海沙船七扇子（七桅杆湖船）
来源：*The Junks & Sampans of The Yangtze*，1950

湖船古船模型（非物质文化遗产）

3.3.2 古船、古桥特色遗存

1. 传统航船、各色桥梁——水乡的风景

(1) 江南航船

江南航船，若以航行水域加以区分，可分为江船、海船、内河之船、湖泖之船。如清顾炎武撰，黄坤等校点《天下郡国利病书 1• 苏州备录上：苏州府》“山水”中提到：

盖江船与海船不同，海船与内河之船不同，内河之船与湖泖船又不同。内河之船，即今日之官航民舶是已。江船大者为川、为襄，小者为满江洪、为摆渡之类。海船十余种，广东新会船、东莞船、大福船、草撇船、海沧船、开浪船、高把梢船、(舟奇)(舟乔)船、苍山船、八桨船、鹰船、渔船、蜈蚣船、两头船、网船、沙船……夫湖泖之船，大小不齐。运石者谓之山船，运货者谓之驳船，民家自出入者谓之塘船。卫所巡司所用者谓之巡船，乡夫水兵所驾者谓之哨船，往来津口谓之渡船。

“海船”——上海较为有名的为沙船；“江船”——江南地区为江河小船。另有所谓“湖泖之船”“内河之船”，大小不齐，其名色之多，即使是生长于吴地之人，亦不全知。航船名色种类，各地称谓不一。如江北有“满江红”“南湾子”，而在无锡，这一类型的船只则称“无锡快”“网船”。

上海航船旧照

（清）徐扬《姑苏繁华图》中的游船

（清）徐扬《姑苏繁华图》中的河船

清《古今图书集成》中的游山船

清《古今图书集成》中的河川全图局部

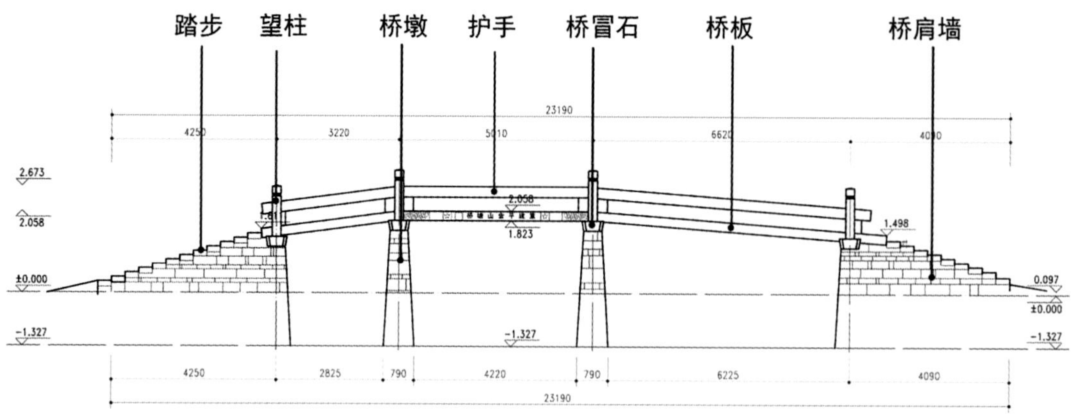

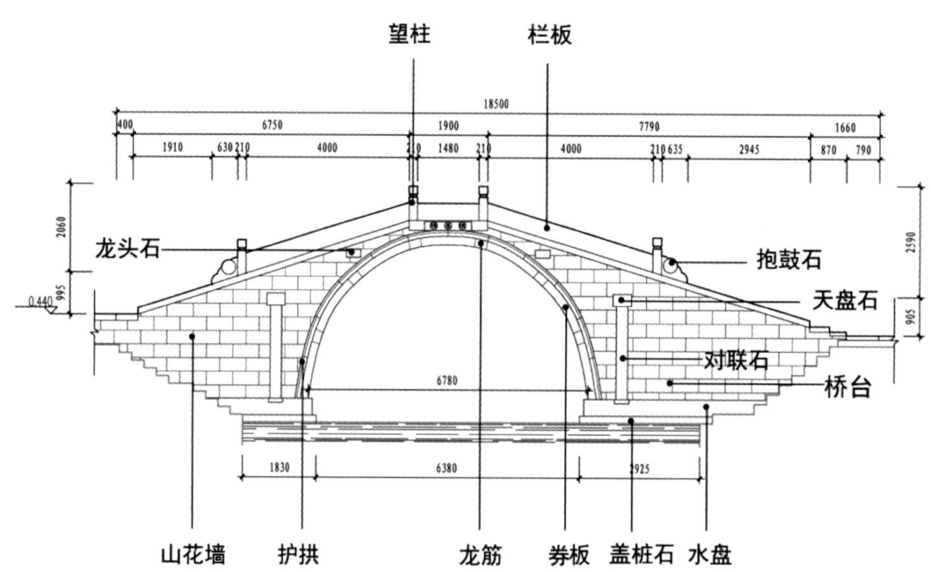

石梁桥、石拱桥示意图

虽然水乡历史上造船技艺深厚，船只如车马般是日常必需，但是随着时代的进步，古船到底如何，只能从古籍中找到一些画面。因为中国古代记载的船只仅以美术绘画式图样为主，不如国外曾有相对科学准确测量尺寸的记载，加上图绘尺寸与实际造船工程完成仍差距甚远，目前有资料、依据可以制作的船只仅余极少数。

（2）古桥、码头、驳岸等

江南以“小桥流水人家”闻名遐迩，古意盎然的桥梁多且美。湖泊河流把全镇分割成一块块水中陆地，如果没有众多的桥梁，就无法把它们连接起来，成为一个整体。桥梁对于古代乡镇并非可有可无的装饰品，而是交通往来不可或缺的组成部分。

乡村河道上的桥梁

青浦县的金泽镇地处水乡低洼地区，历来有“桥桥有庙、庙庙有桥”的说法，镇区仅0.5平方千米，原有古桥42座，现在尚存21座，堪称水乡桥梁密度之冠。

作为修桥的功利来说，首先是乡镇商业贸易以及日常生活需要等因素在起作用，然而实际推动修桥的实施方，往往体现了中国传统的仁义道德、乐善好施的品格。很多古桥记载均由乡绅贤士捐资，相关学者研究认为修桥义行直接带动了社会有关的其他义行，诸如义路、义亭、义渡、义浚等，鼓励和促进了乡风民俗的积极发展。

3.3.3 水运贸易路线特征

1. 乡村河道的优势

上海的各市镇之间，由于冈身两侧的差异，形成密集的棉业、棉纺生产与米粮业生产的聚集区，不同区域之间的物资交换频繁。人们在舟楫往来中总结经验，避开黄浦、大泖等风潮、淤浅隐患，取道乡村河道水系，逐渐形成纵横交织的舟楫互通网络。水乡河道的优势在于无风、潮、盗之虑，路须多迂。

姚家村附近的胥浦塘

嘉兴至松江，无货勿雇小船。东栅口搭小船至嘉善县，又搭棉纱船至松江，无虑。大船至上海，由泖湖东去，黄浦为外河，有潮、盗之防。松江至苏州，由嘉室、太仓、昆山而去，无风、盗之忧。上海艘船，怕风防潮。南翔地高，河曲水少，船不宜大，过客无风、盗之念，铺家有白日路来强盗之防。地产香芋、黄鸡，并佳。至上海，或遇水涸，七宝、南翔并有骡马而去，港多桥小，雨天难行。嘉善由三白荡至苏州，无纤路，亦无贼，且近可行。由泖湖双塔船至苏州，有风、盗、阻迟之忧，船大人多，雨天甚难。船属官家，永久难变，甚受其害。干粮宜带。泖桥东去黄浦，西去黄泖，南往嘉兴，北去松江，早晚多盗，宜防。

——（明）黄汴《天下水陆路程·陶桥至各处》

2. 传统商贸水运的历史文化价值

因古代黄浦江江宽浪急，不宜舟楫，吴淞江、秀州塘、盐铁塘等塘浦河道，以及为数众多的小泾、小浜连接起整个上海地区，形成一个舟楫便利的水路运输网，并由此辐射四方与国内各大水系沟通，其中最重要的是运河江南段和长江水系，畅通的水路连接着周围城镇乡村，体现出水乡交往贸易便捷的优势。

黄浦西边黄渡东，新泾正与泗泾通。航船昨夜春潮急，百里华亭半日风。

——（明）顾彧《上海竹枝词》

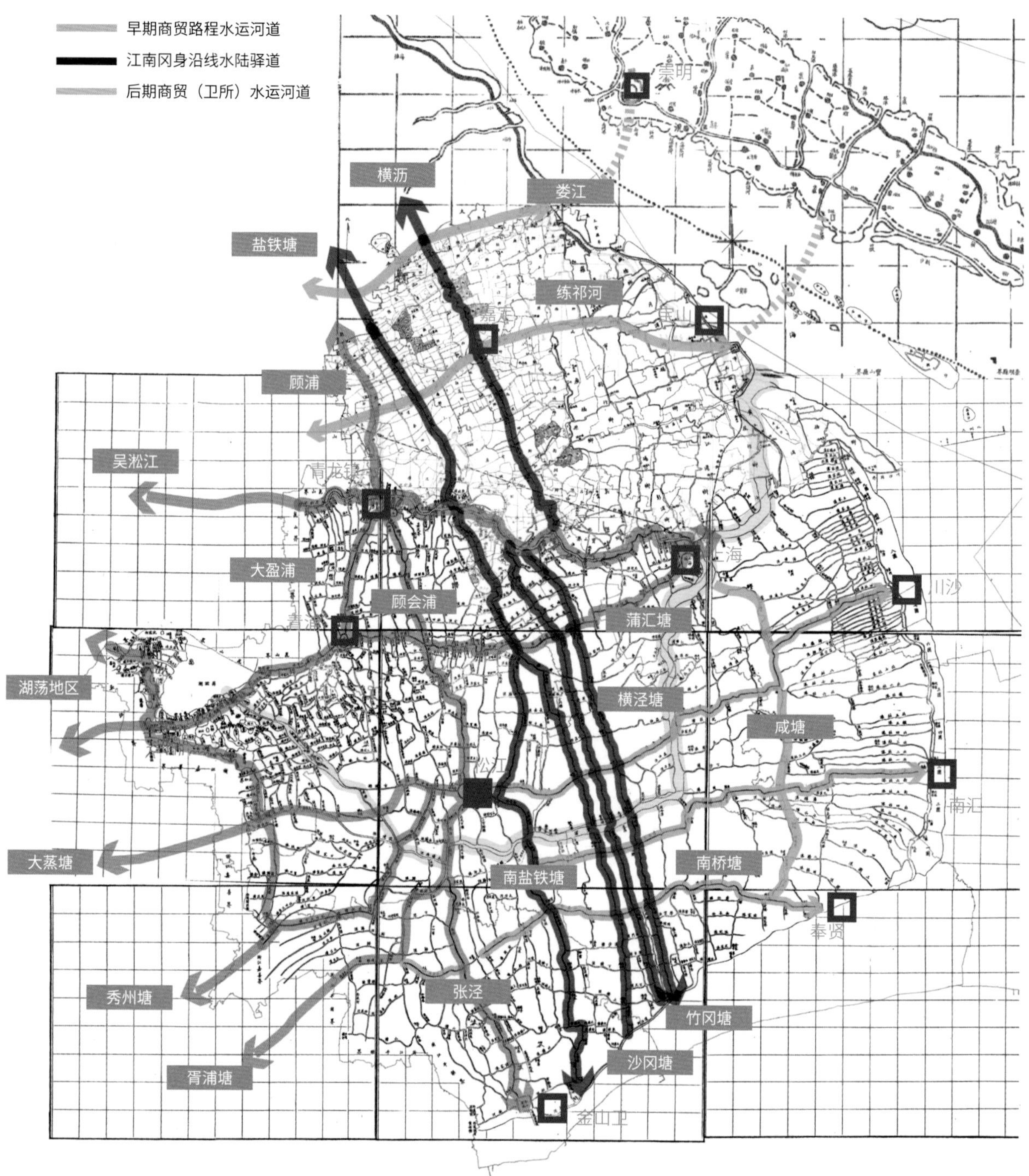

注：根据清末、民国时期松江、嘉定、宝山、崇明地图拼合绘制。松江参考光绪《松江府续志》卷00-12“松江府全境水道图”，嘉定参考民国《嘉定县续志》，宝山参考民国《宝山县续志》（1895年），崇明参考“江苏全省舆图”中崇明县地图。

主要水运交通示意图

苇花菱叶接苍茫，谷泖桥边上野航。斜日一篙瓜蔓水，轻帆齐落秀州塘。

——（清）王鸣盛《泖湖竹枝词》

小娄塘接大娄塘，独速衣轻上野航。绿树连村花两岸，船头已入水云乡。

——（清）王鸣盛《练川杂咏》

牡丹头（船名）小拨轻桡，兀坐低头长日消。行遍九行十八镇，棹歌听唱雨潇潇。

——（清）钱竹汀《竹枝词六十首和王凤喈》

依依墟里散炊烟，短短笆篱带晚川。黄叶西风盐铁路，布帆一半贩花船。

——（清）钱竹汀《练川竹枝词》

沙外平沙村外村，黄墩东望是雷墩。吴船贩取秋瓜去，柔橹咿哑划水痕。

——（清）钱竹汀《练川竹枝词》

行过长桥复短桥，爱寻曲径避尘嚣。隔堤一叶轻如驶，人指吴船趁早潮。

——（清）蔡珑《珠街阁散步》

江南的生态环境核心为水系河道，丰富的河道水网不仅形成生态环境风貌，而且是人们往来贸易、交往频繁的舟楫通路。江南的太湖、鉴湖、西湖是中国最为美丽的湖泊，长江、吴淞江、钱塘江环绕下的长江三角洲河网区有着最为发达的灌排系统，以水稻、小麦、油菜、桑树等作物为核心的种植业养育了大量人口，也产生了棉业、米业、丝织业等众多的特色产业，交通贸易应运而生，市镇、产业相互促进。

在这些水系河道的航路中，并不是所有的宽阔河道都适合交通航运。人们因为船只的技术条件及交往的需要，通过经验积累选择了宽度适宜、安全可靠，且联络密度效率更高的航线，远离了河宽浪急的主干河道。众多中小型塘浦，例如蒲汇塘、横沥、顾会浦等，构成乡村河道网络。不同等级的河道网络，在历史上描绘出一幅更为生动、细腻的水乡生活场景。

冈身沿线水路北盐铁、南盐铁与黄浦江交汇处

北盐铁
叶榭老街
得胜港
南盐铁

3.4 生产活动

——盐作——灶港盐田，煮海熬波

——棉作、稻作——高乡低乡，耕作生产

——渔作——兼业生计，互利互助

——水乡生产空间演变

历史上，农、渔、盐作等生产活动的地区分布和发展，是在不同的自然环境、地形特征影响下，人们因地制宜产生的结果。

湖荡平原最普遍的开发模式是在积水与缓流的水环境下进行围田开发，以稻米粮食种植为主。人们在湖沼淤积区将田围于水中，挡水于堤外开垦，这种方式在明清时期较为常见。冈身及以东地区由于水流不畅，且土壤多为夹沙泥，土体疏松，加之水质含盐略高，不利于农作物生长，所以以棉代粮的生产活动较多。历史上，棉纺织业主要分布于嘉定县、松江府等冈身以东的集镇。随着海岸线的东扩，盐场逐渐东移之后，许多地区逐步改为植棉，这些地区历史上塘浦疏浚与棉业种植并行。浦东在清代属川沙厅、南汇县，由于靠近沿海，主要以滩涂为主，历史上以盐业生产为主。盐业生产活动推动了灶、团等独特生产设施的建设。

上海历史上，松江府是江南最重要的棉织地区，有“衣被天下”之美誉。同时，由于地处滨海，这一带也曾是盐业产地，局部地带适合米粮种植，其总体物产地理分布特点与环太湖流域的物产区域特点一致，这也是由地域地质土壤的特性决定的。

在明清江南地区，蚕桑和植棉的区域分工相当明确。蚕桑之地，当地老人习惯称之“北不越松，南不越浙，西不越湖，东不至海”，而植棉区的分布就比较广，主要集中在松江和苏州府嘉定地区，也就是今天上海所在的片区。棉纺生产区与棉花种植区不需要在同一乡镇，可以通过交换，在米粮或其他市镇乡村进行纺织生产、商贸交易。而且，丝绸为高级衣物，并不是普通乡民百姓能穿得起的，而棉布则较为大众化，因此蚕桑地区虽然植棉较少，却需要买织布以供应给当地的居民。另外，米粮产业也是因为这样一些种植作物进一步分工，导致粮食、棉布的交易在不同乡镇之间进行。

上海棉业种植区分布在冈身以东。这一带地势较高，土壤夹沙泥，土体疏松，且富含石灰质，保水保肥性能较差。而且盐渍地脱盐缓慢，土壤和水质含盐略高，对农作物生长不利。因此，该地区早期为盐田，后期以棉代粮的生产活动较多。冈身以西，地势最低，土壤中有机质含量高，适宜稻作，且湖荡密布、河宽水深、沟渠交错、水面面积大、水质清洁、污染程度轻、浮游生物与水草丰富，为发展水产和水禽提供了有利条件。

3.4.1 盐作——灶港盐田，煮海熬波

1. 盐作与河道历史

浦东在清代属上海、南汇和宝山三县（1725年），后属川沙厅（1810年），由于靠近沿海，主要以滩涂为主，常被称作“斥卤之区”。浦东的先民从四面八方迁徙而来，在滩涂上开始了艰苦创业劳动，最早出现的产业是盐业和渔业。

从清代南汇地图上看，大量东西向河道横贯此地，名曰二灶港、三灶港、六灶港等，这是盐业生产的第一步，为引入海水而人工开挖的漕沟。用灶命名，源于古代利用火灶蒸发结晶的煮盐工艺，盐民以灶为单位进行生产，宽阔的潮港河道对应各自的生产单位，称为“灶港”。在灶港引入海潮之

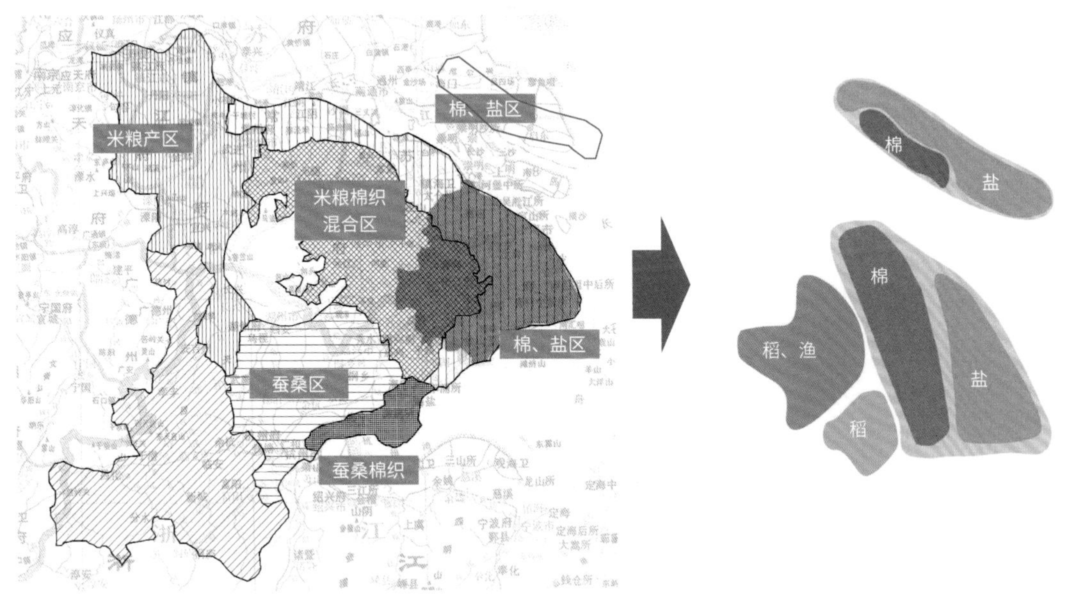

传统生产类型分析示意图

上海传统农作物种植分布

青浦：对低洼地进行围堤筑圩，以种植稻、麦、油菜为主； 松江：稻米、粮棉； 金山：稻米、粮棉、盐	嘉定、宝山：冈身线以东大部分地区宜棉不宜稻，棉花为主，水稻次之； 浦东（含南汇）：东部原为盐田，后以种植杂粮、棉花为主， 西部土壤改良可种水稻； 奉贤：棉花为主，水稻主要种植于西部； 崇明：棉花、玉米、麦、油菜轮作，土壤改良后可种水稻
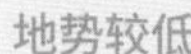 **地势较低** 海拔多为 2.2～3.5 米，靠近太湖周边洼地的海拔在 2.2～2.8 米	**地势较低** 海拔多在 3.5～4.5 米，少数地区可达 5 米以上
地质地貌 古太湖平原地区，湖荡众多，土壤以青泥土、青黄土、青紫泥、黄泥、小粉土为主	**地质地貌** 海水冲刷，泥沙淤积形成，土壤以黄泥土、盐土、沙土为主，自身不适宜种植水稻
冈身线以西地区 与海水隔绝的太湖洼地，原为淀泖洼地，湖泊密布，后逐渐淤积，加之围圩排水，逐渐形成耕地。河流形态自然弯曲，多为自然型网状结构	**冈身线以东地区** 陆域的形成过程中，由海水不断冲刷淤积而成的滨海平原地区，其水系大多由于人工盐田开挖改造而平直，呈 90 °交汇的井字形网状结构

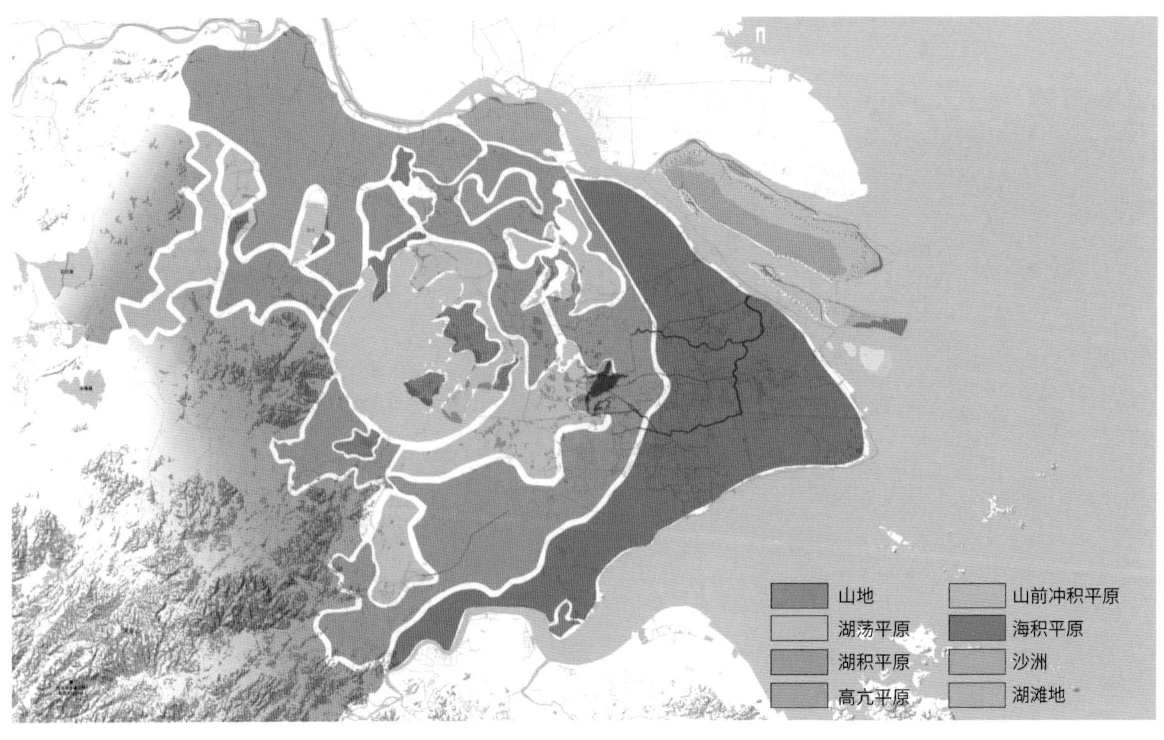

太湖流域主要地形地貌示意图

后，盐民将盐水分别通过纵向的河塘往南、北导入盐田，在漫滩中煎晒成卤。盐田之间的纵向漕沟被称为“盐塘”。

盐业的生产始于唐末五代，宋元时产盐达到顶峰，海盐生产使当地形成致密有序的水网系统。明代中后期，由于盐业衰落，盐场逐渐减少，该地区进一步发展农业生产，沿海滩涂得以开垦，农业的不断发展推动了河网水系的进一步延伸。为了满足早期的盐场生产和后期的农田灌溉，历朝历代开展了大量修筑海塘、开浚河流的水利工程，造就了现今浦东地区的农田水系格局。

元元统二年（1334），陈椿根据下沙盐场的制盐技术编写《熬波图》一书。其中所描述的晒灰法制盐工艺简述如下：“首先，开漕引海，修筑灶港，开辟晒盐摊场，建造灶舍、灰淋、卤井等构筑物；其次，修筑水塘，分几次将海潮导入摊场，经日光暴晒蒸发水分，使盐分附着于盐场之灰；最后将所晒之灰集中灰淋，得到较浓的卤水，运至团内，煎煮成盐。”

据《熬波图》图十四“开辟摊场”所述“……浙西下砂（沙）等场止是晒灰取卤，摊场最为急务。择傍海附团碱地，先行雇募人夫、牛犁翻耕数次，四围开挑蓄水围沟。每淋需广二十四步，长八十步，分作三片或四片……”盐场开挖东西向河道，根据潮汐规律或人工引潮，而摊场晒盐四周需开挖沟渠以蓄海水，因而会形成相对完整的网格状河道，通过运盐河道以及各团支渠连接钦公塘以东黄浦水系。

各团每日煎盐，仓库贮满后须随时向总仓输运，这些河道沟渠也作为重要的运输通道。

至清乾嘉年间，下沙头场仅存二十四灶尚在产盐，其余团灶则皆“因水淡停煎”；下沙二、三场“灶户逃亡，不设煎灶”，后来或者添设盐灶，或者裁减，多次以后仍然没有效果，形容为“粒盐不产”。明清时期盐业衰落的原因，有研究认为其一是自然因素，明代长江主泓道的南摆，致使上海地区海水盐分浓度降低，成盐海岸线缩短，且“东南地涨”，河道淤塞，导致海盐产量大大减少。其二是倭寇入侵，

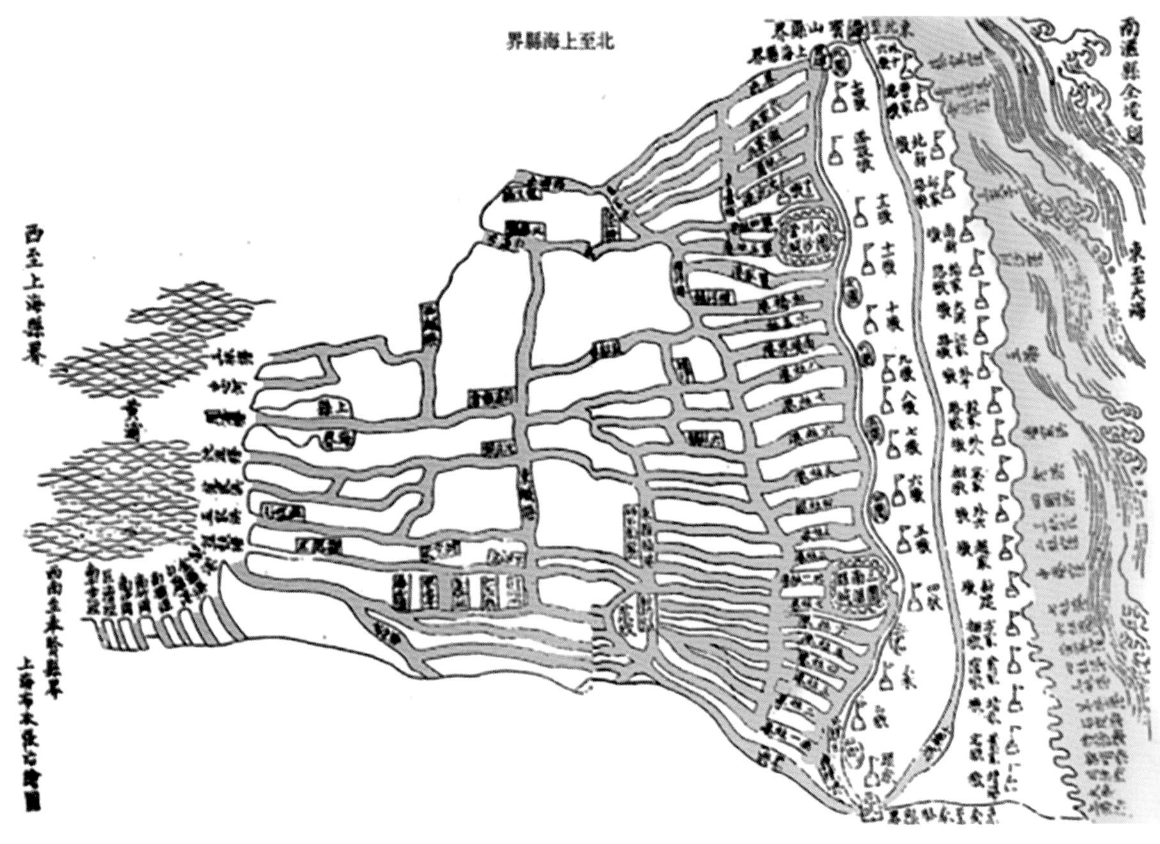

根据清雍正南汇县志全境绘制的水系分析图

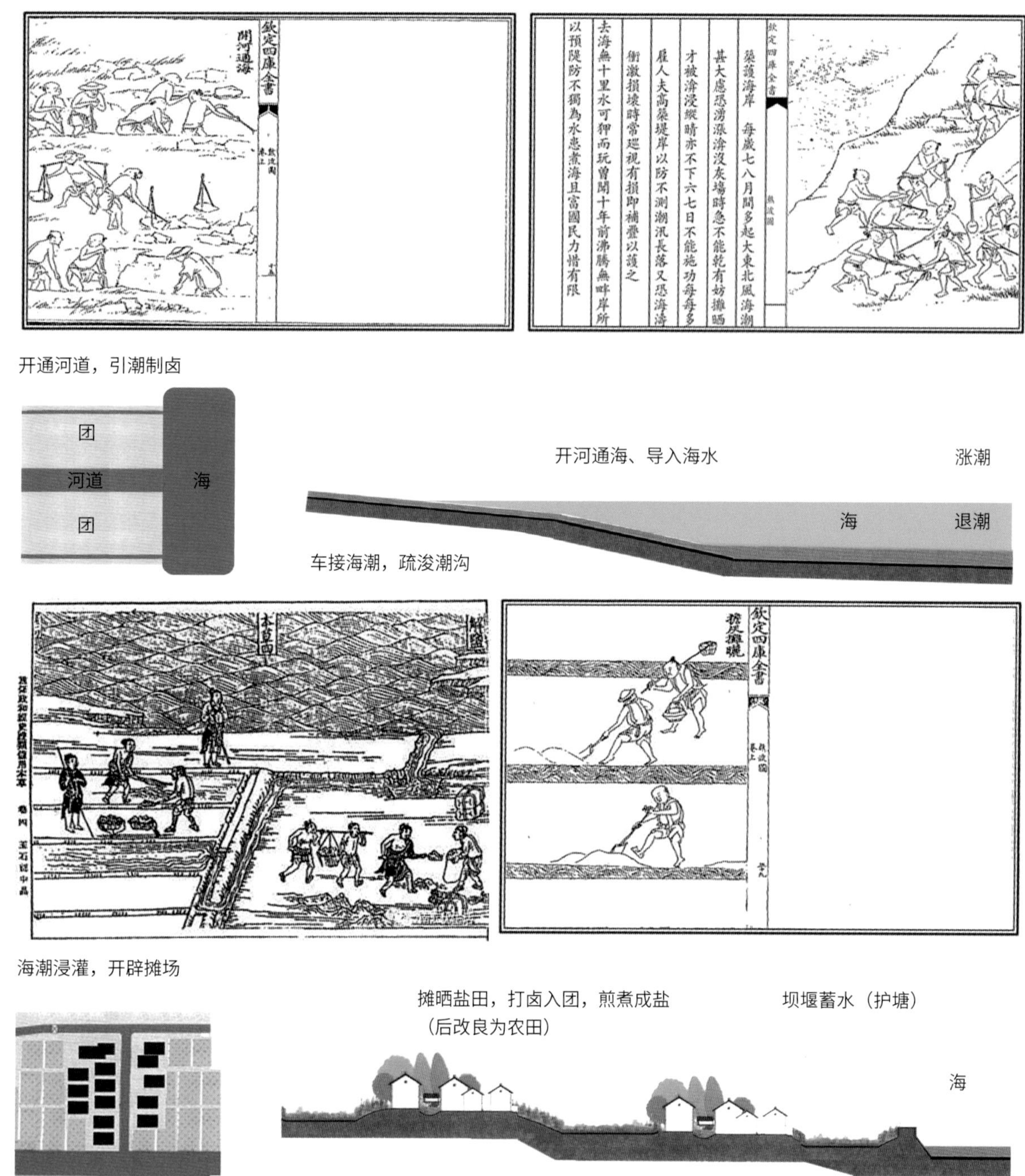

根据清雍正南汇县志全境绘制的水系分析图

明嘉靖年间下沙盐场因此遭受重大损失。其三是管辖范围变化，明初原盐场管辖的土地划分为有司地（漕田）和盐场地，下沙盐场九个团以西已垦殖的地区不属盐场管辖，正是导致盐场开始逐步转向农业生产的关键原因。随着海岸线日益东移，对沿海滩涂周而复始地开垦成良田。原先用于通海引潮的灶港、盐塘形成南北交织的河网水系，为日常交通提供便利，也为日后农业垦种、盐田蓄水变淡提供了良好的条件。

2. 盐作生产与盐民生活

海边盐民生活见光绪《金山县志》：

南乡畏旱，多种棉花。北境宜桑，兼勤蚕绩。昼犁宵杼，妇馌夫耕，游惰之民无有也。

邑北临泖浦，本号水乡，民多以鱼为业。

近海柴荡，明初为灶户煎盐之资，名曰灶田。

当地的主要民居建筑是传统“落库屋”“硬贴房”“草屋”，也有后期适合大户聚居的多开间民居，俗称"绞圈房子"。多开间民居一般横向有五、七开间以上，可容纳三代或四代同堂居住。由于用地较为宽敞，后期横向扩建为院落、附房较多，与棉、稻等用地较为紧张区域的民居形式有较大的区别。此外，金山地区由于风潮较多，在近代的画报等书刊记载中，建筑形式以四坡屋顶的落库屋为主，与海盐一带的民居基本一致。落库屋通过稍间纵横方向短柱向上支撑，构成屋顶简洁实用的坡面。

当地民俗活动具有海洋文化特色，例如卖盐茶起源于上海古代盐业生产，表现形式为花篮灯舞蹈，体现出盐民终年劳累的情景。盐民生产劳累困苦，为生活所迫，盐民不得不偷偷将盐挑出盐灶，外出遮掩装作卖花或杂货，掩人耳目，兜卖"私盐"，以补家用。在历代志书上，屡有《盐妇苦》《盐夫叹》的诗文、歌谣。

盐业生产地区的水网、农田、村落形态，呈现出灶港盐塘的格局特点。浦东、奉贤沿海留存的灶港，是历史上基于盐业生产形成的，后期逐步演化为农业灌溉水系。古代人们每次修筑新海塘后，盐场滩涂随之外拓东移，老海塘以东、新海塘以西的夹塘地区就由盐场地转为农田。由于新涨滩地潮退沙留，使其比西面土地略高，难以向东排水，因此南汇地区的农业主要依赖黄浦的淡水潮汐"……惟西自浦潮来入港者可资灌溉……"由于盐场团区地势西低东高，未经统一规划开发，水系相对混乱，又需要改良土壤、提高产量并逐渐改种水稻，利用黄浦的淡水脱盐灌溉成为该区域农业发展的必需条件。于是，在原有海塘上开凿水洞，引入塘西的黄浦水系，疏浚老海塘南北向的随塘干河与东西向通海河港，使其形成完整的干河与支河水网，使土地逐步脱盐并进行农业灌溉。新筑海塘可以防止海潮冲击，原有海塘退居防潮二线，在上面开凿水洞、贯通东西，夹塘地区既能获得淡水灌溉，亦可排水泄涝，与塘西片农业区的联系日益紧密。

因此，纵横河道差异，体现出横向以生产性灶港为主，纵向以盐田河塘及后期演化的生活性河塘为主的特征。形态格局上，呈现纵塘横港的乡村脉络和建筑肌理特征：河为骨架，横向灶港河道为骨架，其他支河，纵横分布。灶港河道纵向间距 100 ～ 200 米，村落位于水的一侧（位于河道南侧居多）或两侧分布。

到了后期，盐业衰退，横向灶港因河道宽阔，延续生产、航运等主要功能，而纵向的盐塘逐步转变为服务居民生活的河塘。从浦东川沙、南汇多个地区的航拍肌理图可以发现，横向灶港是生产性功能，而纵向盐塘大部分成为居民生活性的河道。这种"横连灶港，纵连盐塘"的水系肌理，体现了浦东盐业生产的历史脉络。

《良友画报》中金山盐民生活场景照片

1949 年前农民住房（落库瓦屋）

1949 年前农民住房（草屋）

1960 年代农民住房

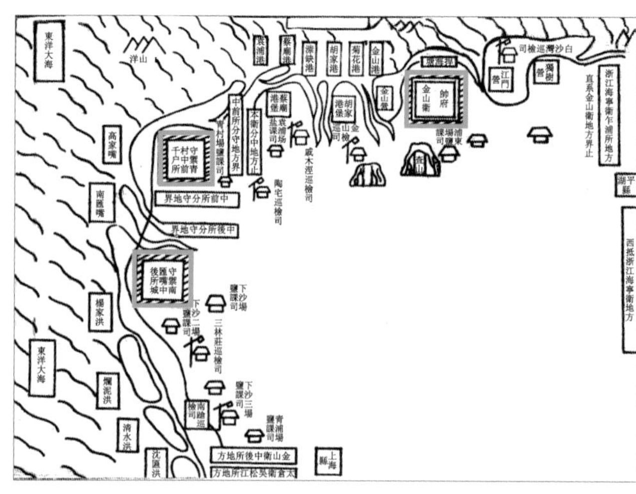

明代下沙沿海盐场分布

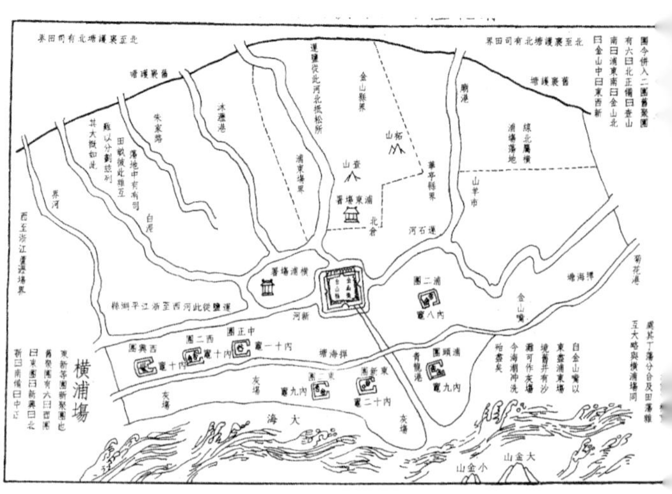

清乾隆十六年（1751）横浦场与浦东场

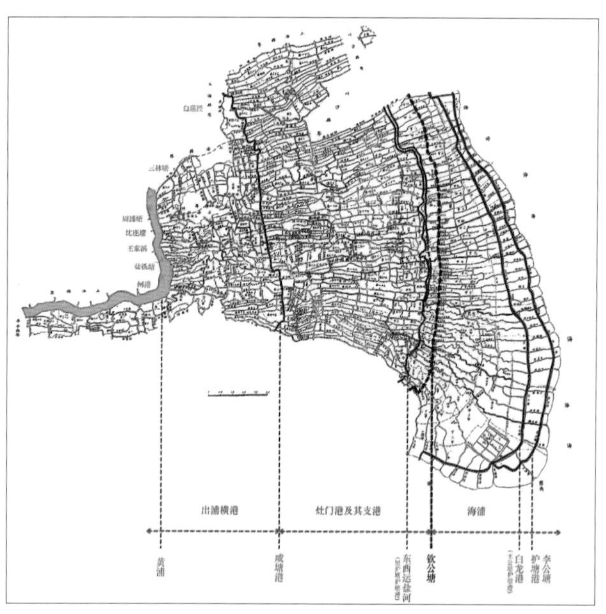

民国《南汇县续志》中的河道分布

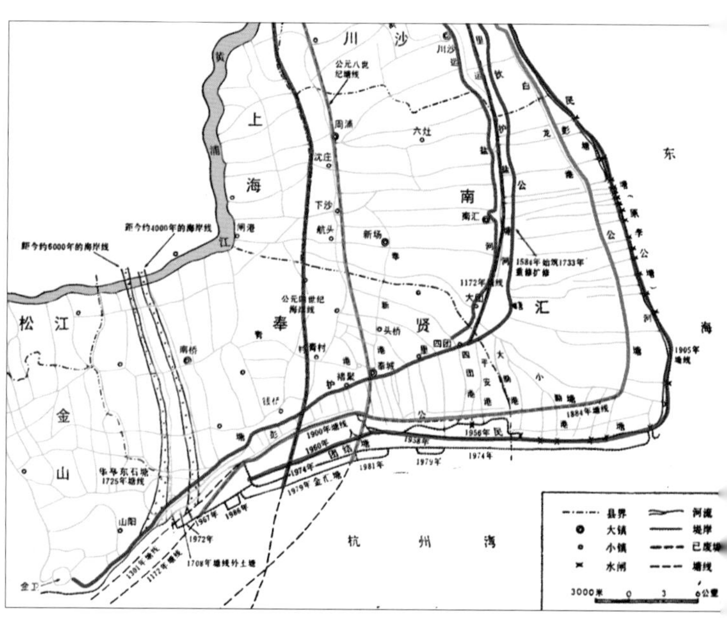

奉贤县海岸堤线变迁图
来源：《南汇县续志 1986—2001》

盐民生活场景孕育了卖盐茶舞蹈

水网

农田

生产影响下形成的村落形态

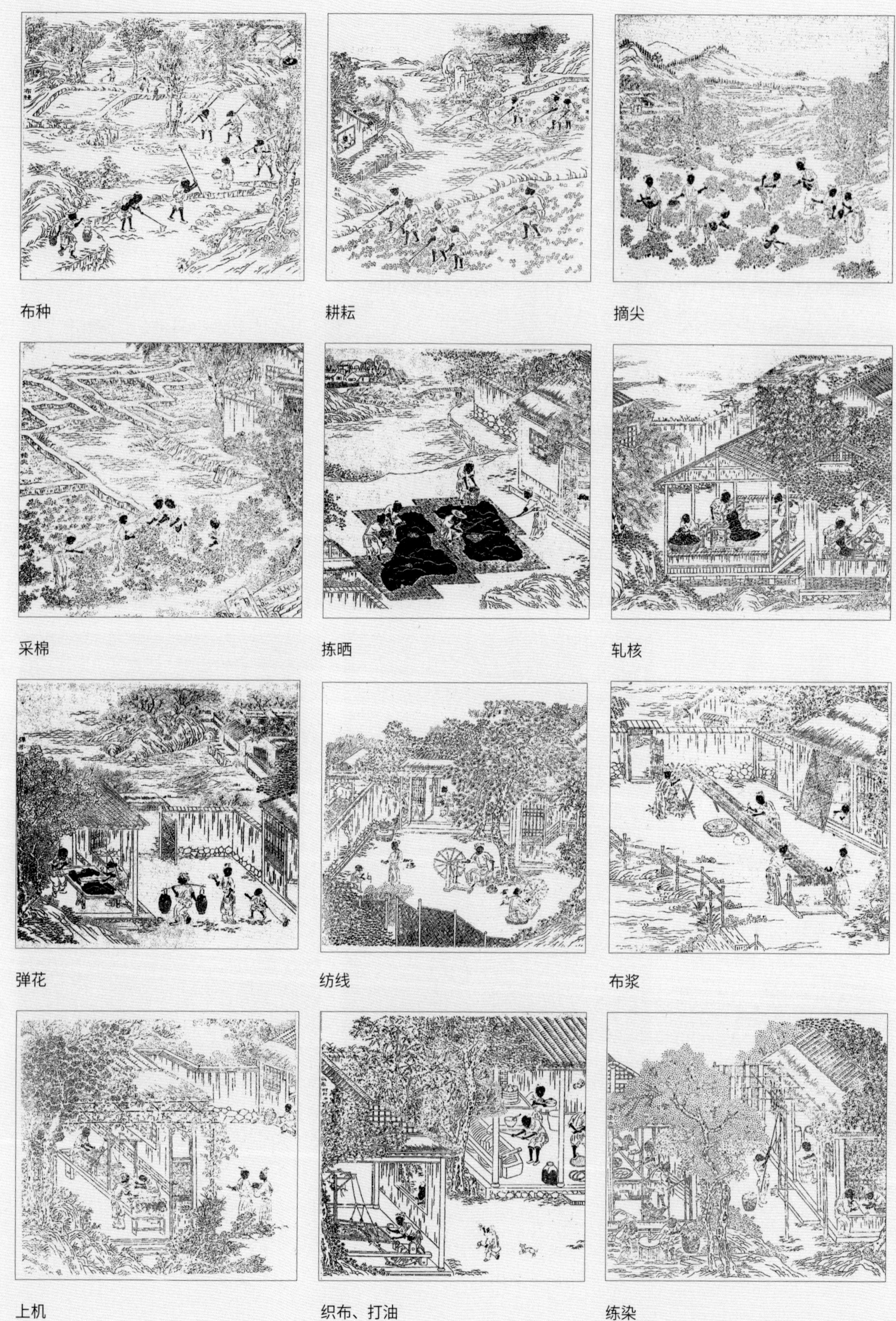

布种　耕耘　摘尖

采棉　拣晒　轧核

弹花　纺线　布浆

上机　织布、打油　练染

清代石刻《御题棉花图》中主要棉业技术流程（松江博物馆提供）

3.4.2 棉作、稻作——高乡低乡，耕作生产

1. 高乡耕作生产：棉作

（1）棉作生产历史

除了盐业以外，上海曾是历史上江南的重要棉产区。明清时期，松江府、嘉定县为吴地棉纺织区之一，与常熟、吴县等地共享“苏布名重四方”之誉，其时土纺土织遍及家家户户，产品远销大半个中国。历史上由于古人对江南的棉花种类未有类似现代植物学的分类，通常记作“棉花”，有省略“棉”记载为“花”，有记作“吉贝”“木棉”，均指棉花。如《震川先生全集》卷八“田土高仰，物产瘠薄，不宜五谷，多种木棉，土人专事纺织”，以及《钦定四库全书》收录的“木棉搅车”。

相传宋末元初黄道婆将黎族棉织技术带到上海，提升了松江府乌泥泾棉布的质量。其时江南与闽广地区棉花种植和棉纺技术交流广泛，促进了江南棉业的技术提升，“木棉本出闽广，可为布，宋时乡人始传其种于乌泥泾镇，今沿海高乡多植之”。如今，在上海遗存了众多与棉纺织业相关的手工艺特色非物质文化，例如松江棉纺、安亭药斑布、徐行草编、练塘茭草手工艺以及其他编织、织绣工艺等。

上海棉布较为常见的有扣布、标布、稀布、高丽布。密而狭短者为扣布，俗名“小布”，又称“短头布”，一般比标布用纱线少，重量轻，谓之“扣减纱线，狭幅促度”。幅阔尺许，匹长二丈许者为标布。幅阔尺五六至七八寸，匹长二丈者为稀布，在用料上与标布相近但布幅宽，相比稍显稀薄轻盈。纬文棱起而疏者，为高丽布，又名“洋袍”，经文凸起如柳条形，其织为手巾用。

另外还有一些有地域特色的布种，如药斑布。这种布是古时安亭的特产，其纺织涂画染色起源于宋代，是蓝印花布的前身。安亭药斑布创始者为安亭归氏，经药斑染色后，棉布好看又耐用。药斑布制作，一是用料就地取材，蓼蓝草和石灰是上海乡村随处可见；二是加工工艺相对简单，通过浸、泡、搅、涂、晒等简单工艺即可完成；三是布质好、耐穿、透气性好，且图案鲜艳亮丽，是其他染色土布无法相比的；四是药斑布具有防蛀、防霉，长期储存不褪色、不霉变，适合江南气候和农业耕作特点。据史书记载，自宋代起，安亭土地的 70% 种植棉花，纺织业极其发达。

明末清初，纺织工艺达到巅峰，棉农发展了丰富的布艺产品，布商纷纷前来嘉定、松江各地以及昆山、太仓、苏州等地采购，运往各地销售。

清末民初，因为洋纱洋布（机制品）倾销，家庭

罗泾十字挑花技艺

嘉定徐行草编

安亭药斑布

地方乡土技艺
来源：上海市社会科学院提供

手工纺织的土布日渐衰落。民国初年，毛巾织造技术传入上海并在国内外打开销路，毛巾业开始兴。在拥有发达的织布技术的同时，上海地区还形成巧妙精湛的棉布装饰技艺，比如对中国四大名绣产生重要影响的顾绣，在针法与色彩运用上独具巧思，系明嘉靖年间松江府进士顾名世之子顾汇海之妾缪氏所创，是江南唯一以家族冠名的绣艺流派，具有独特的艺术品格，又称“画绣”。此外，在棉布上的花绣装饰也广受欢迎，在江南水乡渐有“不挑花不能用”之势，现今可以从宝山罗泾地区的十字挑花看到文化民俗的特点。具有棉织基础的乡镇，类似的草编、竹编等家庭手工业也较为发达。

据明代崇祯年间《松江县志》记载：“顾绣，斗方作花鸟，香囊做（作）人物，刻划（画）精巧，为他郡所未有。”其特点主要有三：第一，半绣半绘，以补色、借色见长；第二，用料奇特；第三，运用中间色化晕。顾名世的孙媳韩希孟以这种绣、画结合的方法，穷数年心力摹绣宋元绘画名迹八幅（册页），为世所重。明代松江画派代表人物董其昌对顾绣极为赞赏，称它“精工夺巧，同侪不能望其项背……人巧极天工，错奇矣。”韩希孟创立“画绣”阶段是顾绣发展的初期，绣品多为家庭女红，世称“韩媛绣”，基本用于家藏或馈赠。

韩希孟之后，顾氏家道中落，逐渐倚赖女眷刺绣维持生计，并广招女工，从此顾绣由家庭女红转向商品绣。顾名世的曾孙女顾兰玉得缪、韩之亲授，并将技艺传承下去。据清代嘉庆年间《松江府志》记载，顾兰玉“工针黹，设幔授徒，女弟子咸来就学，时人亦目之为顾绣。顾绣针法外传，顾绣之名震溢天下。”清代道光年间，松江丁佩既精刺绣又通画理，著《绣谱》，于顾绣“心知其妙而能言其所妙者”“后以仿效者皆称顾绣，绣品肆竟以顾绣相称榜，凡苏属之绣几无不以顾绣名矣。”20 世纪初，松江出现了松筠女子职校的顾绣班，现年近九旬的戴明教老人曾为该班学生，她是近半个世纪顾绣在松江的代表性传承人，著有《顾绣针法初探》一书。

顾绣是民间绣艺与文人画结合的产物，从业人员须具备传统的书画修养。正因如此，它很难普及，且制作费时耗工。20 世纪 50 年代以后，上海曾办过不少顾绣厂，现基本都已关闭。受现代工业的影响，大量顾绣仿制品涌入市场，形成对顾绣的冲击，顾绣之名虽盛而真得“画绣”真谛者在上海几乎不复可寻，因此必须要采取措施对这一传统绣艺进行抢救、保护、整理、挖掘。

顾绣工艺
来源：上海市松江区文化馆

钱月芳顾绣作品《饮鹅》
来源：上海市松江区文化馆

顾绣作品《溪涧逍遥图》
来源：露香园顾绣研究院

（2）棉作生产与民居布局

历史上，棉纺是农户自给自足生活的重要组成部分，上海家家户户从事土纺土织。棉纺工艺对场地要求较小，与江南其他产业地区相比，在民居建筑布局上未有较大体现。传统上，棉纺生产基本上以农户家庭手工工场出现，只有棉布的后期加工环节，如染、踹等行业，较多地集中到府、县或专业大镇中。实际使用中，农户生产活动多在宅院中进行，与棉花的种植、晒筛以及纺纱、织布等联系紧密。从平面功能流线看，棉纺业地区的民居具有“田（棉田）—场（棉花晒场）—坊（纺车、织机）—宅（居住）”的空间功能关系。以崇明为代表，局部民居灶间门窗形式有适应性的优化。

棉纺生产首先对采摘拣晒的棉花进行轧核、弹花。扎核是指去除棉籽粒；弹花是指弹棉，使得棉花纤维松开，便于纺纱，也可以同时清除棉花中的杂质泥沙，使棉纤维更加洁白匀净。

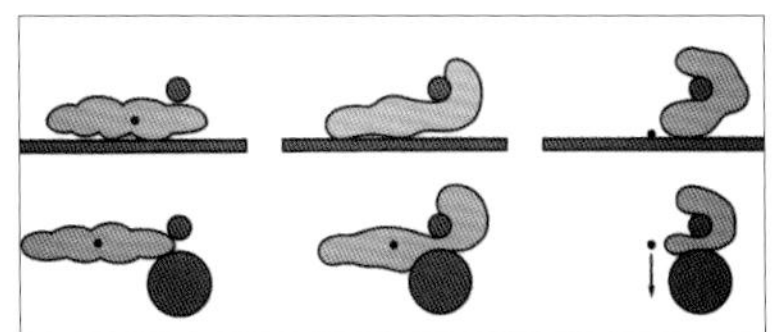

轧核过程示意

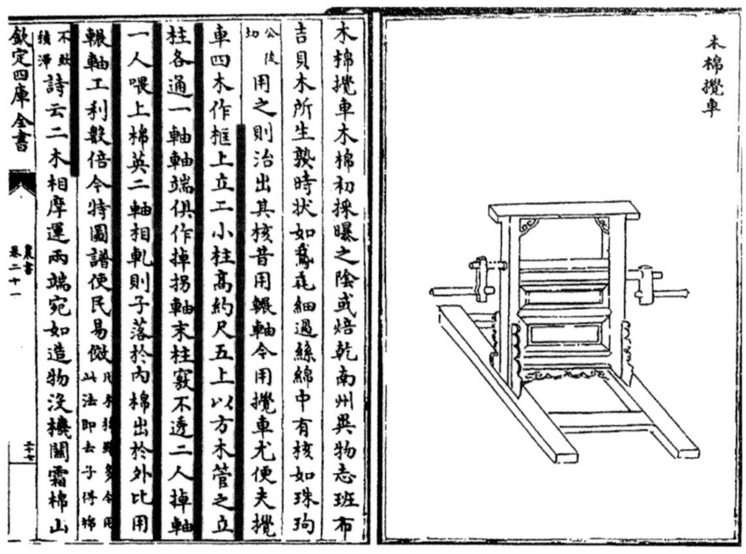

木棉攪車木棉初採曝之陰或焙乾南州異物志班布吉貝木所生熟時狀如鵝毳細過絲綿中有核如珠珣（公使如）用之則治出其核昔用輾軸今用攪車尤便夫攪車四木作框上立二小柱高約尺五上以方木管之立柱各通一軸軸端俱作掉拐軸末柱竅不透二人掉軸一人喂上棉英二軸相軋則子落於內棉出於外比用輾軸工利數倍今特圖譜使民易做（此法即去子得棉）（不致積滯）詩云二木相摩運兩端宛如造物没機關霜棉山

欽定四庫全書　農書　卷二十一

《天工开物》记载古代用于轧核的木棉搅车

弹花场景示意

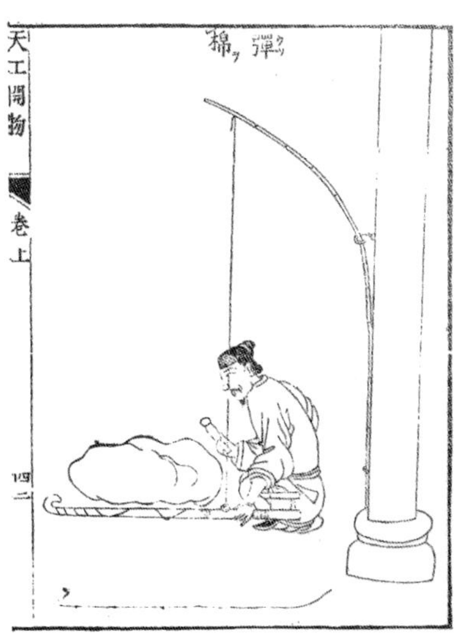

竟（夜分五更每更至五點而竟）即起視事執筆觸寒手為皴裂（皴七倫翻皮細起也）自天監中用釋氏法長齋斷魚肉（斷音短）日止一食惟菜羹糲飯而已（糲盧達翻糲者麤而不鑿也）或遇事繁日移中則嗽口以過（日移中日過中也嗽當作漱漱口也音先奏翻過謂度日也）身衣布衣木緜阜帳（木緜江南多有之以春三月之晦下子種之既生須一月三薅其四旁失時不薅則為草所荒穢輒萎死入夏漸茂至秋生黃花結實及熟時其皮四裂其中綻出如緜土人以鐵鋌碾去其核取如綿者以竹為小弓長尺四五寸許牽弦以彈綿令其勻細卷為小筒就車紡之自然抽緒如繅絲狀不勞紉緝織以為布自閩廣來者尤為麗密方勺曰閩廣多種木緜樹高七八尺葉如柞結實如大菱而色青秋深即開露白

欽定四庫全書　資治通鑑　卷一百五十九

《天工开物》记载古代用于弹花的弹弓

民居中的轧核、弹花示意图

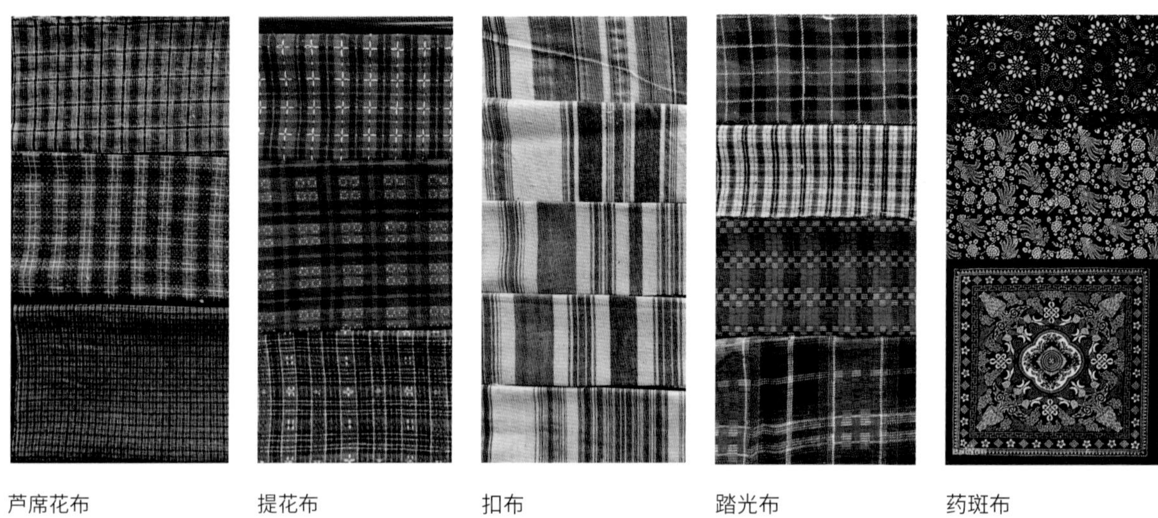

芦席花布　提花布　扣布　踏光布　药斑布

江南常见棉布

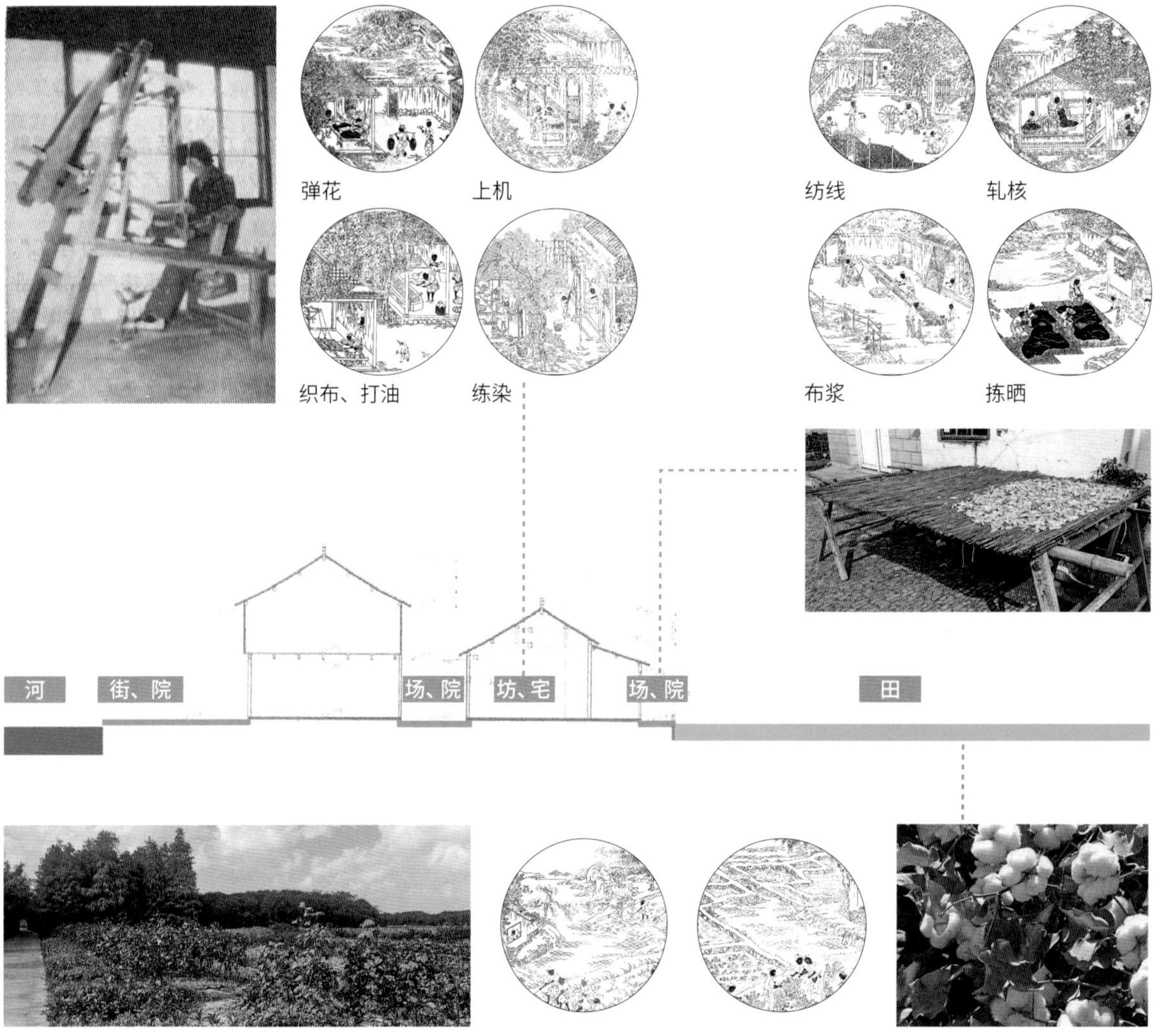

弹花　上机　纺线　轧核

织布、打油　练染　布浆　拣晒

河　街、院　场、院　坊、宅　场、院　田

黄浦江南岸奉贤村庄旁的棉田　耕耘　采棉　棉花

民居中的棉纺生产示意图

轧核技术主要经历有三个发展阶段：①纯手工，用手剥去棉籽，纯手工技术；②铁杖净棉，用铁杖或铁筋赶搓棉花去除棉籽；③木棉搅车，使用搅车或轧车去核

弹花技术，早期以竹为小弓，长尺四五寸许，牵弦以弹棉令其匀细。后来经过改良，采用悬弓弹花法，用一根竹竿把弹弓悬挂起来，以减轻弹花者左手持弓的负担，仍用右手击弦，较大地提升了效率

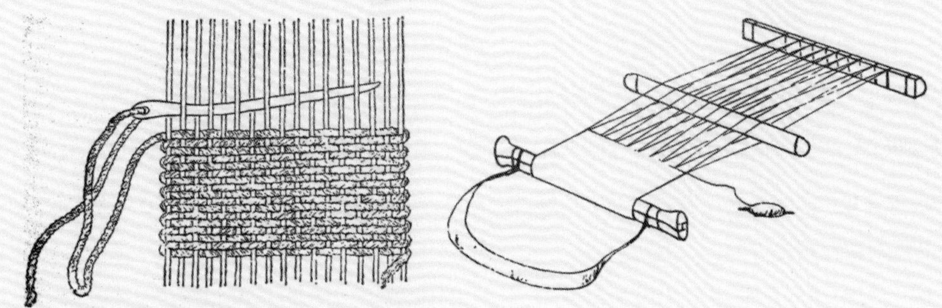

工织布（用手拿着纬线在相邻经线间上下穿绕而织）

黄道婆将黎族棉织技术与江南棉织技术相结合，从单色素纺织物发展到彩色条格织物与提花织物

错纱，是指不同色彩的经纱在牵线时交错排列；

配色，是指不同色彩的经纱在织造时交替织入；

综线挈花，是以提花技术为主，利用束综提花装置，织造大提花织物

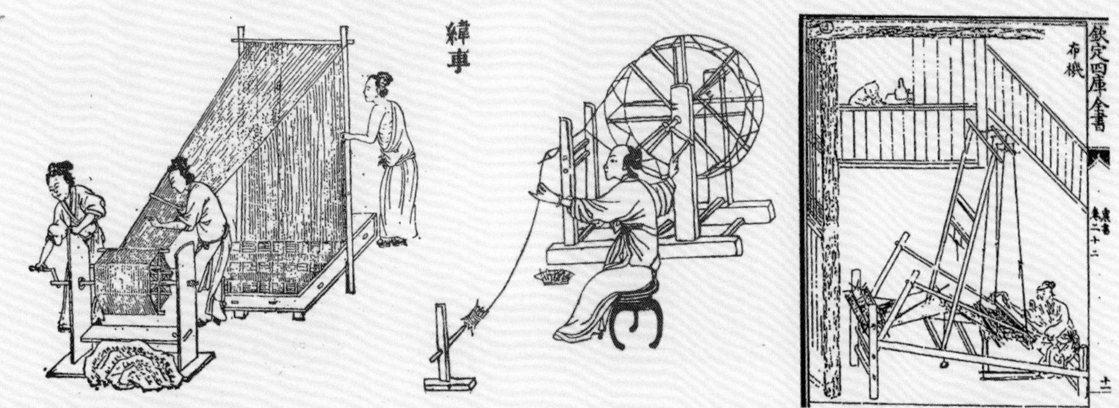

典型织机：互动式双综双蹑织机

钦定《四库全书》中早期织布方式示意

纺车与织机生产方式示意

民居中的棉纺与织布示意图

来源：松江博物馆

在民居调查中发现，类似棉花晒席、纺车、织布机等工具，由于使用时间不同，会灵活放置。比如晒席平时可以折叠收纳，只有拣晒时摊开在院落或街巷门前。织布机平时存放在灶间，纺织时搬到院落或者堂屋以获得更好的采光，也方便多人边纺边织提高效率。但是灶间形制一般是单扇门，为了解决织布机等较为宽大的生产工具的搬运，同时与住宅入口的双扇大门保持形制上的差距，灶间户门采取“一窗一阘（音 tà）”的形式，即可拆卸的“窗 + 固定扇”，也有的地方称之为闼门、矮挞门。

闼门，一般较为普通的小型民居中设单扇或双扇挞门居多。据《营造法原》，“矮挞为窗形之门，单扇居多，装于大门及侧门处，其内再装门……其上部流（留）空，以木条镶配花纹，下部为夹堂及裙板，隔以横头料。上下比例约以四六分配。下部门槛至夹堂板上横头料占六份，流空部分占四份”。如此亦窗亦门，皆因旧时居住条件采光通风较为紧张，可在沿街或对外的立面上兼顾安全性、私密性，提高室内环境条件的需要，解决织布机在宅院场地中搬进搬出的需求，同时仍呈现一扇户门的外观，是住宅曾经普遍用于棉纺生产的印迹。目前在崇明、嘉定地区还有较多民居灶间留存了闼门，在相近的太仓地区亦可见到类似的构造。崇明、嘉定地区闼门的做法与《营造法原》中所描述的略有不同，上半部分翻起，形成通风采光窗，下半部分仍为半段矮门，可以保持关闭。

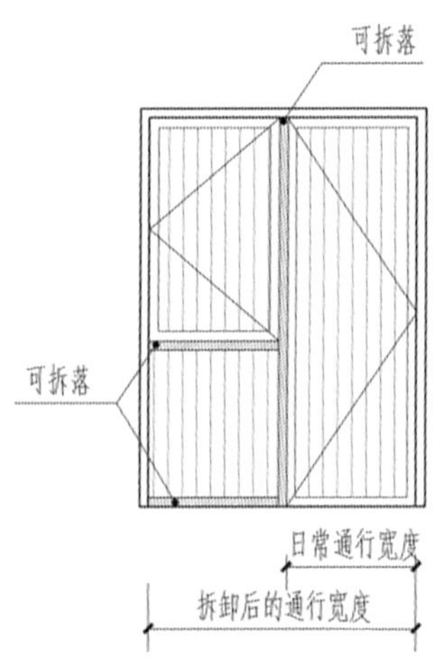

崇明闼门与织布机

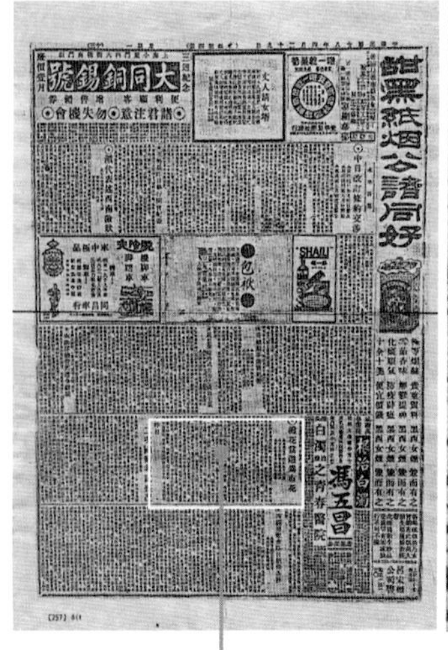

……接近者所致、亦略與上述相同云、

◎棉花當選爲市花

▲共得五千四百九十六票
▲市宣傳部發表徵求結果
▲將由執委會函知市政府

上海特別市黨部宣傳部、前受市政府之委托、徵求民衆對於市花之意見、該部承辦後、當即製表三萬份、於四月一日起、先後分發各下級黨部、各民衆團體、轉向民衆徵求、同時並將本市大小各報刊載三天、以求普及、原定四月十五日截止、後恐時促、未及廣遍、乃又於十五日起、展期五天、至二十日爲止、兩旬以來、將所得之意見表、分別編號、釐成巨帙、茲將結果、分述於後、此次發出表數、㈠徵求意見表三萬份、㈡上海大小各報刊載徵求意見表三天、收入表數、（四月二十日以後者不算、）㈠各級黨部轉來表二千八百五十五張、㈡各民衆團體轉來表六千二百六十二張、㈢民衆意見箱及郵寄者八千八百三十五張、㈣總計一萬七千條號、徵求結果、㈠棉花、（五千四百九十六張、）㈡蓮花、（三千三百零六張、）㈢天竹、（三千三百十六張、）㈣月季、（三千一百七十六張、）㈤牡丹、（一千五百四十六張、）㈥桂花、（五十張、）㈦其他、（總數一千四百三十二張、）計不要市花者、七百四十八張、禾花一百三十六張、蘭花三十五張、菊花三十五張、桃花三十四張、茶花二十五張、金銀花二十三張、玫瑰二十一張、迎春花十九張、代代花十五張、（餘略）統計結果、贊成棉花爲上海市花者、爲數最多、共計五千四百九十六、棉花應當選爲上海市花、其意見大多與候選市花簡說中所舉之理由相同、再錄如下、棉爲農產中主要品、花頗美觀、結實結絮、爲工業界製造原料、衣被民生、利賴莫大、上海土壤、宜於植棉、棉花貿易、尤爲進出口之大宗、本市正在改良植棉事業、擴大紡織經營、用爲市花、以示提倡、俾農工商業、日趨發展、達到解除經濟壓迫之目的、希望無窮焉、

◎昨日

1929 年 4 月 29 日《申报》—— 棉花当选为上海市花

历史记载主要市镇棉布地区分布

地区分布	文献记载棉布种类	出处
华亭县	有一郡所同而我邑独著者，如车墩之飞花布、叶榭之篾布、卫城之稀布、东门外三亩田之紫苏、其叶背面皆殷红。荷祥浜之落素，即茄。则书以志其特有	乾隆《华亭县志·卷一·物产》
金山县	纺织之法，大约松隐以北而用刷经，西南各处皆用拍浆，有扣布、大布、单穿、双扣之别，唯卫城大布最稀，名卫稀，价亦稍贬	光绪《金山县志·至余》
娄县	今所在习之，远近贩鬻，郡人赖以为业。其出邑之尤墩者，质无细幅，稍润者名九寸布，余又有紫花、兼丝等，名目甚多	乾隆《娄县志·卷十一·食货志》
南汇县	出周浦者曰“标布”，俗称“大布”，十六尺为“平稍”，二十尺为“套段”。出新场、下沙及各乡镇者，合名扣布，俗名“小布”，又名“中机”，又“稀布”，较大布阔三、四寸，有单、双扣之分，尤精而贵	光绪《南汇县志》
法华乡	布有长、短两种，长曰东稀，短曰西稀。女子最勤者，寅起亥息，有日成二三疋（音 pǐ）者	上海《法华乡志》
紫隄村	乡民多恃布而生，向时，各省布商多先发银于各店，而徐收其布，故布价贵，贫民竭一日之力，赡八口而有余	康熙十七年修《紫隄村志·风俗》
七宝镇	木棉布 纱贵铁锭，山中所产，紧细若绸，土人以纺织为业，竭一日之力，可赡八口	《七宝镇小志·风俗》
干巷镇	俗务纺织。清晨抱布入市，易花米以归，来旦复抱布出。织布者，率日成一疋，其精敏者日可得二疋。田家收获，输官偿租外，未卒岁而室已空，其衣食全赖此出	《干山志风俗》
朱泾镇	松江产布，自元元贞间，黄道婆教习后，著名海内。《娄邑志》谓产尤墩者质细，《朱里志》则云：产朱泾者尤精	嘉庆年间修《朱泾志·物产》
安亭镇	浆布：以面浆，棉纱干时织，出横泾者高； 棋花布：以其白缕间，织如棋枰；药斑布：以药涂布染青	嘉庆十三年《安亭镇·风俗土产》
娄塘镇	斜纹布：经直纬错，织成水纹胜子，望之如绒	嘉庆十年《娄塘镇志·物产》
南翔镇	有浆纱、刷线二种，槎里只刷线，名扣布，光洁而厚，制衣被耐久，远方珍之。布商名字号俱在镇，鉴择尤精，故里中所织甲一邑	嘉庆年间《南翔镇志·物产》
黄渡镇	布，旧多出售，为生计之大宗。近则只供自用而已。种类有白布、紫花、斜纹、麻呢、新式等。中以白布为多，且为生计大宗。农隙时，女织男纺，日夜勤勤	《嘉定睜东志·物产》
江湾镇	熙季年，里商凌天声、戴允如以布为业，时称“凌戴庄”。雍正间，销路浸广，皆以殷行布为标，今则江湾有过之无不及	民国十年修《江湾里志·风俗》
淞南镇	刷纱稀布，布短而松狭，出淞南陆家浜，俗名浜布。龚翊《田家词》曰：积丝方满寸，累尺渐成端，持入公门里，何人着眼看。刷纱棉布，以浆敷帚刷干，上机较之扣布，终逊紧细。今淞南五保诸村落多业也。紫花棉布，衣被甚为朴雅，士民多尚之，然不甚产，故价亦稍贵	康熙年间修《淞南志·物产》
金泽镇	地惟西乡土性不宜，而女红以布为恒业。金泽无论富贫，妇女无不纺织，肆中收布之，所曰花布	乾隆年间修《金泽小志·风俗》
珠里镇	本色布，南翔、苏州两处庄客收买；青蓝布，估客贩至崇明南北二沙。又有杜织布，门面阔一尺三四五寸不等，每匹长至二十二尺，乡人多自服	嘉庆二十二年《珠里小志·物产》

紫花布

扣布

提花布

药斑布

棋花布

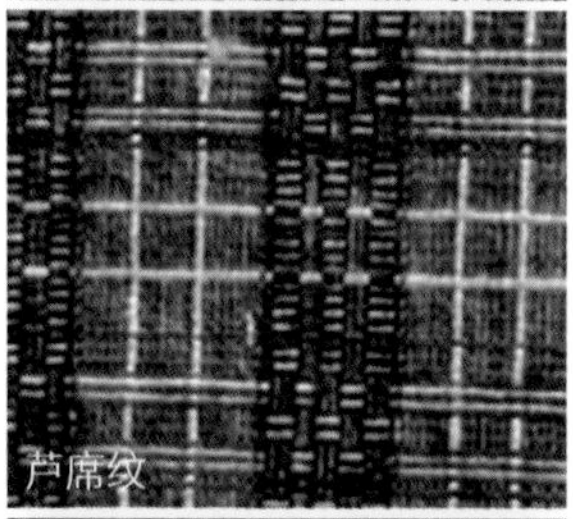

芦席纹

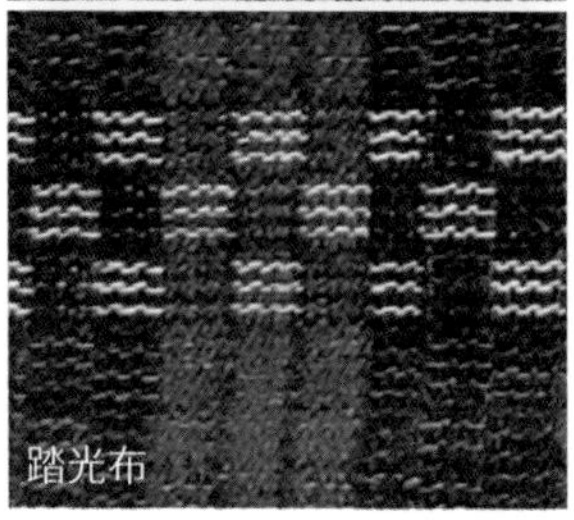

踏光布

（3）棉作生产的地区分布

历史上，上海地区根据作物种植和交通贸易条件，形成各具特色、分工明确、门类齐全的棉纺织业。比如罗店多生产紫棉，也生产白棉。南翔生产的棉布分为浆纱、刷线两种，光洁而厚，因制衣被耐久较为畅销。娄塘主要为棉花、棉布交易市场，古代称为“花布码头”。安亭较多从事浆布（纱）生产，黄布、棋花布、药斑布、高丽布等特色布品。钱门塘地区棉纺生产贸易兴盛，外冈一带生产的棉布习惯称为“钱门塘布”。

许多冈身以西的低乡地区本不植棉，但交通便捷的条件使得大部分农户在农闲时间都能发展家庭手工棉纺生产。同时，湖荡区充足的米粮供给，对江南的棉业、桑蚕业的发展提供了良好保障作用。除钱门塘外，朱家角、枫泾本不植棉，但同样是在棉布贸易中兴起的明清“巨镇”典型。作为贸易型市镇，它们除了一般市镇具有的沿河街市、桥头广场、码头水埠等场所，还聚集了布行、牙行、买办等交易场所，商贸发达，反映了低乡与高乡之间棉业、棉纺生产与米粮业生产的交换。

棉作在上海地区的重要性是不言而喻的，在此影响下，家家户户进行纺织，许多诗句也记载了当时人们的生活。嘉定地区家家种棉，有诗云“东去吴淞路不赊，人家尽种木棉花”。

枫泾、朱泾兴盛于明清时期，有数百家（棉布）字号，多染匠、牙人的重要棉业交易市镇，古志云“鳞比人家纺织勤”“朱泾锭子吕巷车”，等等。

朱家角在明清时期空前繁荣，俗话说“三泾不如一角”，米粮业、棉业交易非常发达。

七宝镇是重要的棉业市镇，东街长约三百步，居民多制纺车出售，故名纺车街。

张堰在明代是以盐业市镇崛起，但当地史料基本都与布、米相关。清代张堰棉花亦“向不多种”，主要以棉布纺织和贸易为主，流传诗句“灯火秋宵月挂檐，家家纺织手尖尖。明朝上市谁增价，纱要圆匀尺要添”描写了家家纺织的情景。

棉业在淀浦河流域以及淀南、浦东区域日益普及，《罗店杂咏》、民国《重辑张堰志》、上海社科院《上海乡镇旧志丛书》等相关资料，以及范毅军关于太湖以东地区研究等诸多文献中均有记载。

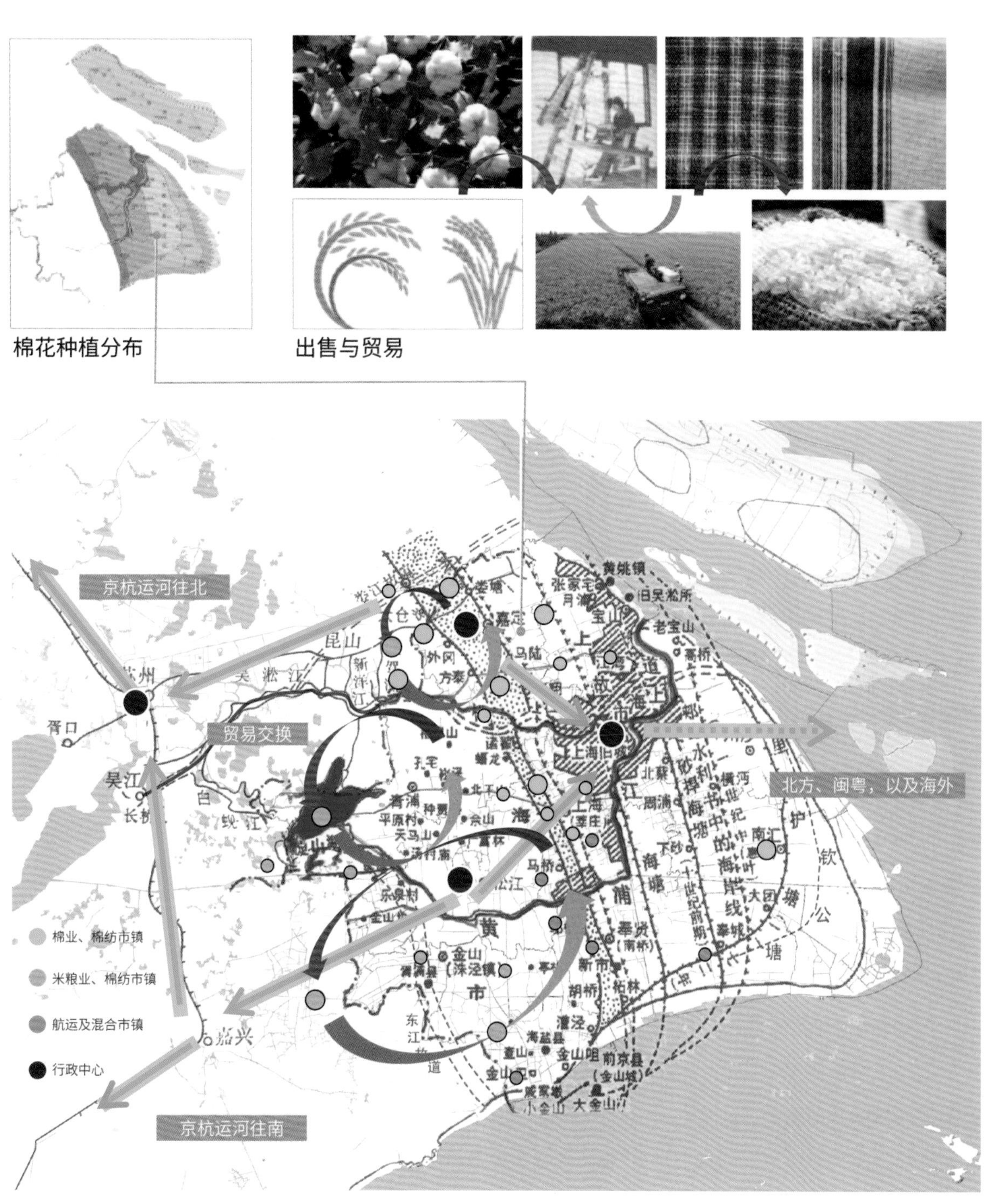

棉纺业市镇空间分布示意图

2. 低乡耕作生产：稻作

江南地区适宜的气候，水源充沛的地理环境，成为栽培水稻的重要地区。稻作是上海持续广泛的乡村农业生产活动。根据考古资料，在崧泽古文化时期，当时先民选择高阜处居住生活，在村落周围家门口旁边耕种，开垦出小块水稻田，人工种植粳稻、籼稻。历史上松江产的香稻较为有名，《农圃四书》云："香稻，其在松江者，粒小而性柔，有红芒、白芒之等。七月而熟曰"香秔"。其粒小色斑，以三五十粒入他米数升炊之，芬芳馨美者，谓之"香子"，又谓之"香穤"。明代《崇祯松江府志》中，提到魏文帝曹丕对松江香稻的喜爱之情，"魏文帝与朝臣书曰：江表闻长沙有好米，何得比吴中香稻耶？上风炊之，五里闻香。"江南遍种稻米，稻作文化融入人们的日常生活中，形成丰富的民俗活动，比如青浦、松江流传至今祈福祭祀的舞草龙，田间劳作的娱乐方式田山歌，饮食烹饪文化方面的各种米糕制作、酿酒习俗等。

舞草龙——祈雨解旱

相传"草龙"的出现源自唐代的一场旱灾，为解家乡旱灾，召来东海"青龙"普降大雨，使得叶榭镇盐铁塘两岸久旱禾苗喜逢甘霖，现在主要在松江乡村地区流传。制扎草龙为民间的一种传统技艺、习俗，每年需要采集金黄色的丰收稻草捆扎成龙身，再将稻草搓成的粗大绳索串连龙首和龙尾而成整条四丈四节草龙。

舞草龙的祭祀仪式一般在每年农历五月十三、九月十三，当地举行"关帝庙会"时准时开始。一般选在田间的开阔地。为了便于迎请 , 地点一般选在供奉"神策"和"青龙王"牌位的庙宇附近。在流传过程中，草龙逐步演变成各类龙灯舞，而后又相继出现滚灯舞、水族舞等多种形式。

田山歌——劳动解乏

田山歌是一种体现江南稻作生产特点的吴语民歌形式，农民在耕作过程中进行歌唱，愉悦心情、舒缓疲劳、协调劳作、互相鼓励、鼓舞干劲。田山歌的留存、传播与江南地区水稻种植的劳作方式有着密切联系。上海乡村地区传唱的田山歌分为大山歌和小山歌两种。其中，大山歌由多人合唱，音调高亢，旋律起伏也较大。无论是描绘劳动场景和劳动过程，还是表现劳动技术和劳动态度，田山歌都带有稻作文化的印记。

山歌班经常活跃于田地间及演出舞台，但限于农民多半不识字，田山歌的传唱基本流于口头。在青浦田山歌的全盛时期，不仅在农业生产的各个环节中，在休闲时刻和各种集会场所，都能听到高亢清亮、悠扬婉转的歌声。随着上海城市化进程的日益加快、稻作生产活动的日益减少，青浦、松江的田山歌逐渐走向衰落，其生存环境和传承人群均渐流逝，田野间原生态的田山歌已不多见。

草龙的编制

舞草龙祭祀祈福

（1）稻作与聚落空间

特定地区的主要生产活动叠加自然地形地貌，塑造了当地的典型乡土景观。复杂的地理环境和悠久的农业开发，形成梯田、圩田、垛田、沙田、架田（用竹木做成排筏，在上面铺泥土和水生植物封实而成的飘浮在水面上的农田）、潮田（仰潮水灌溉之田）等农田类型，代表独特的土地利用方式。即使是类似的农田，也因地理环境、生产导向、经济发展水平等方面的差异，呈现出不同的耕作景观。例如，同为水边合围筑堤、筑田，嘉湖平原的塘溇圩田、两江流域的圩垸、珠江三角洲的桑园围（又称桑基鱼塘、果基鱼塘），呈现出不同的景观面貌和地域特色。

青浦区高许村

高许村

上海是太湖下游水系治理的重要地区，由于水系环境变动，形成小圩、大圩、高田、低田等较为齐全的圩田类型。古代描述圩田景观为“叠为圩岸，捍护外水”，圩岸即堤岸，通过挖土叠高，捍卫外河水。圩岸因高低不同分为戗岸、畔岸等，圩田在湖塘戗岸内分层布局，体现古代农法高低法则。从高程关系看，有描述为荡田、低田、高田、高旱田多种；根据水系形态，有湖荡圩田、塘浦圩田、灶港圩田等。不同的圩田地理环境下，乡村聚落的形态、规模会朝不同的方向发展。在柘湖、三泖淤塞成陆的地区，水与田的高差较小，地势平坦，圩内聚落单元较小，且主要呈无组织的散漫分布特征；而在河湖密布的湖荡地区，人们的居住空间受到一定的限制，只有地势较高的岛状高地较安全，适合居住，圩内聚落规模较大且集中分布。20 世纪 50 年代以来，随着现代水利工程发展，圩田与聚落经过不断地改造，乡土景观与聚落形态差异逐步在缩小。

（2）圩田结构与分布

湖荡圩田是低乡典型传统圩田模式，与古代农法的描绘最为接近，其顺应自然环境，是一种因地制宜的农耕智慧。历史图片所描绘的古代农法修筑圩田，是从湖泊或河道水系中，堆土修筑外围最高的圩岸，又称戗岸”。圩田围绕湖塘戗岸呈现出一层一层逐步向内降低的形态，低田四周较低的圩岸称为“畔岸”。畔岸最低，所围绕的中央河塘为汇水的“溇沼”。

上海米糕——糯而不粘

民间使用稻米制作米糕的历史由来已久，叶榭软糕在《张泽小志》中的记载始于明万历年间施茂隆所创。上海乡村各地有不同的米糕传统习俗，形成稻作为主题的饮食烹饪文化。米糕主要以上海本地优质糯米与粳米作为主料，以绵白糖、枣仁、豆沙、红绿冬瓜丝等作为辅料，以石臼、手摇磨、机磨、方蒸、筛子、蒸笼等作为主要工具制作而成。崇明米糕加入核桃、桂花等辅料，分为上沙（西部）蒸“松糕”、下沙（东部）蒸“糯糕”等口味……

上海米糕

青浦区雪米村

低中高田结合的低乡圩田示意

圩田溇沼古法

《吴中水利全书》载："水多田少，溪渠与江湖相连，水皆周流，无不通者。"

沈岱言，（吴中）之田皆居江湖之滨，支流旁出皆荡漾，不可以名计，"夫百亩之田，多分河港，且犹为利""多开河渠以泄湖势"。治水者通过多分河道，多分圩田，以达到抵挡洪水之效，在湖河网高度密集化的地区，在原有岛状聚落基础上，小圩戗岸逐步形成。

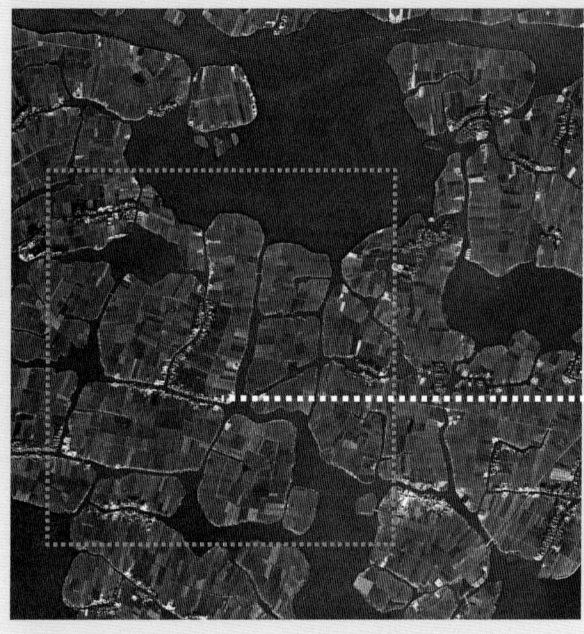

地形地貌：湖群中的"岛状"高平田与低地荡田镶嵌
（根据农业土壤史，低田 3.2 米，近泖河局部地段 2 ～ 3.2 米，高平田 3.8 ～ 4.2 米）

湖群密布，中间"岛状"高地为早期陆域，布局乡村聚落
圩田围绕湖塘戗岸生长，体现古代农法高低法则，低田中央溇沼，四周畔岸最低，逐步增高至圩岸边

1960 年代与 2020 年低乡农田肌理对比示意青浦官子圩村附近

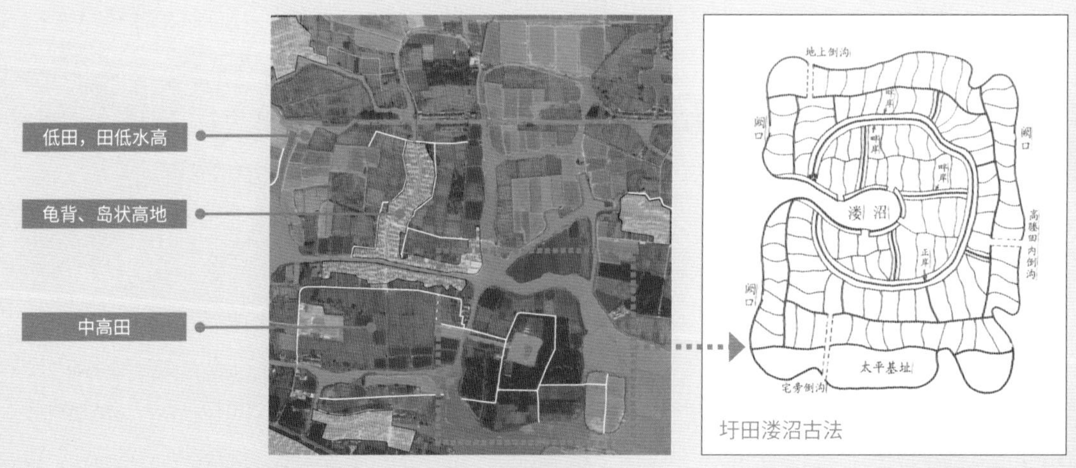

清代青浦地区的圩田形态图
来源：王建革《江南生态史》

溇沼古法圩田肌理示意

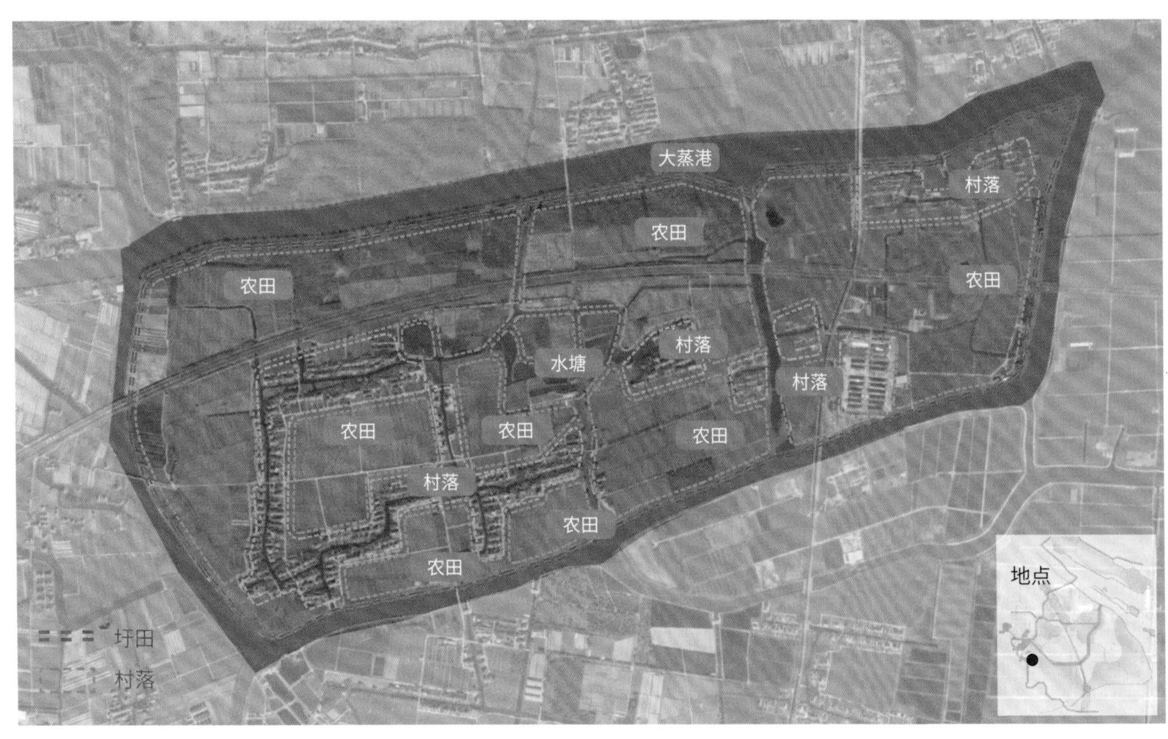

大蒸港南岸联圩肌理分析示意

由于整个圩田的垦造一般需要堆土拦水，即挖低填高，而圩岸内的土地有限，如果需要圩岸更高，则挖土越多，部分田块高程就越低，甚至形成湿地、鱼塘。例如《吴中水利全书》记载，“不论低田高田，俱以十分为率，低田以一分为堤岸，高田以一分为沟池。则余九分可以永无旱涝。”人们通过经验总结出，一层高一层低的方式，恰好使得戗岸高度能够阻挡外围水系的高水位，也能使圩内的田地、鱼塘满足一定面积比例，适合种植或养殖，于是高低结合成为筑圩的经验原则。

青浦地区湖荡密集，地势较低，湖荡中可以识别出较为完整的圩田形态。湖荡水面越往东越小，而塘浦河道则变得更多，塘浦围合的田地仍然体现高低变化的复合关系。

从不同年代的卫星航拍资料对比中不难发现，这种低田的耕作生产活动长期在水乡地区留存。比如，近泖河局部地段，受河水回流的交互影响，低田部位呈板块状，田低水高，小圩自然错落破碎度高，生态环境优良。如 1960 年代地形地貌可见湖群中的“岛状”高平田与低地荡田镶嵌。根据农业土壤史记载，低地荡田测量高程为 3.2 米，近泖河局部地段测量高程 2 ～ 3.2 米，少量高平田测量高程 3.8 ～ 4.2 米，局部地区与河道平均水位高程相当，甚至更低。而围筑戗岸，高低平衡地垦造圩田，是因地制宜的空间利用方式。与 2020 年后的航拍比较，在湖荡密布的地带，乡村聚落布局呈团块状集中，在地形上属于湖荡中间的“岛状”高地，是早期成形的陆域。人们发现这个岛状高地最为适宜居住，并延续至今。

航拍中的传统湖塘戗岸保留较为完整，从农田中种植作物的水深不同，可以分辨出高低田地不同。由于植物呈现田野绿色的不同色泽、质感，各种浅的深的，偏黄的或者偏暗的绿色田块相互围绕、镶嵌分布，带来丰富的乡村景观感受。结合现场踏勘，发现圩田中体现了古代高低农法原则，最低高程的田块在中央，河塘溇沼周边分布，逐步增高至圩岸边，保留较为完整。

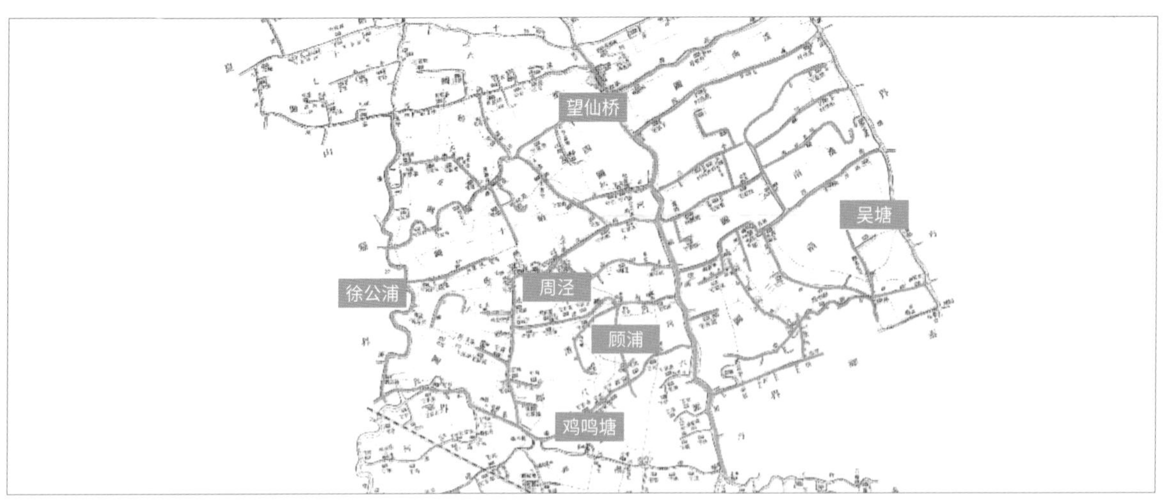

基于《嘉定县续志》1930 年望仙桥乡、钱门塘乡、安亭局部的河流形态

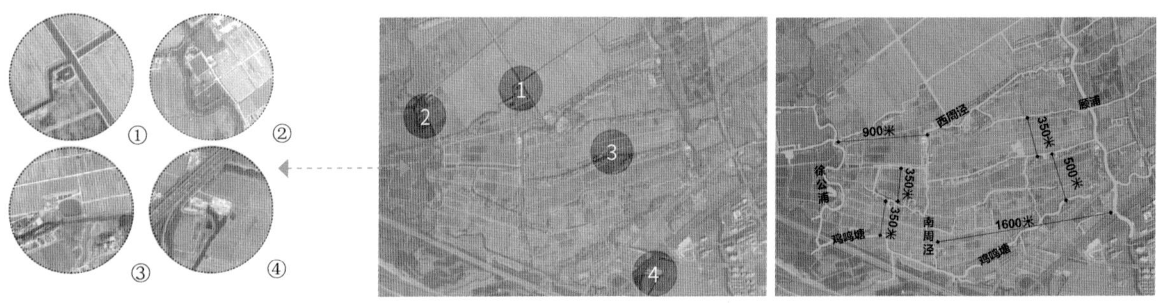

河道弯曲，塘泾形成湾塘

嘉定周泾村

接近冈身地带圩田特征分析示意

基于 *The Junks & Sampans of the Yangtze* 的河流形态

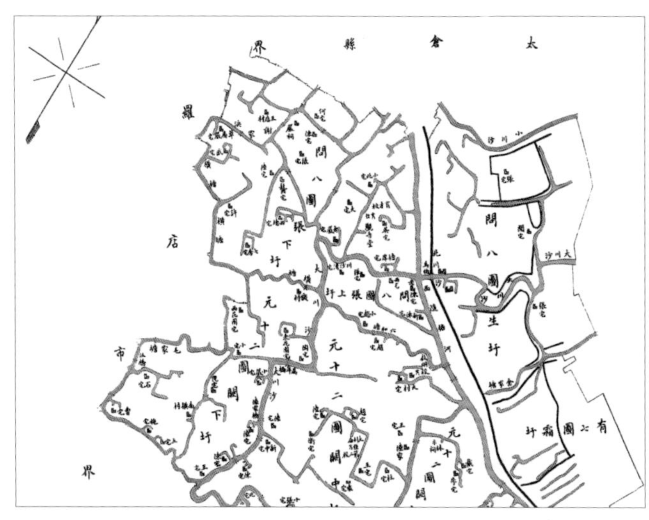

基于《嘉定县续志》（1930 年）盛桥乡图河流形态

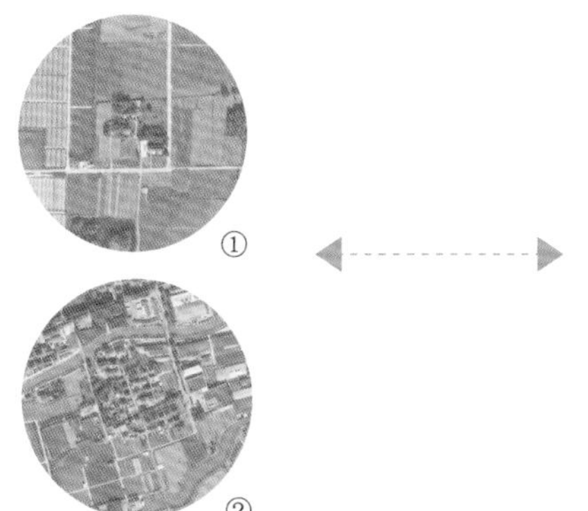

嘉定伏虎村

冈身以东地带圩田特征分析示意图

湖荡圩田 —— 圩田演变：小圩大圩、联圩治水 / 从湖荡圩田到塘浦圩田 → 塘浦圩田

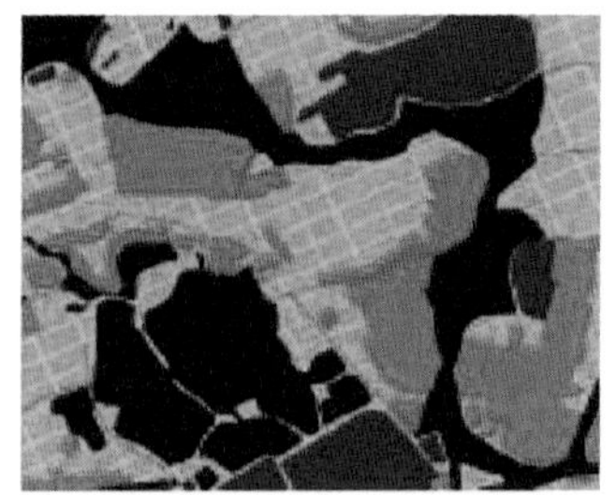

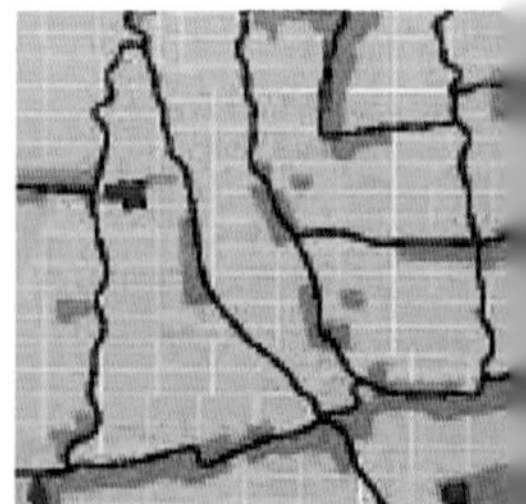

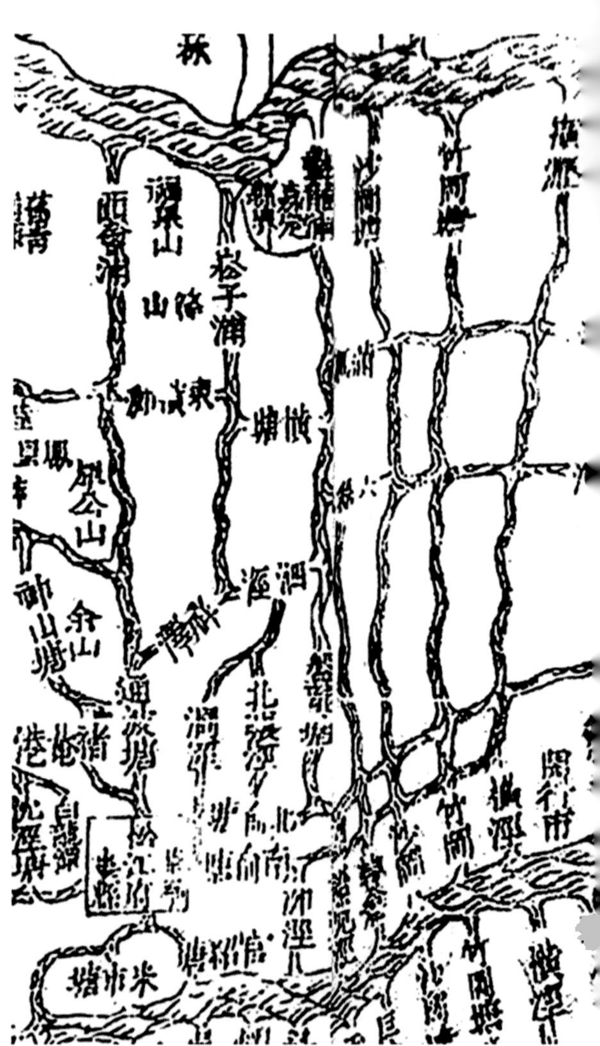

典型圩田的特征分类示意

灶港盐田

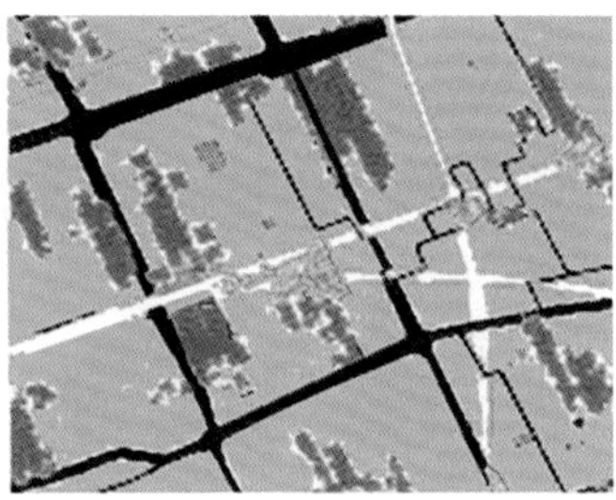

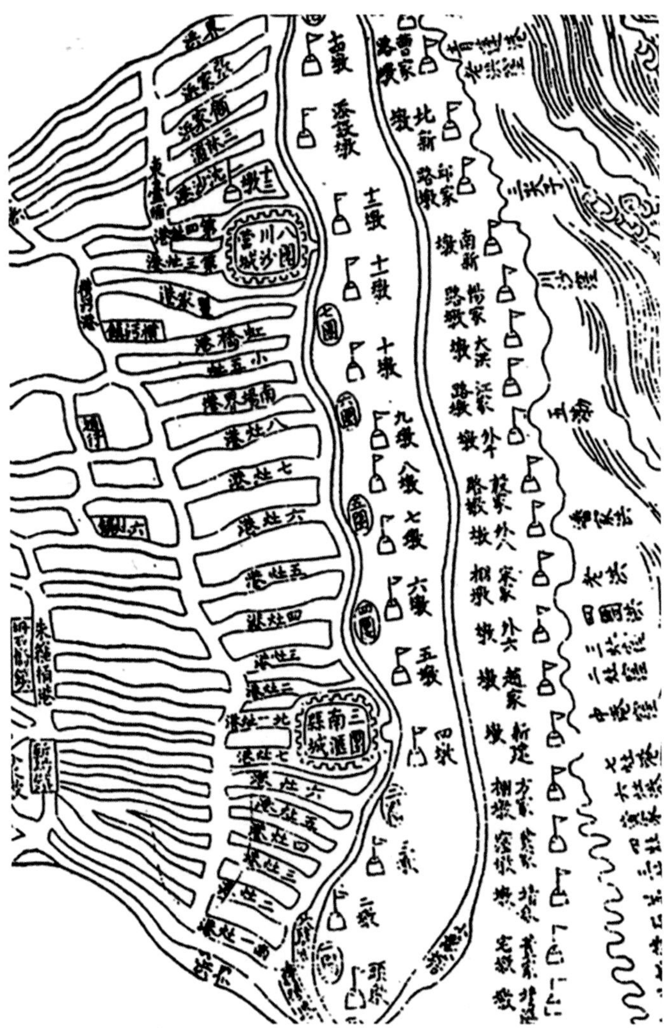

（3）圩田演变：小圩大圩、联圩治水，从湖荡圩田到塘浦圩田

乡村空间的田、湖、塘、河等均为历史上人们通过不同的方式适应、利用自然的结果。“高田所患在旱，下田所患在水。”古代人们已经认识到，松江府地势较高的地方怕旱情，而地势低的地方怕水淹，适宜做堰以阻挡水患，所以曾积极提倡联圩，以大范围的边界修筑围堰等设施，防止倒灌，同时保留一定的内部溇沼、水塘，以泄水防洪。这些地势低的地区现今河边仍保留较多水闸、排涝站。

冈身以东地势较高，水流不畅，河道形态曲折蜿蜒。从西向东疏浚塘浦、开挖河浜，帮助疏导，塘浦圩田逐渐向泾浜圩田变化。泾浜作为末端支流，对水利灌溉具有较好的调蓄作用。圩田利用与弯曲河道相邻的湾塘调蓄，灵活适应，化害为利，形成泾浜圩田体系。这一地带容易干旱，通过水的提升与拦截，用以灌溉种田。现代农业水利设施多为水泵和灌溉渠道等。

例如，位于宝山、嘉定的浏河南岸的乡村，受滨海及河流水文影响，河道更蜿蜒，水流更弱，自然的河道呈现出更多小泾浜与末端支流的形态。这种形态可以对比1950年代的外国图书、民国老地图上描绘长江三角洲地区的河道等资料，两者的高度相似性，印证了当时上海大部分地区具有小泾浜河道特征。

青浦区乌家荡北

3.4.3 渔作——兼业生计，互利互助

1. 渔作生产历史

其最大者曰罛船，亦名六桅船，不能停岸，不能入港，篙橹不能撑行，专候暴风行船……其捕鱼联四船为一带，两船牵大绳前导，两船牵网随之，常在太湖水深处。次之曰大三片蓬，亦装六桅，专借风力，舟之长短大小，与罛船仿佛，捕鱼则用拖网

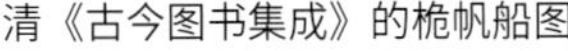

清《古今图书集成》的桅帆船图

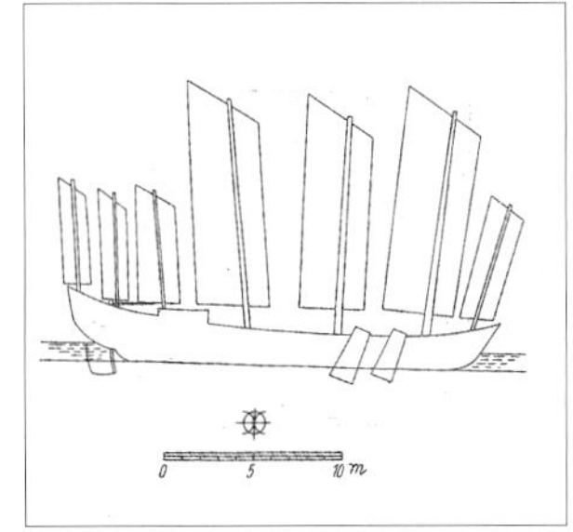

太湖沙船

太湖、湖荡与河道浅水船型分布

又有所谓张网船者，两舟并肩而行，船首各张巨网，往往逆水而行。每舟树桅三支，吃水较浅，故近岸之处，亦能行驶……打网船、油丝网船等，则船身既小，吃水不深，往来于太湖沿岸，行止更不一定

清《古今图书集成》的小船图

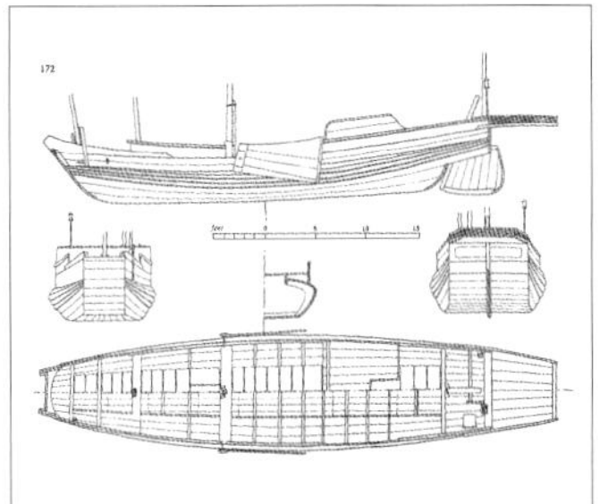

The Junks & Sampans 中的摇网船

航船特征与分布示意

古代渔业生产

太湖流域附近多平原浅水湖泊，具有丰富的渔业资源，岸线曲折绵长，水流平稳，成为渔民的生产作息的安全港湾。湖中捕鱼为生的太湖渔民数量众多，以规模生产、合作捕鱼方式为主，而上海位于太湖东部下游，并无大面积的湖泊，周边低地湖荡区、滨海区居住的是兼业渔民，分散个体捕捞居多。兼业渔民是指，农民不仅从事捕鱼，还同时从事耕种和其他副业，渔业只是附属于农业的一种副业形式，而且主业和副业密切相关。

据 1934 年 6 月出版的《湖属土产调查》，太湖沿岸“北起长兴夹浦，南迄吴兴南浔，曲折二百余里，皆为渔船出没之所。”渔业作为江南主要生活方式的基础，分布非常普遍和广泛，上海地区通常捕鱼作业活动在章练塘、大蒸、小蒸周围的河荡里，船居的兼业渔民，各自组合，采用流动分散的捕捞方式，漂泊江河，日暮宿船，习惯上也被称为“连家船渔民”。

惟有少数渔户，终年船居，为浮家泛宅焉。

——《章蒸风俗述略：居家现状》

西南水乡，田腴值贵，其农民之无田播种者，多以捕鱼蟹为业。

——《青浦县续志》1934 年

《上海渔业志》回顾古代捕鱼情况，描述渔民在江河湖泊和沿海地区采用传统工具进行的捕捞，其中以“沪”或“扈”较为普遍。唐陆龟蒙《渔具诗》“扈”序云：“列竹于海，曰扈。”《初学记》引梁顾野王《舆地志》云：“扈业者，滨海渔捕之名。插竹列于海中，以绳编之，向岸张两翼，潮上即没，潮落即出，鱼随潮碍竹不得去，名之云扈。”

地点

青浦区李家荡的渔船

青浦区俞汇塘的渔船

据宋代晁补之的《捕鱼图序》辑录，“古画捕鱼一卷，或曰王右丞草也。纸广不充幅，长丈许，水波渺弥。洲渚隐隐见其背，岸木葭菼向摇落。草萋然始黄，天惨惨云而风，人物衣裘有寒意，盖画江南初冬欲雪时也。两人挽舟循涯，一人篙而下之。三人巾帽袍带而骑，或马或驴，寒峙肩拥袖者。前扬鞭顾后揽辔语，袂翩然者。僮负囊，尾马背而荷，若拥鼻者。三人屈竹为屋，三童子踞而起大网。一童从旁出者，缚竹跨水上，一人立旁维舟，其下有笱者。方舟而下，四人篙而前其舟，坐若立者……人物数十许，目相望不过五六里，若百里千里。右丞妙于诗，故画意有余。世人欲以语言粉墨追之，不似也。”这一段关于古代捕鱼图画的描绘，生动地记载了捕鱼的场景，几位渔夫乘舟于江上，其时水波渺弥，岸边葭草萋然略有寒意，大概是江南初冬快要下雪的时节。渔夫和童子互相配合，或者奋力拽竿起网、收笱，或者系舟、撑篙，或是忙碌布网等。

上海古称“扈”的捕鱼工具

乡村河道中的捕鱼活动

晁补之后面补充道：“……舟、楫、梁、笱、网、罟、罾、罩，纷然在江，然其业廉而事佚，故无市廛争利意。”其中的梁、笱、网、罟、罾、罩，泛指捕鱼具。梁，是指水中所筑捕鱼之坝；笱，捕鱼之具。笱，是安放在堰口的竹制捕鱼器，大腹、大口小颈，颈部装有倒须，鱼入而不能出。网罟，罾罩，是古代捕鱼的技法，利用潮差捕鱼——在开始涨潮时将渔网系在一列竹竿上，鱼虾蟹类随着涨潮游进网中，等退潮时，渔民即收网上岸。“蟹簖”中的“簖”是将毛竹剖成篾条后，再编成栅栏插立在河中的捕鱼捉蟹工具，虾蟹随潮水进入其内，潮退时被拦住捕获。上海古简称为“沪”，其字意来源为竹编的捕鱼工具。历史上也经常以“沪”“簖”“网罟”等描述渔作人家的意象，除此之外，渔具、渔法名目繁多。

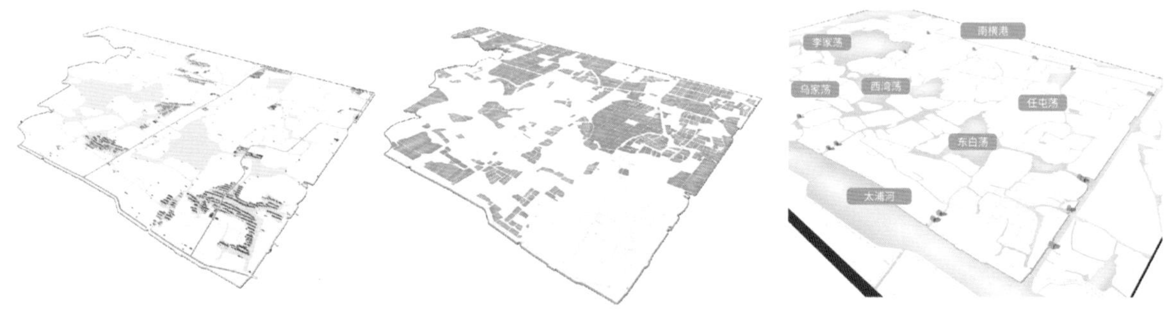

塘、荡、村空间关系示意图

青浦区西家浜村

深秋泖上一经过，蟹舍鱼罾处处多。

——（明）沈明臣《泖上》

过埭六七里，并江三四家。潮生鱼沪短，风起鸭船斜。世守桑麻业，长无市井哗。

——（宋）陆游《村舍》

江村烟水远，茅屋两三家。断岸垂衰柳，疏篁隐细沙。田畴剩粳稻，网罟足鱼虾。不识宦游味，见人还叹嗟。

——（宋）李纲《田家·江村烟水远》

从诗句中可以看到，渔沪人家三三两两傍水而居，是江南乡村的典型意象。清沈蓉城《枫泾竹枝词》写道，“三更竹簖篝灯字，几处渔罾革舍俱”，描绘的是，渔民特地设在簖具上用来吸引虾蟹等水生动物的油灯，夜里倒映在河面上光影点点，别有几分惬意。

2. 渔民活动与水乡民俗

作为上海及太湖水乡非常普遍的生产活动，渔业生产为当地带来丰富的水乡民俗。水乡民俗活动包括船拳、摇快船、簖具制作、泖蟹饮食等。渔民常用的渔具、船网等构成水乡河道中最为生动、广泛地利用自然、适应自然的乡村意象。上海地区水系河道上溯太湖、下通长江，由于古时候水面不收税，虽舟船捕捞有风浪艰险，但对比农田耕作来说，渔民少了一些压迫之感，故当时对渔民生活的描绘是一种更为自由的状态。

描述渔家生活较多的要数张志和的五首《渔歌子》，其中“钓台渔父褐为裘，两两三三舴艋舟。能纵棹，惯乘流，长江白浪不须忧”所描述的是江南渔民自由来往河湖水系之间的场景。“雪溪湾里

摇快船

船拳

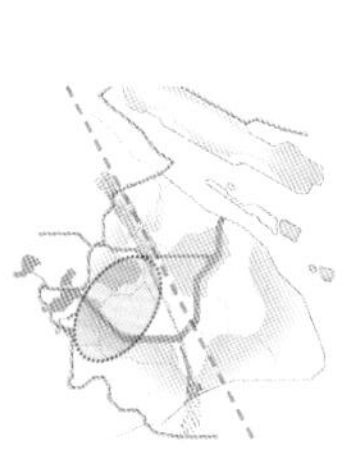

簖具制作技艺

练塘太北村河

顾巷镇

青浦区练塘镇圩田风貌

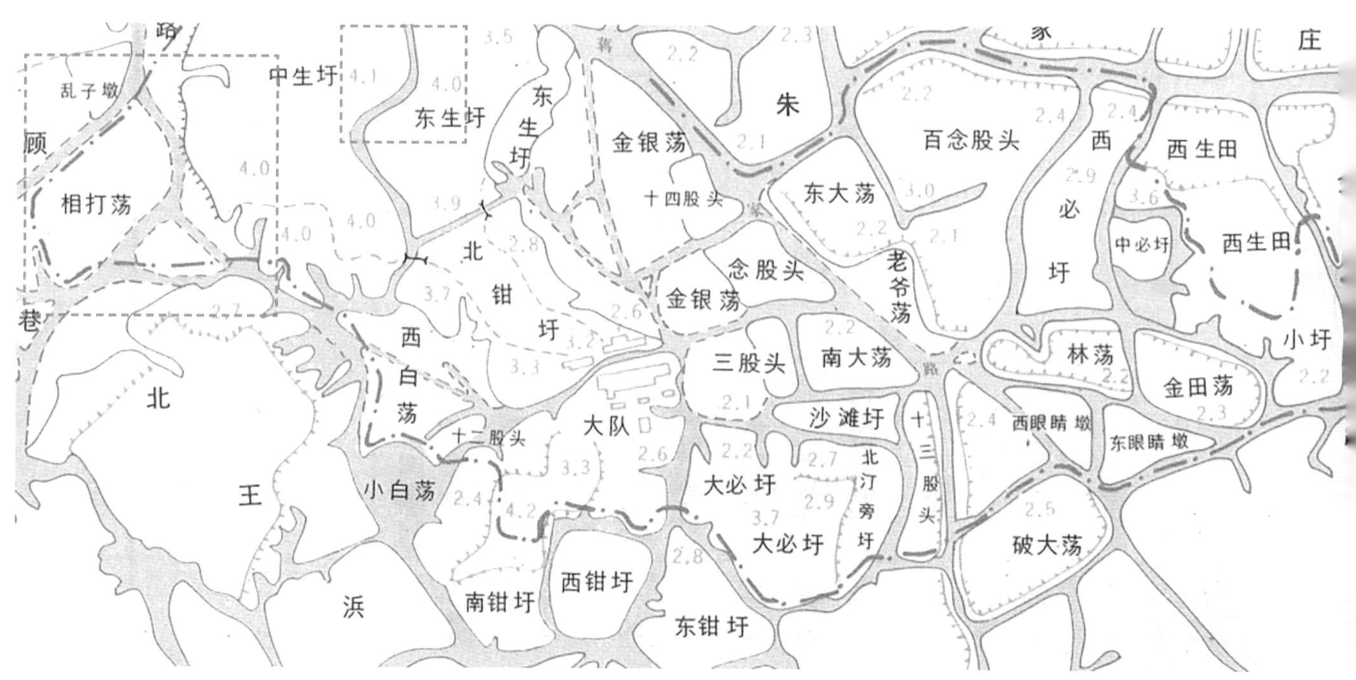

20 世纪 60 年代青浦练塘乡林家草村圩田改造记载与现状图

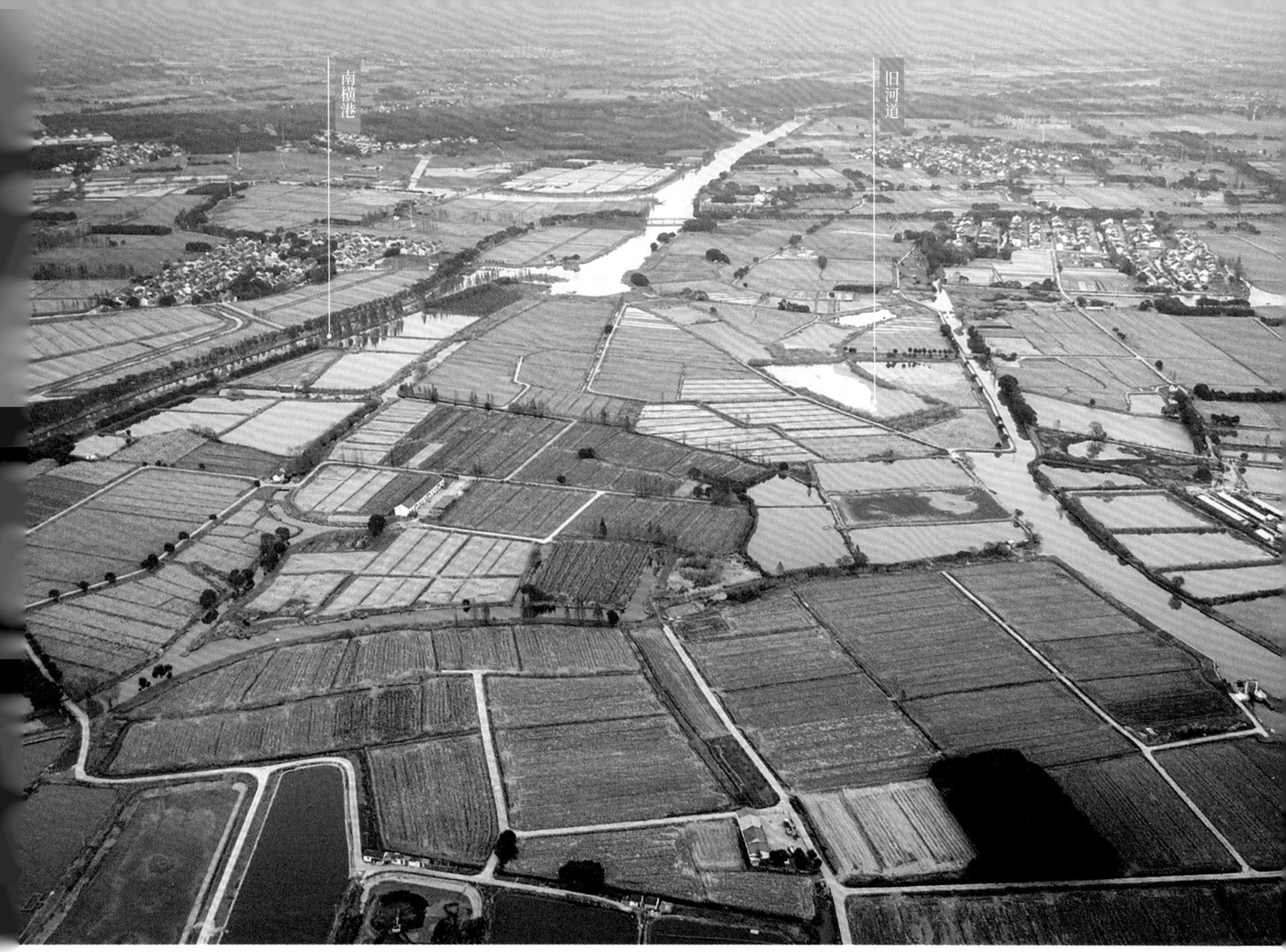
南横港
旧河道

练塘乡林家草村现状图
北
干
庄
顾
巷
朱家庄
朱
中
枫
泾
心
顾
林
港
村办厂
金
田
公
北

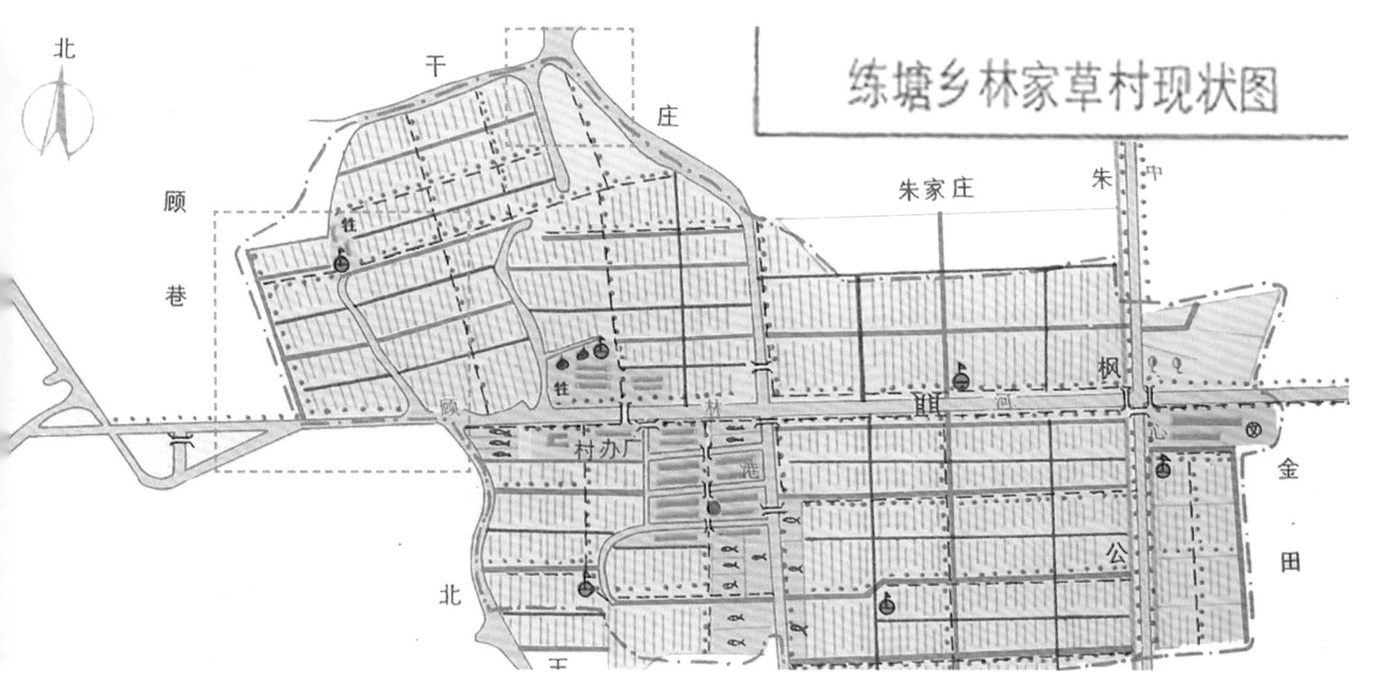

钓鱼翁，舴艋为家西复东。江上雪，浦边风，笑着荷衣不叹穷。”诗中描述的是渔夫以船为家，常常在雪中垂钓，风波中往来，友人吟唱，兴尽泛舟，反映了文人想象中的一种人与自然互动的审美意境。从某种程度上，渔翁的生活是隐逸的，更是令人向往的。唐代僧人德诚有诗，“千尺丝纶直下垂，一波才动万波随。夜静水寒鱼不食，渔船空载明月归。”德诚，又称船子和尚，曾泛舟于华亭、朱泾之间，撰写《拨棹歌》三十九首，吟咏渔人生活，寓以佛法禅理。“松江蟹舍主人欢，菰饭莼羹亦共餐。枫叶落，荻花干，醉宿渔舟不觉寒。”描述的是渔家饮食，其中提到的松江蟹，主要是指三泖河荡中的河蟹。历史记载，秀州华亭出于三泖者最佳，生于通波塘者特大——泖蟹，就是现在的毛蟹，当时是水乡的一道特产美食。

据姚晋锡的《鸳鸯湖棹歌》，“鱼乐国前采鱼藻，钓鳌矶上望鳌峰。”采鱼藻、养鱼、养殖，是当时乡村河道水系附近村民的主要生产活动。太湖沿岸河流的泥沙有较丰富的营养物质，藻类植物会在环境允许的条件下增多。自清代开始，人们捞藻类为鱼草，进行淡水养殖。

3. 多元功能的水系空间

随着社会分工的发展，渔业与养殖业、圩田种植业、蚕桑业等相结合，利用天然河道的捕鱼方式与利用圩田堤岸的种植，形成鱼塘、湖荡、圩田的乡土空间肌理，也形成田、塘、水、林之间的生态链条循环，体现了多元复合利用的空间智慧和生态智慧。

湖泊、河道除了捕鱼，也是乡村农业的重要生产作物来源。历史上水乡人民把水面视作跟陆地一样的生产活动空间，所谓“彼湖亦田也”。例如，农家日常生活所需的薪柴除了稻草，主要来源于在水面滩地种植的芊戈。芊戈即芦苇、茭草一类的水生植物。不同深浅的水里，也可以种植茭白、茨菇、荸荠、荷、菱等丰富的农作物。

清代钱泳认为，乡村水面利用率较高，“三吴圩田，亦在在皆有。农民习懒性成，惟知种苗禾，种豆麦蔬菜而已，其有水者则弃之，何也？余以为水深三四尺者，种菱芡，一二尺者，种芰荷，水不成尺者则种菱白、茨菇、荸荠、芹菜之属，人能加之以勤俭，虽陂湖亦田也。”这段描述的是乡村农业不能只知道种禾苗稻谷、蔬菜豆麦，碰到水塘就放弃不用。因为水深三四尺是可以种菱芡的，深一二尺可以种芰荷，浅水湿地可以种芹菜等。如果人们勤快地加以利用，则湖水也是跟农田一样可以进行各种生产的。

清杨园先生《补农书》记载“种芊戈一亩，极盛可得万斤，则每日烧柴三十斤之家，可供一岁之薪矣。”茭草，古代称菰草，叶锋如利刃，可刈为薪。此外菰米为古代美食，菰草与芦苇、水杨等植物还

练塘水田中的茭白采收情景
来源：《新闻周刊》

有停淤留泥、防浪护堤的作用。

田、湖、塘、河之间既是生产系统的体现，又是重要的乡土景观。生产彼此结合，因地制宜，废物利用，从而产生了更高的综合效益。

据《农业水利史》载，“乡村农家主要的肥料原来是河泥，由于水草、菱秧、河泥、螺蛳等资源丰富，农民取得这些东西，成本低、时间省、收效快，所以1956年以前，这里的农民根本不用化肥。”

历史上江南士人对生物群落演替原理的观察，多有著述，并从中总结规律，阐释了田、塘、水、林、村之间发展的时空演替合理配置。

光绪《常昭合志稿》卷四十八轶闻记载，“……居乡湖田多洼芜，乡之民皆逃而渔……凿其最洼者为池，余则围以高塍，辟而耕，岁入视平壤三倍。池以百计，皆畜鱼。池之上架以梁为笼舍，畜鸡豕其中，鱼食其粪又易肥。塍之上植梅、桃诸果属。其汙泽种菰、茈、菱、芡。可畦者以艺四时诸蔬，皆以千计……月发者数焉，视田之入又三倍。”记述中，人们发现如果在耕地旁边开挖水塘，塘边可以养一些鸡鸭鹅猪，养殖业肥料可以作为水塘鱼类的食物，塘基岸上可以种果蔬，水塘的浅水湿地中种植菱芡等，每年收入可以达到平时三倍。类似现今的果基、桑基塘，或是鱼稻、鸭稻田，物质循环相互利用，又能互相促进。

张履祥《杨园先生全集》卷六《荐辛丑与曹舍侯》：“勤农贪取河土以益桑田，虽不奉开河之令，每遇水干，争先挑掘。故上农所佃之田必稔，其所车戽之水必深。盖下以扩河渠，即上以美土疆，田得新土，不粪而肥，生植加倍，故虽劳而不恤。”这段描述的是勤快的乡民最喜欢从河中挖取河土为岸上的圩田进行施肥，无需疏浚的官方指令，人们都争先挑泥。挖泥既有利于河渠保持通浚，也有助于田土增肥。所以如果河道的旁边是常年有人耕作的农田，那这条河常年能够保持水清河深。

明末徐光启《农政全书》卷四十一《牧养》：“作羊圈于塘岸上安羊。每早扫其粪于塘中，以饲草鱼，而草鱼之粪，又可饲鲢鱼，如是可以省人打草。”与桑基鱼塘类似，人们发现耕地和养殖业可以充分利用湖荡、塘浦等水系空间，不仅仅陆地的田可以耕种，水面也是“田”，是一种多元复合的空间，山羊以及草鱼、鲢鱼等不同种类的养殖业可以形成良好的食物链能量转化。

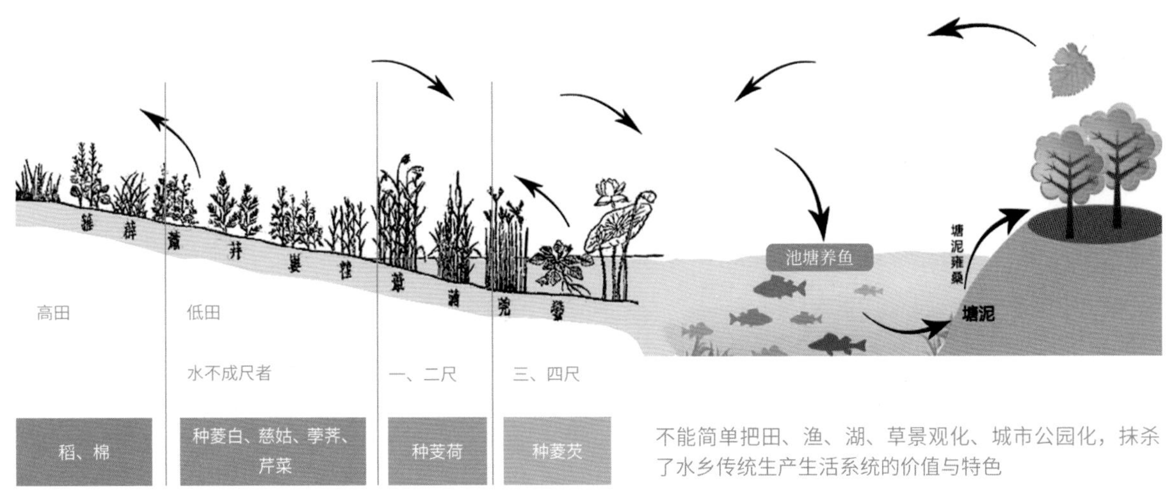

不能简单把田、渔、湖、草景观化、城市公园化，抹杀了水乡传统生产生活系统的价值与特色

渔作与耕作、其他农业生产之间循环关系示意

地点

青浦区徐李村局部典型农业生产的农田湖荡肌理

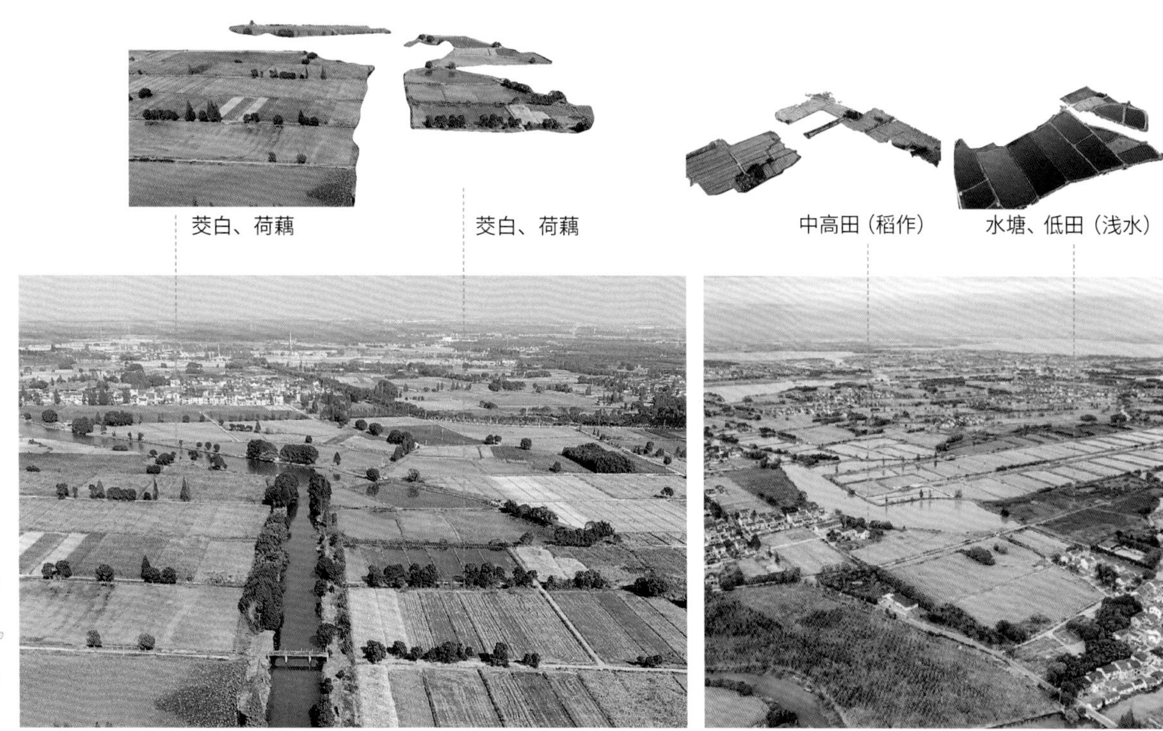

经过 20 世纪 80 年代圩田整治的田地景象

不同时期圩田高低合理利用
湖荡河道、水塘渔业、低中高田

3.4.4 水乡生产空间演变

乡村生产活动，是一种反映自然地理、经济生产等因素与乡村空间组织之间联系的线索。在经历历代水利和农田的治理实践后，形成多样化的河道与圩田生产条件影响下的乡土肌理特征。尽管乡村农田经过多次改造，今天仍然可以发现传统对地形的适应性利用。例如，青浦林家草村一带曾在1960 年代进行圩田改造。地方志的图片显示，改造后，村庄农田增加了纵横河道，村民根据传统原理利用空间，依据原水面、塘浦的高低关系进行不同的生产作业。低高程水面、原河道作为水塘养鱼，湿地水塘种菱茨茭白，更高一些的田地种植水稻，在一定程度上延续高低作物、分层利用的规律。改造后，在 2020 年航拍图片中可以清晰识别出，原来河道的印记。因为乡民们知道，这些低洼水道最适合作为水塘、湿地使用，而原来较高的地势作为稻作、蔬菜等不同作物种植区，秋冬季的清淤河泥辅助种植土的培肥。

20 世纪五六十年代，湖荡开辟为国营农场和养殖场，政府按照对耕作的管理方式对渔作进行管理，限制河道捕捞，渔民逐渐转变为池塘养鱼或改为从事其他农副业。当传统的鱼－菱－肥式生态系统被单一封闭的人工养鱼系统替代，随之而来的是野生鱼产量与生物多样性的下降，以及农田所需的有机肥源被切断。田、湖、渔、草、林相互割裂，原本良好的生态自循环体系被打破。相关资料显示，在湖荡野生鱼的产量骤然下降时，一方面河道湖泊禁止乡民像以往那样挖泥作肥，导致农业不施河泥改为施化肥；另一方面河流淤泥仍然需要委派定期人工清淤，但是整个水生群落、微生物无法进入良性的农业生态循环，导致水系面积萎缩、水质污染、富营养化及生物多样性丧失等问题。

低乡乡村单元肌理举例

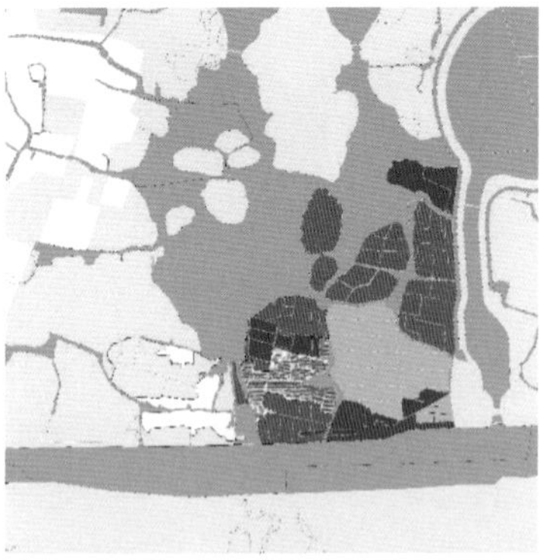

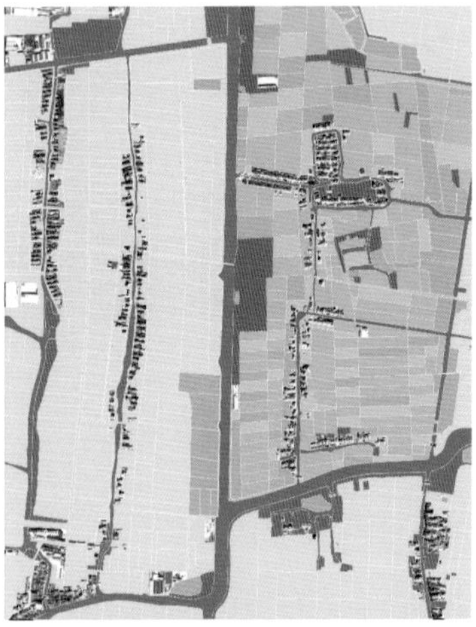

高乡乡村单元肌理举例

半高田地区纯排站——城南顾圹站

低洼圩区周市乡水利设施

20 世纪 50 年代兴建的叠梁式圩口闸

乡村肌理特征示意

近年开始对水系改造方式进行反思，重视治理河湖水质，但是由于分工不同或其他客观条件等原因，对水生态系统真正修复还有一段很长的道路。田、水、渔、稻、村……这些乡村要素，承载着劳动生产中人们对江南环境中生态关系的认识，水乡民众的生产智慧体现了对不同高程、水位的田地实现因地制宜、循环利用。

历史上上海乡村中的生产活动，顺应自然地形地貌并加以利用，逐步形成的乡土景观、地貌肌理，体现着传统智慧、地方知识的广博和实际，比如水患排涝、田间看苗、河泥互肥等，还有许多简单实用的江南农具、因地制宜的水利农业设施。由于棉纺、稻作与副业之间的商品交换，构建了产业与市镇之间广泛紧密的联系，使得城乡文化同步融合，江南城乡生产对因地制宜、复合利用的重视，对整个地区经济发展起到积极的作用。

地点

2020 年卫星航拍的林家草村低田、水塘、河道的分布示意

3.5 乡土民居

——乡村传统民居分布

——民居与聚落

——乡村传统民居特征

江南文化和经济地理格局都曾经深深影响着上海的地域建筑，乡土民居的建构方式是人们对于自然地理环境的“直接回应”。对上海地区乡土民居的比较分析可知，民居在平面布局、结构形式、立面及装饰上的差异，反映了自然地理、经济生产等因素与建筑空间组织的联系。如在平面布局上，滨海盐田地区绞圈民居开间较多、规模较大；而湖荡水乡、淞北高乡民居则较为紧凑、规模较小。又如，结合结构形式来看，崇明沙岛民居的四汀头宅沟及淀泖淤田一带的四坡落舍特征，均缘于对当地特殊自然地理环境的应对。

3.5.1 乡村传统民居分布

以方言区、人类学及历史地理学区划为基础，相关学者提出，风土建筑的谱系可以大致通过历史上的行政中心为代表地点，绘制出一个传统民居建筑特征及其空间分布的基本图景。《上海乡村传统建筑元素》一书，以冈身松江传统建筑文化圈、淞北平江传统建筑文化圈、沿海新兴传统建筑文化圈、沙岛传统建筑文化圈为主线，概括论述了上海乡村传统建筑的特征。

对于上海来说，一方面传统建筑风格研究提出，其属于“吴语方言区—太湖片—苏沪嘉小片”，苏南浙北和上海地区的局部都可被看作环太湖区域的扩大。沿用《营造法原》作法的香山帮匠作系统，从当时的江南经济文化中心苏州，逐步向外辐射，造就了江南水乡地区最为广泛普遍的民居形式。另一方面，近代开埠之后受中西文化交汇的影响，在上海市区大量建造的石库门里弄被认为是最具本地特色的民居建筑代表。苏式营造为主的传统江南民居与近代里弄两种建筑形制在松江府华亭县、上海老城厢等地区的分布，主要顺应着上海自西向东海岸线拓展，及由此引起的行政建制扩张、人口经济发展的时空方向，呈现出“内溯太湖、外联江海”的脉络特征。而外围乡镇地区中的乡土民居，除了在资金投入、品质要求、知识阶层的参与、市场的专业化等方面的差距，微观地理环境及其造成的生产生活方式的差异，是影响乡土民居建造形式更为直接的因素。

青浦区朱家角民居

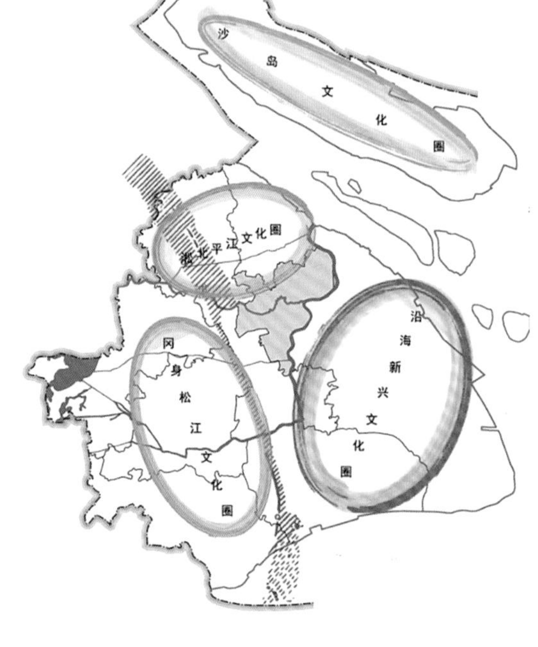

传统建筑文化圈是区域建筑风格谱系下的划分示意图
来源：《上海乡村传统建筑元素》

3.5.2 民居与聚落

1. 平面布局

1）一、二进民居

单屋与一、二进的小型民居，在冈身以西地区，如吴淞江以北、湖荡水乡等地均分布广泛。此布局与俗称“一正两厢，三间五架”的苏州民居近似，由三开间的房屋围合成院，前后以厢房相连。厢房建于一侧为单厢，建于两侧为一正两厢。规模较大者，另设前厅“墙门间”作为入口，正房之后设后院。如果是用地宽敞的农村地区，还会在后院里修建猪舍、禽舍。一些地区将每排房屋称为“埭”（音dài），庭院称为“庭心”或“场心”。

（1）“门”字形合院

这种合院普遍以“厅堂”作为交通转换空间，房间之间在室内形成流线，厨房炉灶在后院辅助用房中或者在正堂侧后部。比较讲究的厅堂，会在庭院一侧采用装饰性较强的轩廊设计，面向庭院设仪门或墙门，使空间层次更为丰富。

（2）“凹”字形合院

与“门”字形合院相反，金山、松江及青浦南部分布的“落舍（金山、平湖方言也称“厍”）屋”常见为“凹”字形合院。平面组织上，入门仅有门前微凹进半米左右的“廊厦”小空间，便直接进入堂屋，通过堂屋进入后院。内部流线普遍以“庭心”及环绕的过道串联房间，房间的分隔和入口位置也较为灵活，更多直接朝向庭院过道开启。单埭的落舍堂屋一般为三开间，心间为客堂间，两侧次间称为“落叶”，后院两侧为厢房。两埭的落舍屋则在前埭屋设墙门间作为入口，后埭屋设客堂间。庭院位置更接近北面厢房的灶间，与生产相关的用途更多。

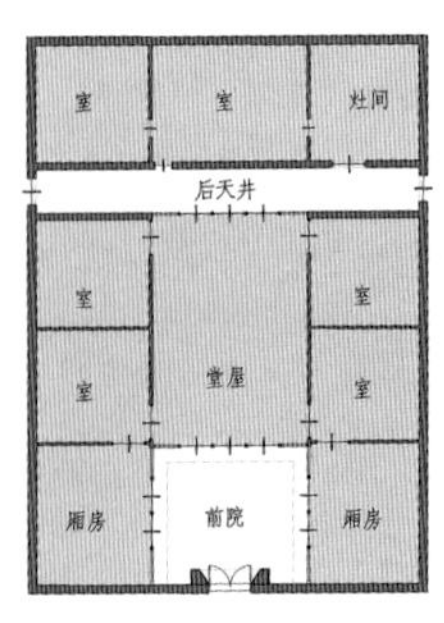

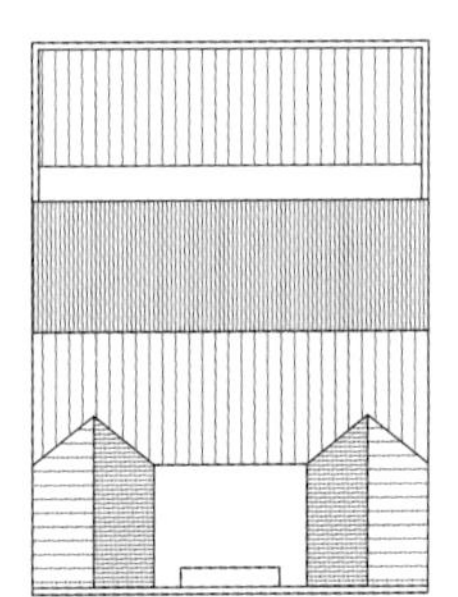

“门”字形合院

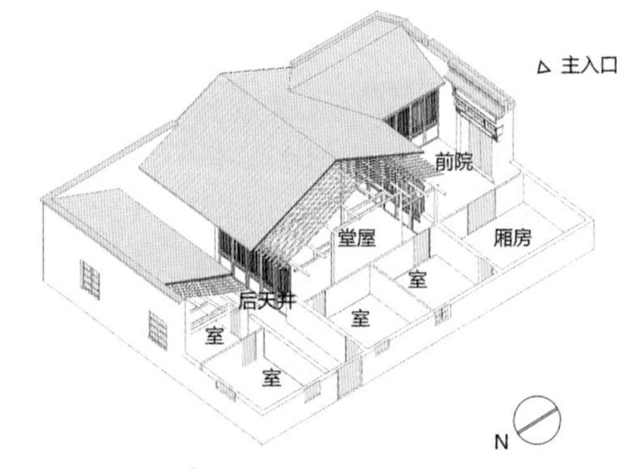

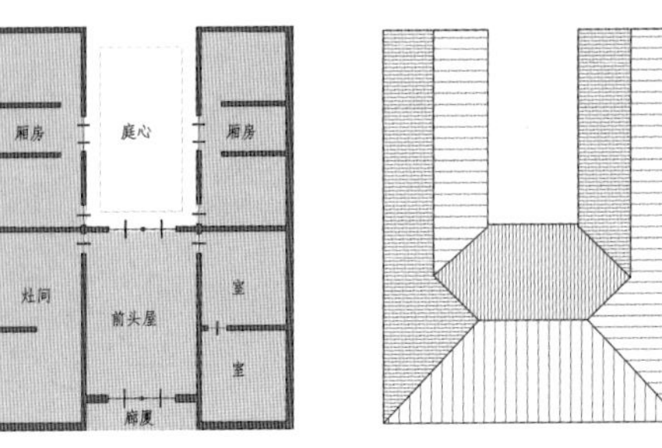

“凹”字形合院

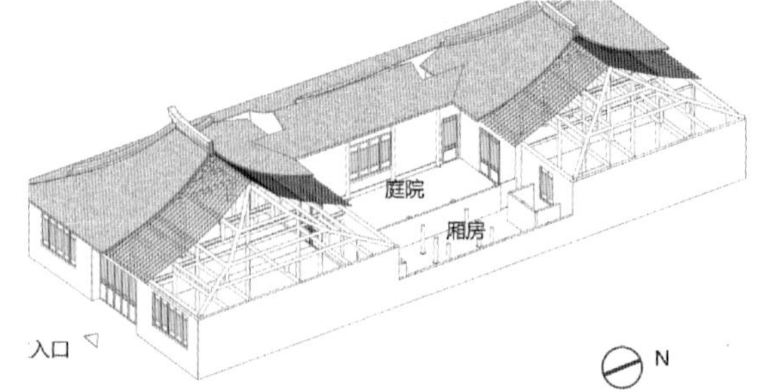

合院示意图

青浦区朱家角民居

2）多进民居

在一、二进院落基础上向纵深发展形成多进院落，往往是乡村、村镇中更为富有的人家。有的堂屋、楼厅前正对的砖细仪门、墙门楼，更为高大精美，多用灰塑、砖雕，并常常采用砖石仿牌科斗栱样式，彰显主人的财富与地位。厅堂前，面向庭院一侧设有轩廊，比普通人家的装饰性更强，形式变化更多样。

崇明沙岛地区的三进二场心四汀头宅沟是一正两厢多进民居的一种形式。前屋、正屋与两侧厢房前后分开，屋檐互不相连，更接近北方布局。环绕该类民居常有四周水道，在宅后开池塘，主要为御江流水患可抵御水患海潮，其中还可饲养鱼鸭并兼防盗、防火作用，当地称为“四汀（厅）头宅沟”。宅沟是崇明民居特征。崇明地区在发展过程中广筑官坝，逐步稳固土地，避免朝田夕没的水文灾害。从崇明现存文物类型和数量上，水闸特点十分显著。一般来说，经济宽裕者四沟环绕，经济拮据则仅掘东西向一沟。

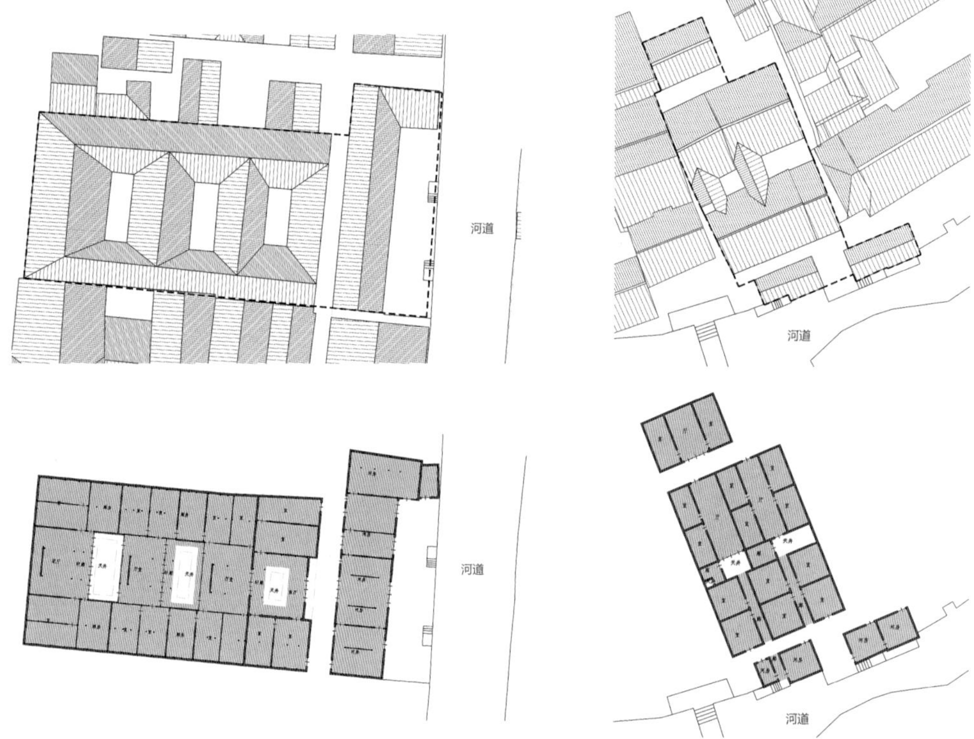

多进沿河民居示例

金山吕巷民居
来源：《金山·海派文化与吴越文化的融合》

崇明倪葆生宅

3）多开间民居

在滨海盐田地区中，更多地分布着大型多开间合院民居。这是一种庭院开阔、横向展开达五至七开间，甚至九开间的大家庭居住的合院。由于这种房屋四边围合开间较大，合院平面轮廓的长宽比接近1∶1，加上正厢房均为四向斜坡屋顶，两厢屋脊、前埭屋脊与后埭屋脊远看高差不明显，近似接连成圈，当地人称为“绞圈房子”。

从平面布局看，多开间合院与“凹”字形合院落舍屋较为接近，以环绕庭院的过道串联房间。入灶间一般设在后埭两角，视取水或环境条件而定。这样的平面，使得宽阔开敞的庭院成为大家族共享的公共活动空间。如果家庭规模扩大，可以在此基础上向东西两侧横向延伸，以窄长的小院连接扩建的第二排厢房、长屋。例如，浦东旗杆村顾宅即呈现出东西两侧分别扩展的平面布局。

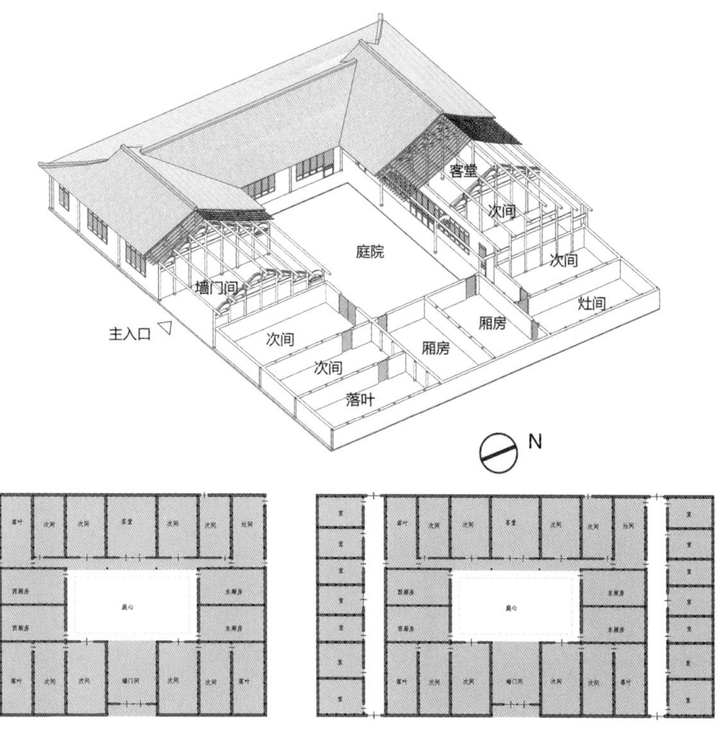

多开间民居示例

浦东艾氏民宅

闵行庞家村民居

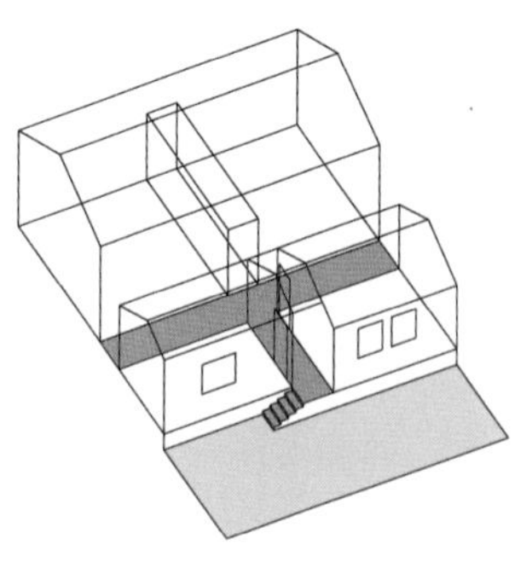

揽水

依廊

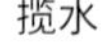

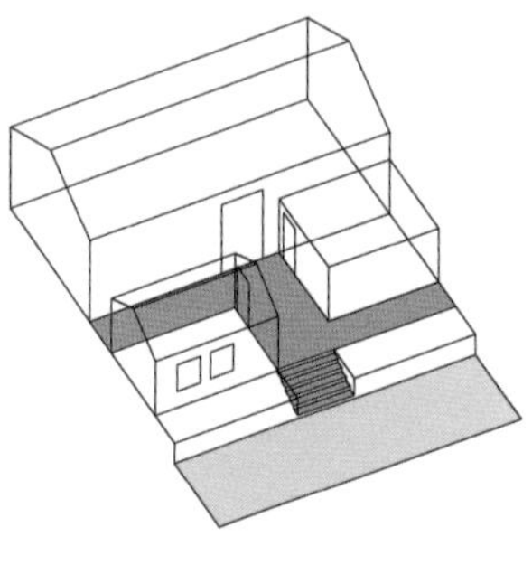

悬挑

坐靠

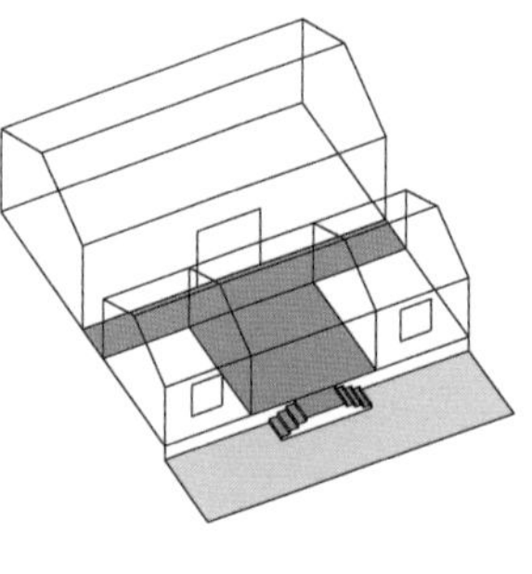

敞台

旁入

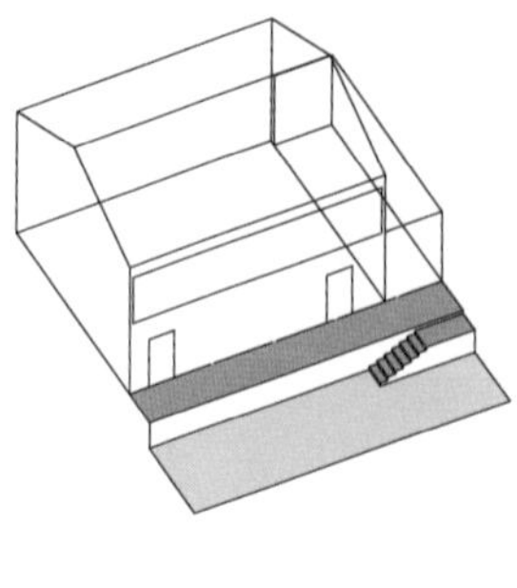

凭临

侧弄

民居立面虚实变化的形式语言

2. 立面体量与材质

粉墙黛瓦是江南水乡民居留给人们最深刻的印象，尤其在水面倒影衬托下，木色墙板、木门窗与粉白砖墙、小青瓦屋面构成一幅天然的水墨画。

从立面材质上，民居建造材料不施彩绘，用青、黑、褐以及竹木自然色与白粉墙、条石等相组合，素雅质朴。至清代末期，上海虽较多出现西方建筑工艺，仍然保持大体基调，只有局部采用彩色玻璃或水泥地砖等。民居砖石作、木作、瓦作就地取材，古朴自然，讲究材料本色质感，其实质蕴含工序众多，宛若天成。

从屋顶形式上，上海民居有双坡硬山、悬山、四坡落舍、四坡局部歇山等丰富造型，硬山墙还有观音兜、马头墙等样式，屋脊为传统的雌毛脊、甘蔗脊等。正立面或沿街、沿河等长立面，与苏式民居一样，主要是木门窗和局部砖砌窗槛墙。一层外墙通常以砖墙外粉石灰为主，浦东滨海、崇明沙岛的民居也有在砖墙外用竹片或芦苇杆覆面的，再施以石灰面层；二层则稍做外挑，以木板墙或木质围栏、阳台进行围合。底层用砖有利于防潮和坚固，而上层木结构较轻且分隔使用方便。

部分村镇民居出现山墙样式混合、杂糅。例如，在湖荡水乡片的松江华亭、朱家角、泗泾、朱泾等地较多出现的徽派马头墙、屏风墙等样式。这都是上海地区水路码头发达，人口迁入、贸易往来频密，带来建筑风格的交叠、混用。

除了常见的坡屋面形式外，沿河街市、桥头广场、码头水埠等场所常常演变出“餐、茶、酒、宿”等功能，通过廊棚、披屋等自由错落的方式，构建“廊、楼、檐、埠”等丰富的休闲空间。因地制宜，服从于生产、生活的需求，围绕院落的前后进建筑在体量、形态、高度上呈现出不同的特征，形成建筑布局肌理的错落。在小区域微地形的影响下，灵活布局建筑功能和平面，因此整体体量、立面也随之变化，屋面曲折、立面造型丰富，不追求规整对称。

青浦金泽下塘街民居

嘉定娄塘古镇民居

松江叶榭村民居

3. 结构形式

民居结构主要分为立贴式、穿斗式、四坡落舍式三种。

江南民居大木结构主要为抬梁—穿斗混合式，符合《营造法原》记载的苏州工匠做法。民居当心间两榀屋架称“正贴”，山墙屋架称“边贴”。正贴以抬梁为主，边贴多为穿斗，因此抬梁—穿斗混合结构在苏州地区又称“立贴式”。乡土民居如果节约省料，一般采用穿斗式。

四坡落舍式，一种四向坡顶的乡村房屋，指在金山、松江、青浦南部现存较多的落舍屋。边上坡顶的房间（次间）屋架通过檩枋逐层内退，并与短柱相互搭接，构成从正贴屋脊向四个屋角的斜向坡度。转角不设角梁，以斜向角椽搭接，形成四坡顶。屋面四个垂脊上常有灰塑装饰。

四坡落舍式虽然压缩了次间的净高空间，檐口较低，但适应浦南淀泖圩田地带特殊的自然地理环境。从金山历年县志记载，原柘湖堰塞成陆地区，气候上受到海潮侵袭、夏秋台风频繁，海塘屡遭溃决。四坡落舍构架形式，四个方向的抗风性比较均衡，采用圆作梁柱和简单的穿斗式梁架亦经济实用。

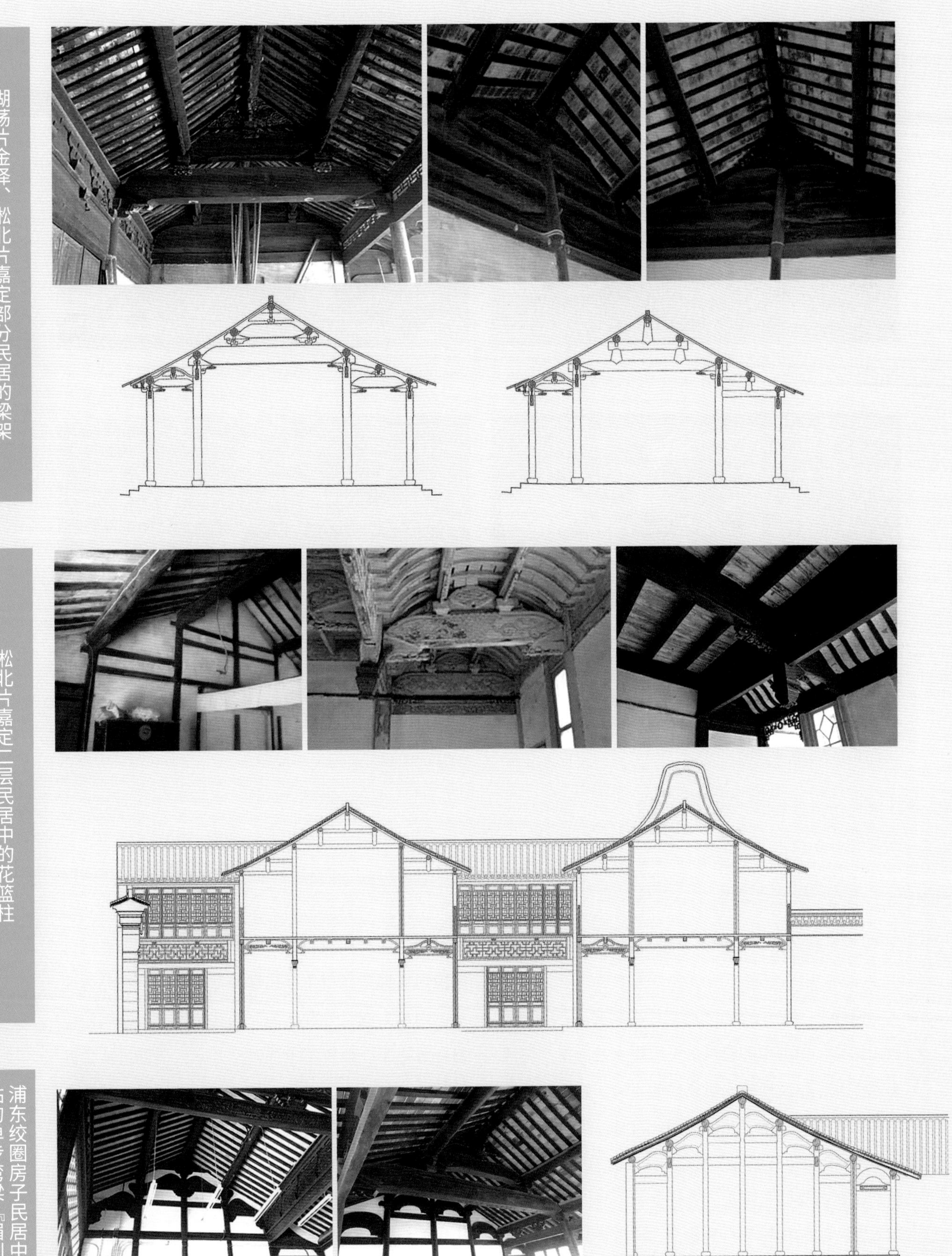

湖荡片金泽、淞北片嘉定部分民居的梁架

淞北片嘉定二层民居中的花篮柱

浦东绞圈房子民居中正贴的单步弯梁『眉川』

民居结构形式举例

金山枫泾古镇民居

嘉定望仙桥乡民居

闵行丁连村民居

奉贤四团乡民居

3.5.3 传统民居风貌特征

总体上，乡村民居建筑布局因地制宜、灵活多变、自由错落。聚落中的建筑由于历史上各家生产生活需求差异，以及所处自然条件的不同，建筑与建筑之间有晒场、菜地、花园花圃、竹林、树林等非建设用地。因此，在肌理上呈现连续中的错落、套叠、曲折、转折等微差变化，有机生长，界面体量与河道水系、田园树林等自然融合，构成乡村空间丰富变化的基础。

从民居建筑风格上，基于上海四个传统建筑文化圈对民居特征进行深入解析后，研究认为乡村传统民居在典型江南水乡民居特征基础上，充分体现了“内溯太湖、外联江海”的独特性。在建筑特征发展脉络上，顺应了上述时空方向，呈现出从太湖流域——以香山帮为核心的江南营造体系，逐步自西向东的扩散辐射，其后逐步并结合上海本地棉纺乡土生产——五方杂糅，乃至近现代以后愈具中西融合的特点。体现在营造技术上，是从传统江南木构技艺，结合本地乡土生产，就地取材的变化。而后期，因近现代西方红砖厂、水泥厂等材料的引进，西方现代建造技术的应用，风貌特征变化较为明显。

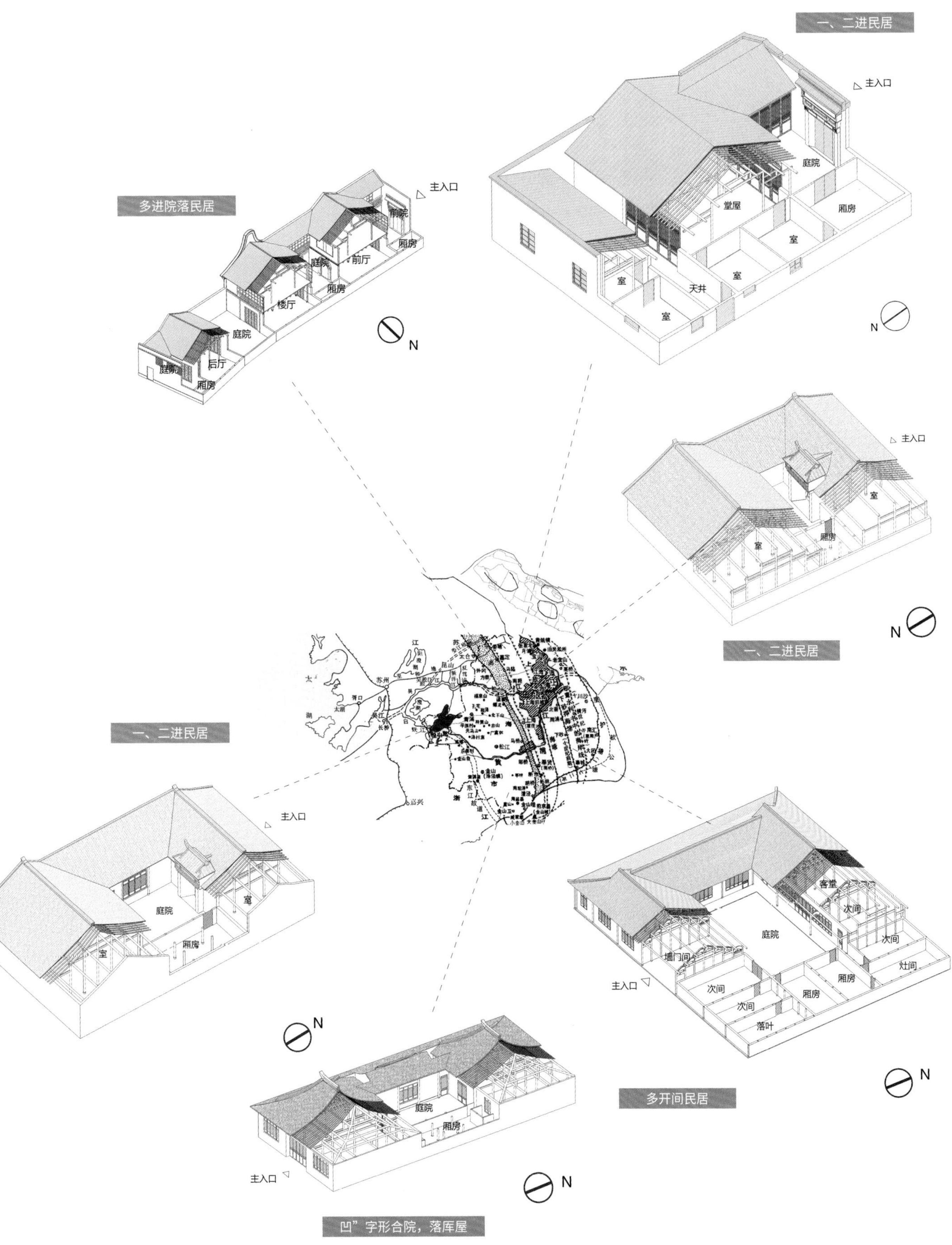

一、二进民居
主入口
庭院
堂屋
厢房
室
室
天井
室
室
N
多进院落民居
主入口
前院
厢房
庭院
前厅
厢房
楼厅
庭院
后厅
庭院
厢房
N
主入口
室
室
厢房
N
一、二进民居
一、二进民居
主入口
庭院
室
室
厢房
N
客堂
次间
庭院
次间
墙门间
灶间
主入口
次间
厢房
次间
厢房
落叶
N
多开间民居
庭院
厢房
主入口
N
凹”字形合院，落库屋

传统民居分布图

明代

蒯祥皇家建造主持

计成《园冶》

清代

姚承祖《营造法原》

江南匠作为核心的营造体系传承

松江葆素堂始建于明代

朱家角席家厅始建于明代

嘉定徐行小庙村乾隆年间

嘉定娄塘古镇民居

宝山罗店古镇民居

1843 年以后清中后期

1853 年，上海兴办红砖厂

1900 年前后

乡土在地建造

松江泖桥村民居

浦东张闻天故居

1910s—1920s

1921 年，上海兴办第一家水泥厂

1930s

近现代中西文化交融

青浦课植园正厅前天井

青浦课植园藏书楼

高桥钟家宅 曾在城区办营造厂

金泽许家厅始建于明末清初

金泽古镇上塘街沿河民居

西岑唐家厅

练塘古镇前进街民居

崇明正大街顾宅

张堰陈宅走马廊

奉贤庄行老街民居

浦东艾宅

嘉定印宅

朱家角王宅

崇明倪葆生宅

高桥敬业堂

高桥仰贤堂沈宅 其亲家曾在城区办营造厂

川沙陶宅

当代河道水系采样记录上海乡村空间格局中较为重要的河道水系，了解乡村建成环境及其承载的社会、文化、人文活动等的过往，解读分析江南水乡河道水系的形态与河名的含义。

乡土空间研究选取八类典型的代表性乡土单元类型进行空间采样切片调查。乡土空间的历史演进凝聚了不同历史时期人们对于自然、场所、文化的理解。在地形与地貌、治水与营田、聚落与传统生产生活等进行多角度相互印证，从而探寻乡村空间从历史到当代的变化中所蕴含的文化基因。

采样·图记

4

当代河道采样

乡土单元采样

4.1

当代河道采样

——河道溯源

——当代塘浦河道

古代农业生产与水系条件关系密切。从整体上看，上海地区水系是太湖水系的重要组成部分，古今太湖尾闾几次变化大多经过上海地区入海。受地理环境变迁和人类生产活动的影响，上海地区水系发生过较大的变化，太湖出水主干吴淞江从宋代已开始淤塞，直到明中后期由黄浦江取代其成为太湖出水干道，从初期的三江水系逐步演变为吴淞江水系和黄浦江水系。历史悠久的吴淞江以及明初整治后的黄浦江，是上海地区内河航运的主要河道。此外，上海地区还有不少重要的通航支流，尤其对于中华人民共和国成立以前的乡村地区生产生活，起到重要作用。1949 年后，各地乡村居民仍坚持合作治理或开挖河道，续写悠久的治水历史。

4.1.1　河道溯源

1. 河道水系格局：两江、四塘、一岛

上海的河道水系格局可以概括为两江、四塘、一岛。两江，即吴淞江、黄浦江；四塘，指盐铁冈塘、淀泖汇塘、秀水港塘、南桥沙塘水系；一岛，是崇明沙岛水系。

利用不同时期的文献史料和历史地图，追溯古今主要河道水系的形成过程，可以发现，水系的演变一直主导着上海乡村地形、地貌的格局，由此形成乡村历史地理层面的空间结构。

从整体上看，上海地区水系是太湖江南水乡的重要组成部分，古今太湖下泄水系经过此地入海。受地理环境变迁和人类生产活动的影响，上海地区水系曾发生较大的变化，从初期的三江水系逐步演变为吴淞江水系和黄浦江水系。

除了吴淞江和黄浦江两条内河航运主要河道，上海地区还有不少重要的通航支流，对乡村地区的生产生活起到重要作用。吴淞江以北重要的支流有流经嘉定、宝山的练祁河与盐铁塘等。沿吴淞江之南有赵屯浦、大盈浦、顾会浦、崧子浦、盘龙浦五大支流，南通青浦和松江的老城厢，连接秀州塘还可直抵浙西。介于吴淞江与黄浦江之间，东西走向的蒲汇塘东接肇嘉浜，直抵上海的老城厢并注入黄浦江，西与五大浦交汇，经青浦过湖泖可达运河，抵浙西苏南，是浦西的重要水道。黄浦江以东的主要水路有周浦塘、下沙浦、闸港等，它们东连各盐场、团灶、运盐河，西接黄浦江。崇明地区则较为独立，在原有沙岛溆港水系的基础上，于1949年后继续加以整治改造，形成引淡排灌的河道系统。

古人趋利避害的营田治水智慧是后人的宝贵财富。遥想古代黄浦曾江宽浪急，不宜舟楫，吴淞江及汇流的塘浦河道、数量众多的小泾小浜，相互连接形成一个舟楫便利的水路运输网，同时滋润了整个上海乡村地区，对农业生产灌溉起到重要作用。通过这些塘浦泾浜的河道水系，连通四方——其中最重要的是京杭大运河江南段和长江水系。畅通的水路交通条件孕育了众多的村庄和市镇，更培育了江南的繁华。

竖潦泾附近

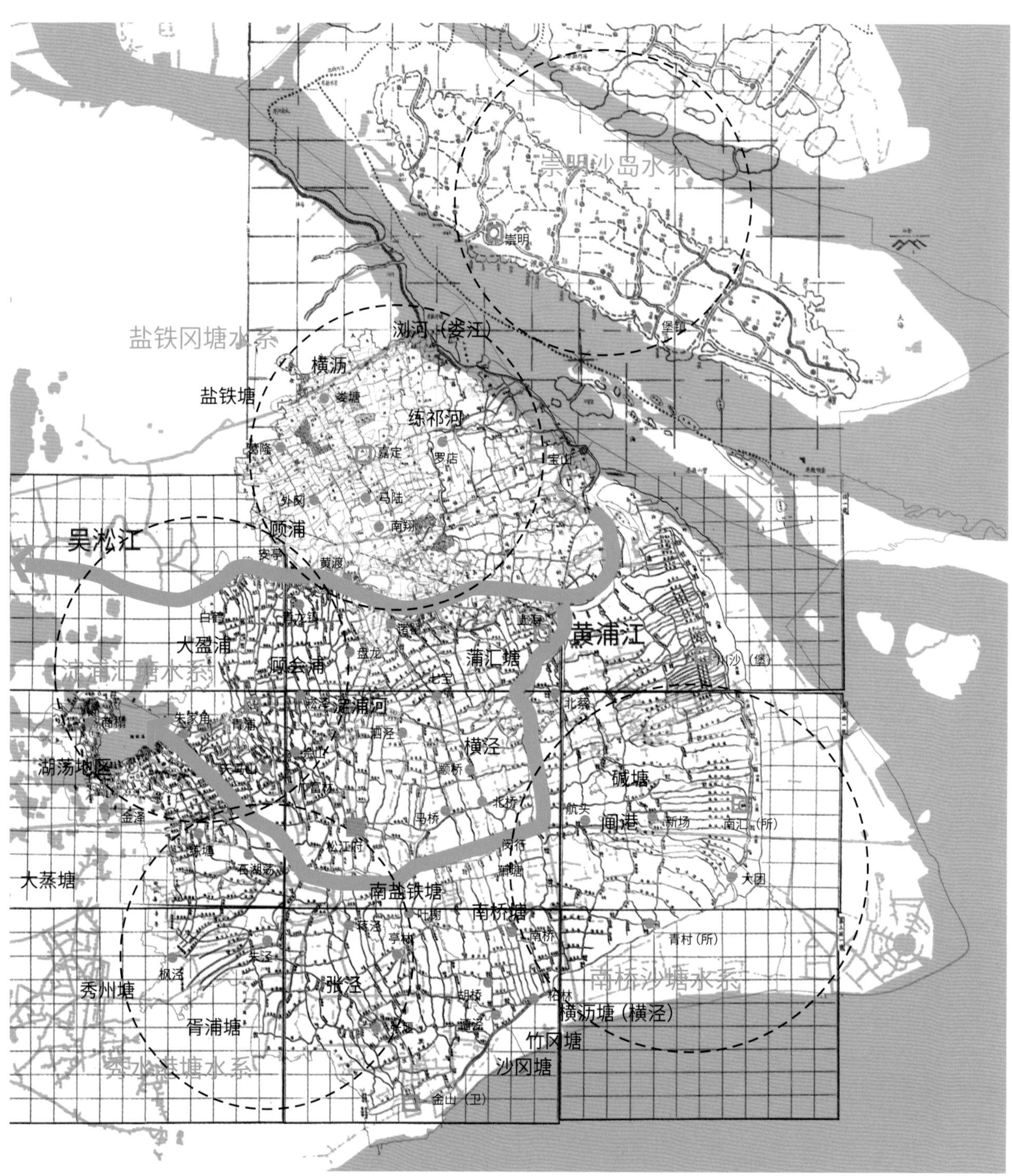

历史上主要河道水系格局示意，按历史古地图改绘

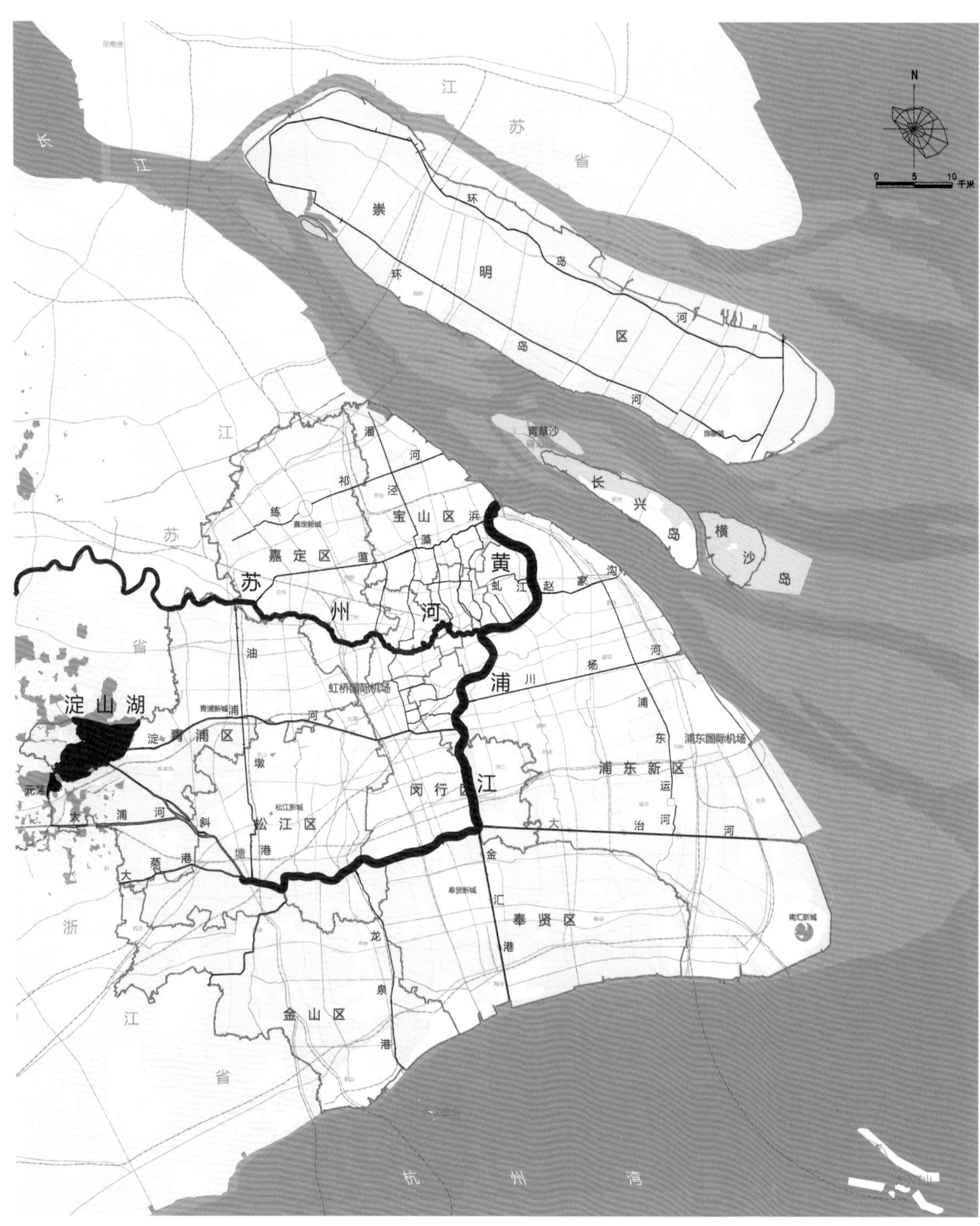

主要河道水系现状分布图

2. 吴淞江、黄浦江水系演变

6000—4000 年前

上海冈身以西已成陆，有先民居住，形成崧泽文化、马家浜文化

公元 129 年 / 东汉

析会稽郡置吴郡，娄县、由拳、海盐属吴郡

公元 317 年 / 东晋

三江（松江 / 吴淞江、娄江、东江）既入，震泽底定

公元 420 年 / 南北朝

吴淞江航道的便利，促进了后来的青龙港、青龙镇的诞生

公元前 221 年（秦）

公元 751 年（唐）

公元 954 年（五代十国）

吴淞入海深阔，宽广可敌千浦

古代太湖流域的排水出路分为三江，即东晋庾仲初在《扬都赋注》注中所说的，“今太湖东注为松江，下七十里有水口分流，东北入海为娄江，东南入海为东江与松江而三也。”松江，这里指吴淞江，上海市区又称“苏州河”

东江先演变为称为三泖的湖泊浅水，后来三泖也逐步淤浅，不再南流出海。最迟在唐代，娄江已完全湮塞。至此，三江之中仅有吴淞江因流通较为稳定，成为当时太湖流域的主要出水通道，是太湖以东下游的长江三角洲地区的淡水主要来源，同时也是最主要的通海航道

吴淞江最早的正源，出自今江苏省吴江县城以南的太湖口。随着海岸线向东扩展，吴淞江的河流长度随之延伸。东晋时入海口在现今上海市青浦地区偏东北，位于原来旧青浦镇镇西的沪渎村，唐代中期的入海口据相关考古学者推测在现今江湾地区以东。相关文献记载，唐时河口宽达二十里，北宋时尚有九里，元代为二里，明代初仅一百五十余丈（按 1 里约 500 米，1 丈约 3.33 米换算，最宽 20 里时约为现今的 10 千米）。现今吴淞江的河身西宽东窄，中间（江苏省吴县）河段最宽处达 600 ～ 700 米，上海市区段为最狭处仅 40 ～ 50 米

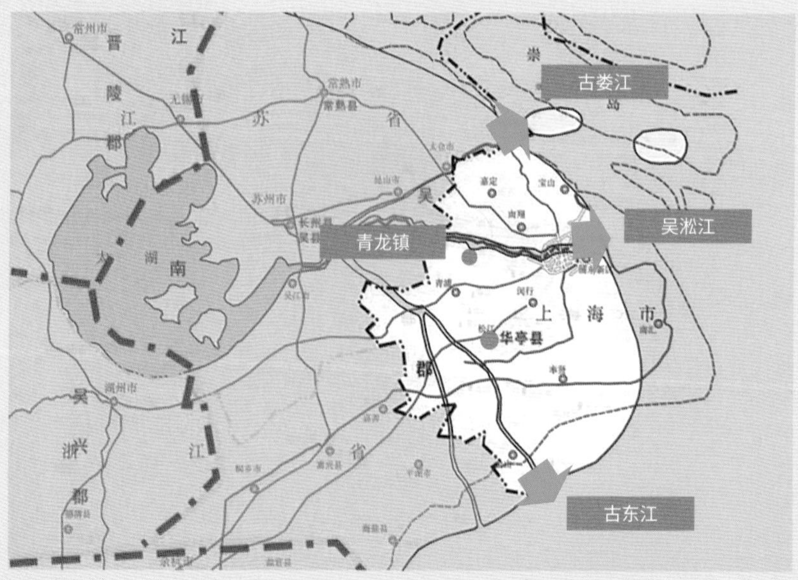

唐代以前三江入海的情况

造就“上海第一镇”青龙镇

南北朝起，吴淞江航道的便利使往来海上的商船多由此进出，迅速发展的航运贸易直接促进了后来的青龙港、青龙镇的诞生。自北宋开始，古三江之中两江的排水不畅，到南宋前期太湖流域仅剩吴淞江一路排水，深阔宽广，水运条件优越

唐宋时，得益于吴淞江良好的河道条件，松江府的青龙镇（今上海青浦地区白鹤镇老镇附近），以控江连海的地理优势，成为“东南巨镇”。镇上设市舶司、酒务等多个重要对外贸易机构，被称为“上海第一镇”。明正德《松江府志》记：“青龙镇在青龙江上，天宝五年(746)置”，到南宋时期，因海上贸易不断繁荣，青龙镇规模越来越大，描述镇上有“三亭、七塔、十三寺、二十二桥、三十六坊”，不少名人曾到访，如米芾也曾到青龙担任镇监职务

公元 746 年 / 唐代

置青龙镇于吴淞江畔，盛于五代末北宋初

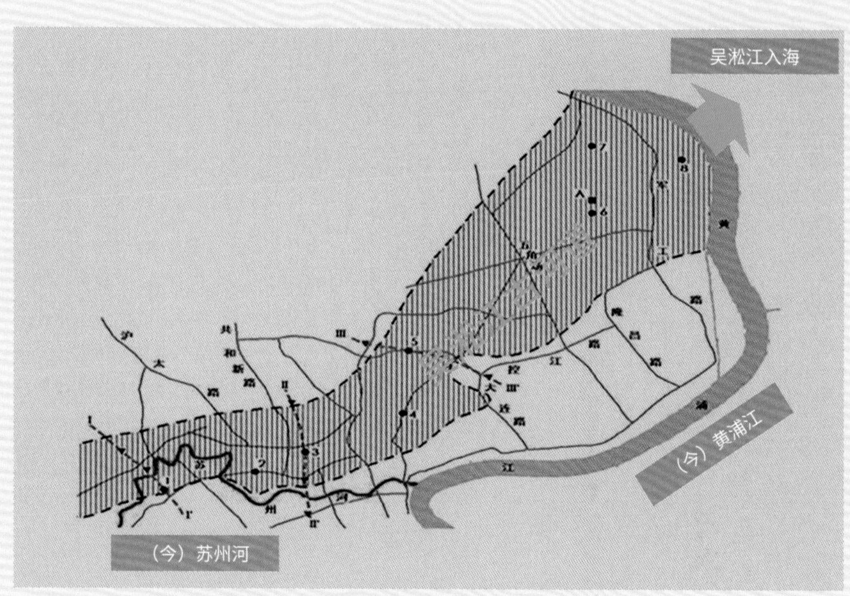

20 世纪 80 年代，满志敏依据地质普查资料复原了北宋以前古吴淞江河道，图中红线是现在的苏州河，河道宽度已大大缩窄

公元 960 年 / 宋代

吴淞江河床日益淤浅，造成太湖径流不能正常外泄，黄浦江是吴淞江支流

吴淞江入海不畅

吴淞江水运条件从宋代末期至元初出现萎缩、淤塞。前述第三章中有关于吴淞江的记载分析，“吴淞江自金家浜始入县境，东历赵屯、大盈、顾会、崧子、盘龙诸浦，支干交流，其谷宜稻，所谓五大浦也。顾会而东，水利渐微，潮汐淤沙，几成平陆，岁旱则涓滴绝流，潦则停潴而无所宣泄。水利不修，农田大病。图此者见吴淞故道不可不亟复也。”顾会浦以东，大致进入了冈身高地，因此当时这一地区的河道开始出现较多淤塞，水流不畅。根据研究推测，主要有两大原因：①海平面上升，东流出水受阻；②河曲发育，形成更多弯道

公元 1271 年 / 元代

吴淞江河曲发育，河床日益淤浅，太湖出海口海平面水位上升，治理效果甚微

但总体上，吴淞江仍是东流水势的主干道，到元朝曾有记载反映这个情况，至元十四年（1277），海舟巨舰每自吴淞江青龙江取道，可以直抵平江城东葑门湾泊，商贩海运。船户黄千户等于葑门墅里泾置立修造海船场坞，往来无阻。此时江水通流，滔滔入海。历史学家推测这距离后来吴淞江航运条件大为衰弱的情况，不过一二十年的时间，期间吴淞江河道经历了较大的变动。受此影响，青龙镇作为港口航运的功能无法保障。明代中期一度曾设青龙镇作为青浦县城，未久即废，二度建青浦县于唐行镇（今青浦老城厢所在）

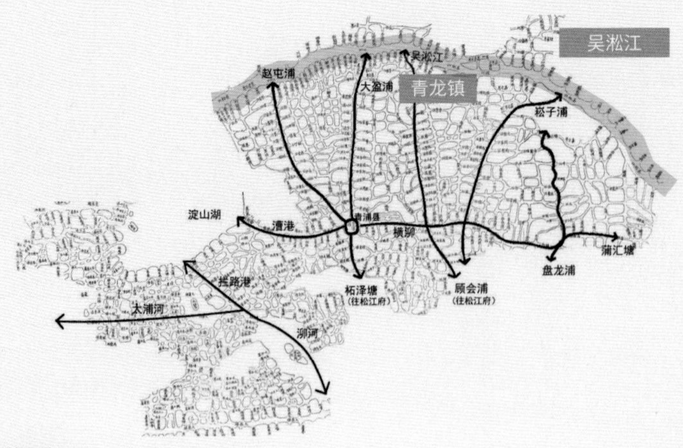

吴淞江现状局部

黄浦塘日渐成长

据学者满志敏的研究，起初黄浦并不出名，在上海地区众多港浦的文献中没有详细的记载，北宋郏亶所记载的松江南岸的大浦中没有列举黄浦的名称，可见当时的黄浦北端并不直通吴淞江。从相关的资料记载中仅能推测出黄浦是一条纵向的河流，如乾道七年（1171）丘崈（音cóng）谈道：“华亭县（松江）东北又有北俞塘、黄浦塘、盘龙塘，通接吴淞大江”。因为当时的北俞塘、盘龙塘是南北向的河流，因此学者推测黄浦塘也应是南北向的。又如，南宋淳祐十年（1250），三林（今上海浦东新区西南部）高子凤为南积善教寺所作碑记，记载了当时黄浦在西林之西，按位置及流向推测，黄浦应该是一条南北向的纵向河道

在黄浦江水系的形成初期，黄浦不过是淀山湖下泄众多排水通道中的一条，远非如今黄浦江的面貌。不过重要的是，在海平面变化的影响和太湖流域排水格局重组的基础上，它逐渐从一条在元朝至元大德年间仍“阔仅一矢之力”（即宽度只有一箭的射程，约 70 米）的一般河流，慢慢顺应自然环境的变化而发展壮大

在南宋中后期，已有记载形容黄浦的景象如下：“昔有东江一道与吴淞江南北分泄，后东江废而海塘为障，黄浦遂成巨浸，惊涛蔽天，弥漫百里。”可见，黄浦塘由闸港向北流向上海浦（今十六铺一带），从而与吴淞江汇合

宋元时期对吴淞江的主要治理方式

1）治理举例：治田为先，决水为后

根据以往的学术文献，水系治理的研究一般始于对太湖地貌进行细分和讨论。宋代，是吴淞江治理方略的最初开创期。北宋官吏、水利学家郏亶主张从自然生态角度出发治理水患，他的理论被称为“治田派”，即治水以治田为中心。由于海潮倒流，泥沙沉积，形成冈身以西的吴淞江故道区高于圩田区，低地的水必须通过高大圩岸才能入江。通过挖塘浦之土修筑高大圩岸为堤，形成大圩、浚河、置闸三合一的综合治水手段。这种方式使水流以涨溢的方式注入吴淞江，众塘浦充水，吴淞江两岸的高地得以灌溉。个体的大圩不足以抬高水位，必须通过地区系统治理、统一管理的圩田系统才能达到这个效果。治田派的水利理论不是单纯地浚河治河，而是注重圩岸与整体自然水利生态

2) 治理举例：截弯取直与“汇”的作用

随着吴淞江河曲发育，水流不畅，有五汇 (大湾子)、四十二弯 (小湾子) 说。“五汇”是白鹤汇、顾浦汇、安亭汇、盘龙汇和河沙汇，当时一般采用截弯取直的方法进行疏浚，加快泄水，但收效不太明显

宋代学者单锷，博览多学 , 不就官 , 独留心于太湖地区的水利，经常独乘小舟 , 来往于苏、常、湖之间，调查太湖周围的水系源流，“凡一沟一渎，均毕览其源流，考究其形势”，历

三十余年调查撰写《吴中水利书》水利著作，全书一卷。他对吴淞弯汇进行研究，在书中指出“汇”的作用，“古有七十二汇，盖古之人以为七十二会（汇）曲折宛转，无害东流也。若遇东风驾起，海潮汹涌倒注，则于曲折之间，有所回激，而泥沙不深入也。后人不明古人之意，而一皆直之，故或遇东风海潮倒注，则泥沙随流直上，不复有阻。凡临江湖海诸港浦，势皆如此，所谓今日开之，明日复合者此也。今海浦昔日曲折宛转之转不可不复也”

从这段描述中可知，单锷认为汇是河道的弯曲部分。成汇时河道有较多弯曲，弯曲的河段在海潮上溯之时，感潮的范围较宽广。当海潮上涌时，由于弯曲的河道产生了水流回流冲击作用，可以阻挡泥沙的上溯。后人不明白古人的智慧，简单统一截弯取直，导致泥沙随风潮向上流动，毫无阻挡，反而加剧河道淤积。此外，由于河道弯曲会带来分叉，所以往往这边河道淤塞，但另一边的河道是通畅的。所以“汇”这种弯曲，并不必年年疏浚，而且有一定蓄水作用，干旱时有助于灌溉，洪涝时有助于调蓄。汇的这种特点被广泛认识后总结为经验，人们就可以利用河道弯曲，在“汇”的基础上营建生产生活居所

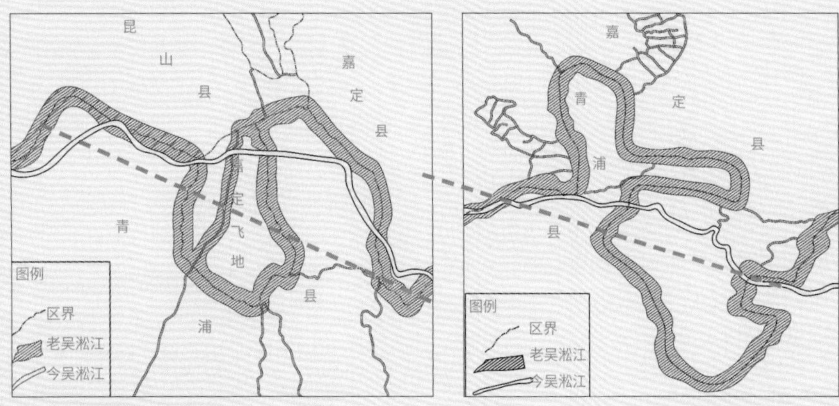

白鹤汇、盘龙汇截弯取直
南宋淳祐十年（1250）吴淞江采用截弯取直治水策略

3）治理举例：筑闸治水，蓄水冲沙

元代，太湖下尾河道淤塞速度加快，吴淞江的治理转向下游地区。以任仁发等为代表的治水先贤，在吸取宋代治理的经验与教训的基础上，结合实际提出治理方略，推动了吴淞江的治理，也对明清时期吴淞江治理产生了深刻的影响。大德八年（1304）始，元代水利专家任仁发受命治水，在吴淞江区域开浦置闸。据任仁发所著《水利集》记载：“吴淞江置闸十座以居其中，潮平则闭闸以拒之，潮退则开闸而放之，滔滔不息，势若建瓴，直趋于海，实疏导潴水之上策也。” 大德十年（1306），任仁发继续疏浚吴淞江，并在此基础上再添置木闸两座。泰定二年到泰定三年（1324—1325），任仁发又一次疏浚吴淞江，并置赵浦、潘家浜、乌泥泾三闸。虽然元代后世对吴淞江置闸方案多有置喙，但在古代社会工程技术相对落后的条件下，开江置闸无疑是一种水利创举

元代志丹苑水闸

公元 1297—1307 年 / 元大德年间

任仁发主张“蓄水冲沙”治理吴淞江。黄浦江初具规模

公元 1368 年 / 明代

明永乐元年至永乐二年（1403—1404），夏原吉听取华亭人叶宗行的建议，采用“濬江通海，引流直接黄浦”的治水方案，史称黄浦夺淞

黄浦夺淞，夏原吉与范家浜的开凿

黄浦江水系发育成熟的标志是范家浜的开凿。永乐元年（1403）太湖水患，夏原吉征集 10 万民工疏浚吴淞江上游众支流，减轻下游负压。时值盛夏，夏原吉身穿布衣，日夜在工地奔波筹划，侍从为他张伞遮阳，推辞说：“民众辛劳，我岂能独自安适。”次年，夏原吉又率 20 万民工开掘大黄浦、范家浜共 1.2 万丈（4 千米），形成由大黄浦、范家浜、南跄浦组成的新河道，史称“江浦合流”

“江浦合流”工程竣工后，又经过多次疏浚治理，加上水流冲刷，黄浦拓展为烟波浩渺的大河，逐渐取代吴淞江成为太湖泄水干流和上海水上动脉，所以又称“黄浦夺淞”。从此吴淞江波澜不兴，以后河道南移，经宋家浜在陆家嘴与黄浦江汇合，作为黄浦的一条支流，因通往苏州，又称为“苏州河”

如今，黄浦江从淀山湖至吴淞口穿越上海市，河流总长 113 千米，江宽 214～1091 米不等，流域面积 2.4 万平方千米，下游注入长江入海口，江宽水深，是上海的水上要道

而通常指的黄浦江干河的河段，起点是在现今泖港镇“浦江之首”附近，这里汇集了上游泖港、太浦河、大蒸港等水系，河道呈东西走向，至闵行的中下游河道转为南北走向，把上海城区分为浦东和浦西，具有航运、供水、排灌、游览等综合功能

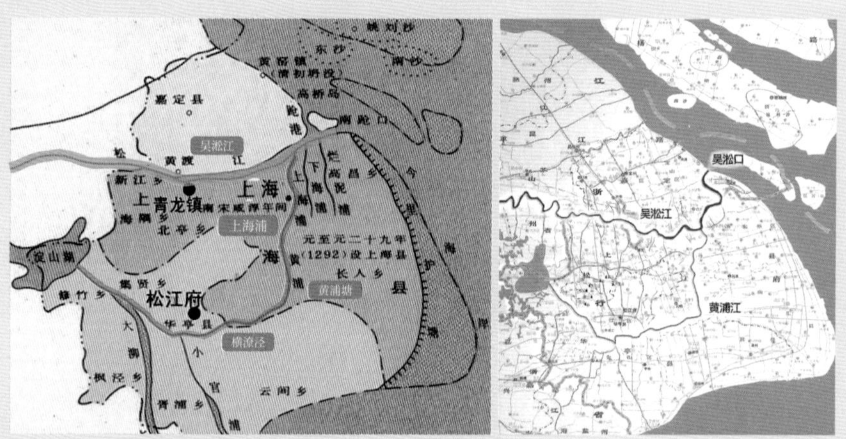

“黄浦夺淞”示意图：疏浚前（明代）

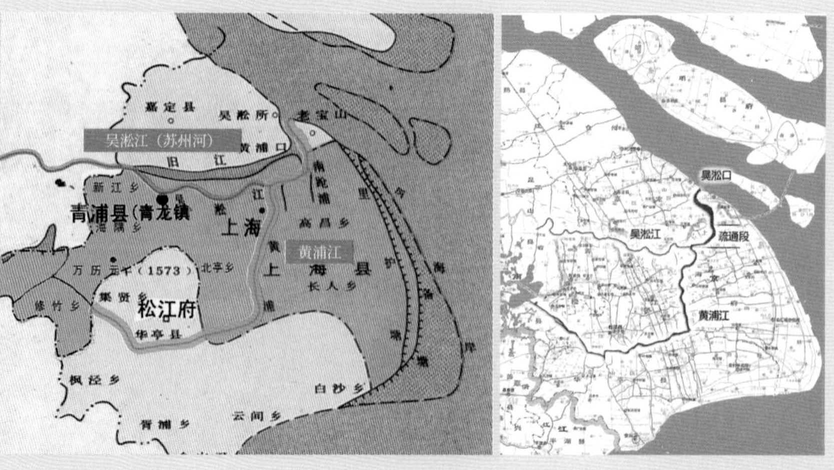

“黄浦夺淞”示意图：疏浚后（明代）

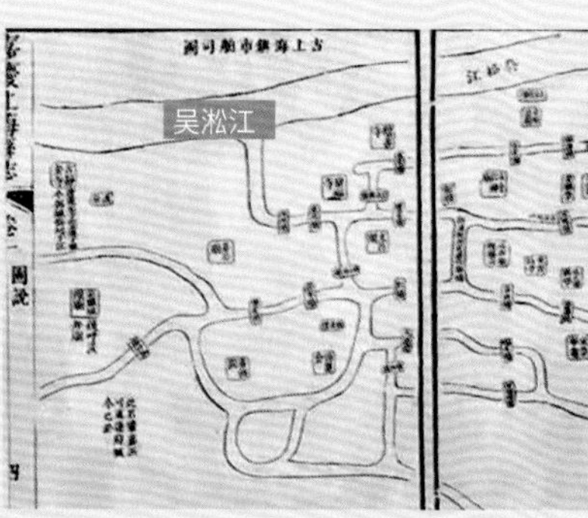

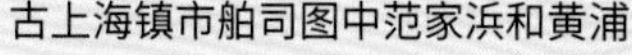
古上海镇市舶司图中范家浜和黄浦

夏原吉画像

公元 1636 年 / 清代及以后

清代，继续疏浚的黄浦成为重要的通江河流，孕育了上海大港。此后，各个时期均重视对黄浦江航道维护及水域治理，水上运输和沿江经济得到迅速发展

黄浦持续疏浚，形成江海大港

自黄浦江形成后，上海地区的港航重心也从吴淞江逐渐转到黄浦江，航运业由小到大，上海港已进入区域性港口之列。清康熙开放“海禁”以后，在上海县城设立江海关，进出港商船激增，成为全国四大口岸之一。到清乾隆、嘉庆年间，上海港跻身国内大港和漕粮运输中心，“凡远近贸迁皆由吴淞口进泊黄浦”。清嘉庆《松江府志》称，“一郡之要害在上海，上海之要害在黄浦。”可见黄浦在上海及江南举足轻重的地位。当时，十六铺至董家渡沿江地区街巷纵横，店铺栉比，人烟浩穰，上海也由此获得“江海之通津，东南之都会”的美誉

黄浦航道的疏浚持续至今，比如进入20世纪之后浚浦工程总局对黄浦江进行整治与疏浚，改善港口条件，使国际优良大港的基础得以形成。“迢迢申浦，商贾云集，海艘大小以万计，城内无隙地”，上海成为全国乃至东南亚的贸易枢纽

1949 年后，党和政府加强对黄浦江航道维护及水域治理，水上运输和沿江经济迅速发展，为浦东开发开放和上海国际航运中心建设起到不可替代的作用。迈入 21 世纪，黄浦江已由单一的生产型空间逐步向生活、生产、生态空间高度统一的世界一流滨水区域迈进

清代航船、清末牧业交易码头与黄浦江边码头
来源：黄浦区档案馆

4.1.2 当代塘浦河道

1. 盐铁冈塘水系：从盐铁塘到蕰藻浜

（1）冈塘纵贯，高低分区

盐铁塘是嘉定、宝山及苏州太仓等地区区域经济地理的一条重要河流，自汉代起修筑，沿冈身地带一侧流过。由于冈身是地势高低分区的界线，古有“田亩自此分区”的说法，人们大致描述盐铁塘以东均为地势较高的地区，塘以西均为低区。与盐铁塘类似，平行冈身地带、贯穿上海南北的河流，还有横沥、竹冈塘、沙冈塘等。盐铁塘向北延伸，连接苏州和上海的梅李塘、白茹塘、七浦塘、浏河（娄江）、练祁河和吴淞江等主要水道，北向注入长江。不少市镇因塘而兴，支港众多，塘浦纵横。

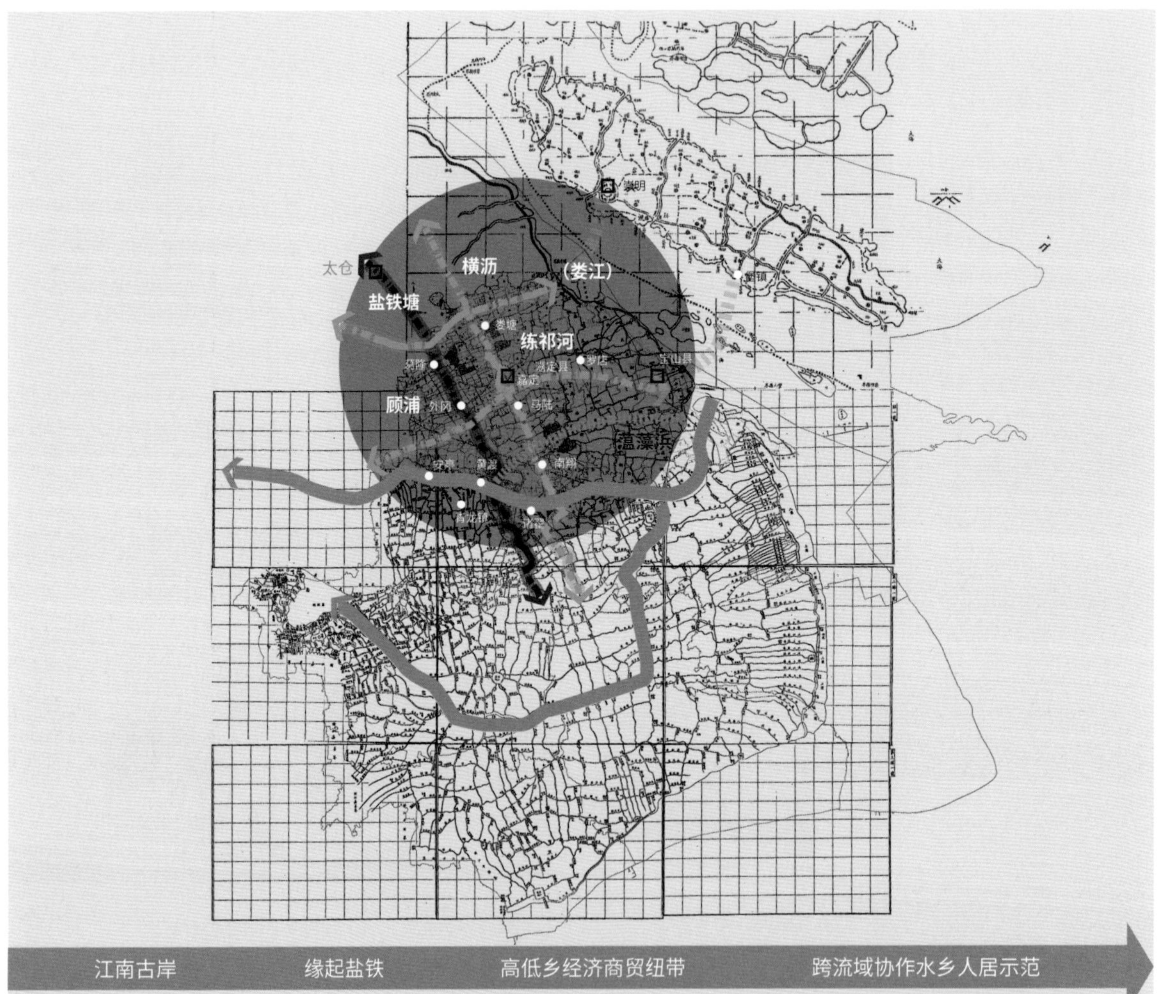

盐铁冈塘水系示意图

（2）当代河道：蕰藻浜

蕰藻浜亦名“蕰藻河”。蕰藻浜自明万历四十年至清光绪十六年（1682—1890）间曾先后9次进行疏浚。大部分河段在宝山境内，嘉定段西起走马塘鸭棚头，东北至花圈浜（宝山界），仅长2.5千米。

1949年后，蕰藻浜疏通成为直接排水入海的通道；1959年向西疏凿到横沥；1980年再向西延伸至孟泾村附近，接通吴淞江上游。1982年加深、拓宽河道并在西端建西水利枢纽工程，水深达3～4米，河道宽为60～100米，底宽30～60米，河底高程-4～-2米，塘桥以东能通行300～500吨级小轮。河道全长34.64千米，流经22个乡镇，与顾浦、盐铁塘、封浜、横沥、新槎浦、荻泾、杨盛河等相交。

随着宝山地区经济发展，航道日益拥挤，不能满足需要，为此市政府决定投资1265万元，整治蕰藻浜东段。整治工程于1988年动工，1990年底完成。蕰藻浜航道整治后，经吴淞江与油墩港相连通，形成上海市300吨级航道环线。

自此，江浙两省船队可经三江口、蕰藻浜直航吴淞口，到宝山钢铁总厂不再绕道淀山湖、黄浦江，缩短航程45千米，受益农田1.3万余公顷。河口段水深条件好，700吨级的长江驳船在低潮时可抵上钢一厂靠泊装卸，满足了宝山钢铁基地的发展和宝山地区城市建设对航道的要求。但蕰东水闸下游7千米的航段，潮水受闸阻挡，形成壅水，淤浅较为严重，需经常疏浚。

蕰藻浜历史航拍图

吴淞大中华纱厂

1898年蕰藻浜木桥

1953年蕰藻浜大桥

蕰藻浜历史照片
来源：上海宝山国际民间艺术博览馆

蕰藻浜周边现状

历史上，太平军曾凭借蕰藻浜河道，抗击英法联军。“一·二八”抗战时期，蕰藻浜又是战略要地。淞沪抗战的指挥部设在嘉定南翔镇，日军企图占据蕰藻浜要隘，以切断吴淞与闸北的联系，对十九路军与第五军实行分割包围，中国军队与日军展开了殊死战斗。“八一三”淞沪抗战中，中国军队面对日军的飞机、坦克，守卫蕰藻浜大桥，展开了三次白刃战，终于打退日军，这是“八一三”战争中最大的一次反击战。

“我小时候这个防汛墙是没有的，但也很美丽。夏天的时候，我会来游泳，那个时候岸线上是碉堡林立。”娓娓道来的是土生土长的庙行人，从小到大、再到工作，都没有离开过庙行镇。2021 年 6 月，1.4 千米的蕰藻浜沿岸已全线贯通，沿河正在铺设健身步道、漫步道，宽阔的亲水平台基本建成，错落的绿化改造有序推进，令人感慨颇深。

据记者报道，近年蕰藻浜沿岸改造还与工业遗存结合，让市民在休闲漫步之余感受蕰藻浜的历史感。一些带有码头印记的元素被很好地保留了下来。其中最引人注目的就是原来用于架设装卸吊机所用的巨大水泥石柱，在改造中与新建景观巧妙融合，静静诉说着这里曾经作为仓库时的繁忙和辉煌。

3）蕰藻浜的故事

“蕰藻”是水草、水藻聚集的意思，因为“蕰”与“蕴”字形相近，“蕰藻浜”往往被误写为“蕴藻浜”。蕰藻浜是蕰川公路的起点，横贯上海北部，也曾经是上海市区北部的重要军事屏障。

蕰藻浜不仅是宝山的母亲河，更是宝山近代历史发展和社会变革的见证者。百年前吴淞开埠，一批近现代工业先后在蕰藻浜畔落户，初步形成以机械、纺织为主体的工业基础；革命战争年代，中国共产党团结带领工人群众在吴淞开展革命斗争，蕰藻浜畔留下众多鲜活深刻的红色史话。

中华人民共和国成立后，宝山人勇于创新，追求卓越，城市面貌日新月异。1956 年吴淞工业区启动开发，蕰藻浜沿岸新建扩建了一大批冶金、化工企业；配套建设的上海第一代工人新村张庙一条街闻名遐迩。改革开放以后，因为水路运输方便，这里沿河建起棉花仓库、土产仓库、果品仓库，沿岸变成卸货码头。沿岸工业的发展也带来环境承载的压力。1998 年吴淞工业区迎来环境综合整治，大批高污染企业关停，壮士断腕式的转型，一度让蕰藻浜这条宝山的母亲河显得有些陈旧和落寞。

随着城市发展变迁，这些老仓库逐渐退出历史舞台，老厂房则华丽转身为智力产业园、智力公园等吸引年轻人聚集的科创、文创园区。

盐铁塘旁嘉北郊野公园旁沿河步道

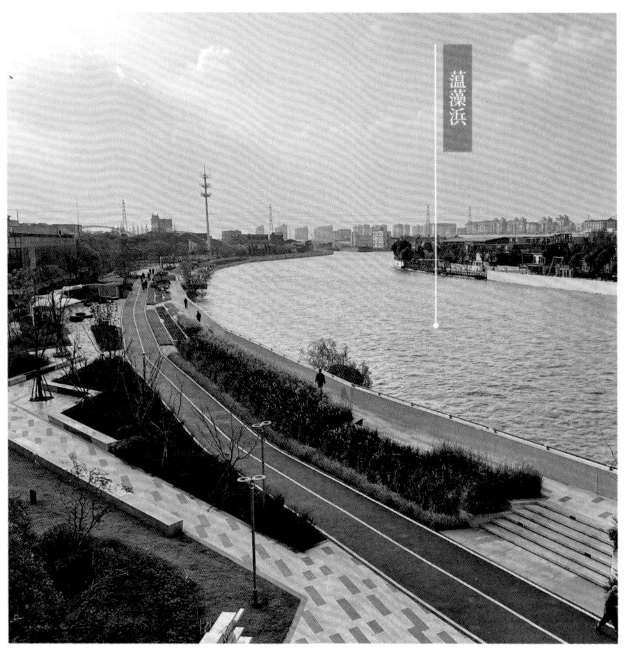

蕰藻浜旁沿河步道

2. 南桥沙塘水系：从南桥塘到金汇港、大治河

(1) 冈间千步，引淡御潮

历史上黄浦江南岸，南桥塘作为东西向干河，与各塘交汇形成水系网络，包括竹冈、沙冈、横沥（横泾）、巨潮港等。自金汇港以东，与浦东盐场地貌类似，河道以申浦潮汐为灌溉，但潮挟沙进，易于淤浅。1949 年前疏浚闸港、金汇塘，作用甚微。以南桥塘为横向纽带，市镇分布较为密集，包括南桥、萧塘、叶榭、庄行、柘林、漕泾、青村等市镇。海塘外地区，仍保存有部分沙溆潮港特色地貌。

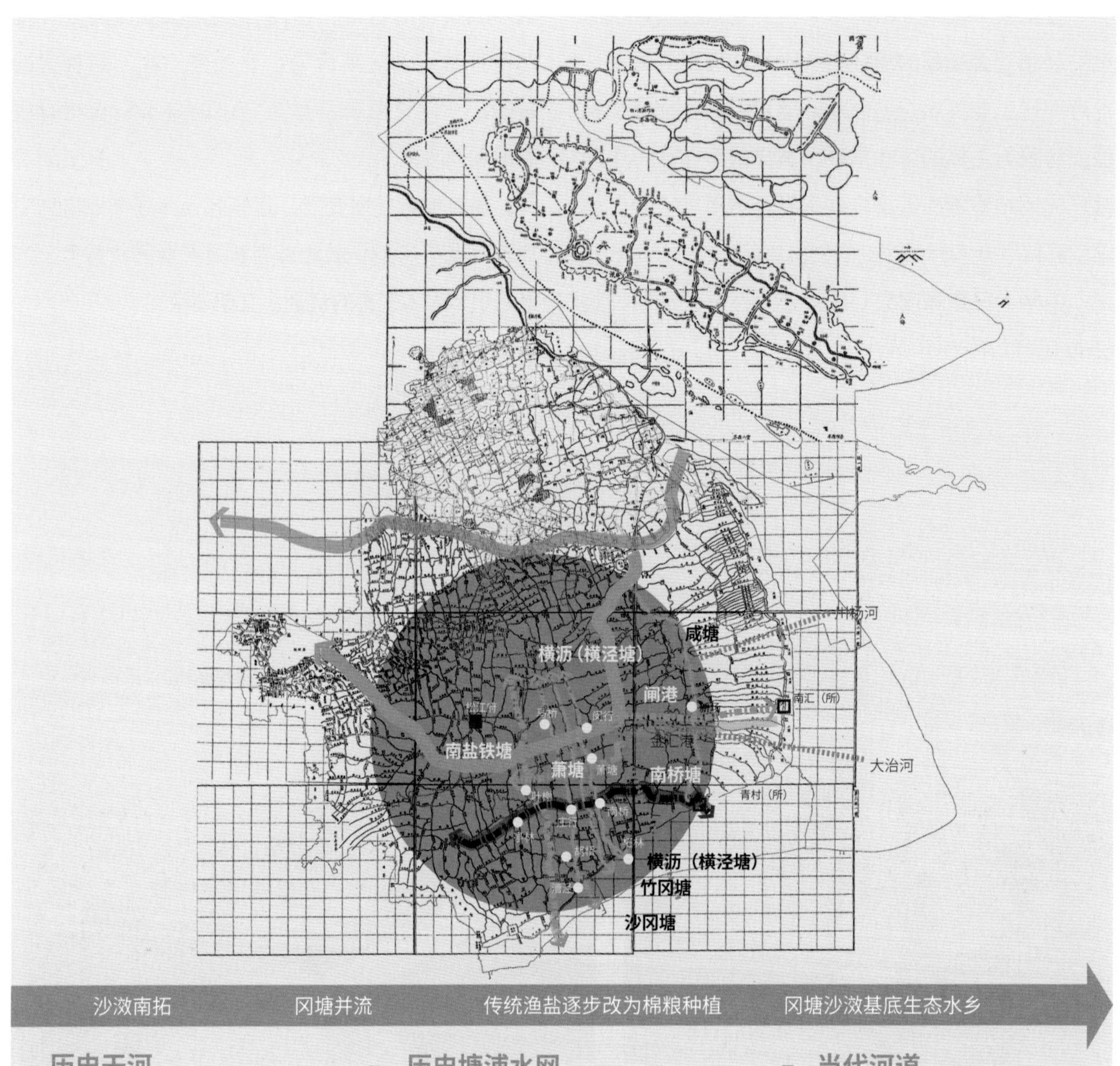

历史干河

南桥塘

明嘉靖年间开南桥塘、金汇塘、青村港等 11 处，配合原有三冈干河以泄荡湖、淀泖诸水，使各通黄浦以利入海，南桥塘成为浦南地区横向第一干河

历史塘浦水网

竹冈塘、沙冈塘、横沥（西横泾）、金汇塘、萧塘等

三冈塘（竹冈、沙冈、横沥（西横泾，又称“紫冈塘”）、巨漕、萧塘港、南盐铁塘等，皆属于与冈身平行分布的南岸千步泾，称为“通浦干河”，可纳黄浦潮汐，交通灌溉条件较好，孕育了该地区较多村镇

当代河道

中华人民共和国成立后沿闸港、灶港，开挖金汇港、大治河等工程

南桥沙塘水系示意图

（2）当代河道：金汇港、大治河

金汇港，其北口位于东西向黄浦江直角折向北的位置，河址附近为历史上奉贤地区的金汇塘，是奉贤南北向干河。由于旧塘曲折淤浅，1958 年决定兴修的金汇港，其北口与历史上的金汇塘同位，裁直弯道，经齐贤旧镇东侧，南至靶场汇入杭州湾。1978 年起，为进一步改善奉贤县及浦东片的引排航运条件，决定再次开挖金汇港新河，取代老金汇港，其北口仍旧位于旧金汇塘与黄浦江接口处。

现今，金汇港具有北引、南排的调水功能，担负奉贤全县引排水总量的 60%，直接裨益农田数万亩，又为通浦航运干道，全线通航能力达 300 吨级。

在金汇港北口东侧，另一条与黄浦江交汇的河道是浦东大治河。大治河是 1949 年后上海郊区人工开挖规模最大的河道，西起黄浦江，东至长江入海口，全长 38.54 千米。浦东开挖大治河，是为了贯通南汇地区水系，解决淡水水源，改善水质、排灌与航运条件，引水洗盐改造盐渍地，成为水利大控制浦东片的骨干河道。

大治河河道，原西起黄浦江闸港。由于老闸港河道曲折，开挖时，大治河摒弃老闸港，从黄浦江至航头，长 7 千米余采用实地开挖；南汇段 31 千米，则利用原有老河二灶港、四灶港、新开港、六灶港加以拓宽浚深，抵达东海。河道沿线与咸塘港、航塘港、奉新港、浦东运河和随塘河等相交。西端黄浦江口建大治河西控制枢纽，河面宽一百余米，可通航 300 吨级船舶，对振兴、发展南汇、临港地区的经济起着较大作用。

黄浦江、大治河、金汇港交汇处

（3）金汇港的故事

金汇港取名于金汇塘，金汇塘是养育了世世代代奉贤人民的人工河。它于明代嘉靖年间开挖，是一条弯曲的南北向河道，位于奉贤的中部，北起黄浦江，南抵杭州湾，全长21.8千米，至今已有近500年的历史。

新金汇港开挖前，旧金汇塘河道日渐淤塞，对奉贤的工农业生产和人民群众的生活造成一定影响。1976—1977年间，奉贤筹划开挖金汇港。同时，在河道南北两端各建造一座既能关蓄，又能通航的大型水闸，沿途建造公路桥梁4座。

因金汇港开挖工程量浩大，全线一次性开挖有难度，故决定分段实施，以当时浦东运河（今浦南运河）为界分为南北两段，1978年开挖南段和黄浦江口水闸的基坑，1979年开挖北段，完成南北水闸的建造等。

据1980年8月20日新闻报道，金汇港水利工程是当时奉贤境内南北贯通、规模最大的，这条河道胜利竣工后，成为奉贤一条通江达海的黄金水道，与浦南运河呈十字形贯通东西南北，连接奉贤境内的大小水系，发挥通航、引水、排涝、挡潮、调控内河水位与完善奉贤水环境的作用。

在金汇港与浦南运河连接的河流水系中，最重要的是南桥塘。南桥塘历史悠久，流经奉贤较为有名的市镇“南桥”。市镇曾名“南梁”，昔时有桥名“南桥”，因桥得名。南桥成市于唐朝末年，元代时已经有不少商铺，市镇商业贸易较为繁荣。据记载，至清代有传统手工作坊数十家，其中酱园较有特色。至清末镇上已有三十多种行业、三百多家商号商铺，是奉贤地区最为有名的市镇。

当年，伴随着金汇港拓浚工程第一锹的高高挥起，近14.8万奉贤人民从四面八方汇集参战，从“浦江第一湾”一路向南，手拉肩扛用一条条扁担挑出了一条通江达海的金汇新港，由此拉开了南上海波澜壮阔的改革大幕，从此江海相连。

据有关资料显示，金汇港是奉贤十几万普通的老百姓用扁担和畚箕一担担挑出来的。冬天冻起薄冰的河底，绵延几里的工地上、河岸上，红旗飘飘；河中央，号子声声，所有的人都铲着泥土，所有的人双手左右岔开后紧握担绳，人腿一曲弯，担子就上肩，就开始由下而上地奔跑；肩疼了，换肩，换肩只在刹那间；口干了，喝茶，喝的就是姜茶。河滩河底，从远处看，是一群人、一群战士的奔跑和忙碌，从早到晚……

“港滩的清晨，黎明糅合在淡青色月光里，微风拂煦。江边的芦苇丛中鸣噪的鸟雀，打破了大地的沉寂。东方显露出的一抹银红洒向江面，波光粼粼的江面上闪烁着五彩波涛，瑰丽的朝霞映着白墙青瓦的江边小村庄，村落、房舍、小桥、人家，屋面上飘散着缕缕炊烟。村庄的倒影在江水中摇晃……”

如今，在这个“金碧辉煌”的地方，孕育了东方美谷、上海之鱼等奉贤新城地标性建筑。奉贤的金汇港和浦南运河交相辉映，让奉贤因水而美、因水而活、因水而富，滋润了两岸的奉贤人民。

从那时起，一条笔直宽阔的新金汇港便波光粼粼地呈现在奉贤的大地上，通江达海。它北起黄浦江，南至杭州湾，占奉贤地区总引水量60%，受益农田面积36万亩（240平方千米），两座大型水闸在杭州湾北岸和黄浦江畔耸立，两闸之间十余座大桥飞架东西。

金汇港冬季开港

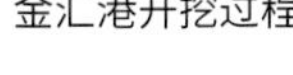

金汇港开挖过程

金汇塘历史照片

金汇港闸口历史照片

(4) 大治河的故事

据《南汇县志》《南汇水利志》等记载，大治河西连黄浦，东至东海。在南汇地区范围内的长度约 30 千米，河面宽 102 米，经过 13 座大桥和 6 道水闸，流经航头、新场、宣桥、三墩、黄路、新港、老港等河道。在大治河开河之前，有一年上海黄浦江低洼地区只差 5 厘米的高度就被水淹没，当时江水无法通向东海。为了防止倒灌，才开展了大治河工程。大治河开挖起到重要作用，水利作用十分明显，塘东路北片与塘西片水系得以沟通，为沿岸的盐碱地区提供饮用淡水。随着河道引排水和容蓄量扩大，防洪排涝能力明显增强。

大治河现状照片（2021 年）

1980 年 8 月 1—22 日，南汇县降雨量达 584.1 毫米，但全县受涝程度大大减轻；同年 6 月、7 月、9 月三个月，农田需水量大，通过大治河西水闸引水 187.6 小时、1 亿立方米；1981 年 8 月 31 日，时值农历八月初三，高潮与十四号强台风同时来袭，芦潮港潮位高达 4.85 米，市区防洪墙告急，市领导下令打开大治河西水闸为黄浦江分洪……1999 年冬至 2004 年底，实施夹塘地区水系改造工程，2005 年 6 月打通钦公塘隔水坝，实现了南汇三片水系的统一……大治河竣工至今四十多年，南汇再无发生严重的水旱灾害。

5）赵家沟的故事

赵家沟位于上海市浦东新区，西起黄浦江浦东大道（复兴岛对岸），东至随塘河，流经顾路、杨园、张桥等，是浦东新区主干河道最北的东西横向河流。

赵家沟西端原为古东沟（又名“东沟港”），东端原为古赵家沟。古东沟是黄浦江支流，清嘉庆《上海县志 • 水道图》有“漩河潭”，潭为东沟、曹家沟、赵家沟、卢九郎沟四水之汇。清同治《上海县志》又载，东沟为都台浦（曹家沟）、赵家沟、孙家沟、杨家沟、卢九郎沟出浦口。由于东沟具有浦东北部各路水道吞吐口的作用，因此也称“大将浦”。古赵家沟在明万历年间已有疏浚记载，据清嘉庆《松江府志》记载：“自护塘西流，经咸塘南口又西北折入漩河潭”。1949 年后，经过改造，古东沟的庄家湾已经裁弯取直，河道联通成为“赵家沟”，漩河潭已不见踪影。

20 世纪 70—80 年代，赵家沟成为浦东高桥东部河网的重要组成部分。赵家沟与马家浜、咸塘浜河道等横贯东西；高桥港和人工开凿的浦东运河等呈南北走向，东西南北交织的河道共同形成该地区发达的河网系统。进入 90 年代，浦东开发大量农田被征，高桥水网河道大部分阻塞或断流，已失去原先的舟楫输运的功能，仅存赵家沟、浦东运河、高桥港等，是该地区与外界水上运输往来的通道。近年，规划赵家沟作为浦东主干河道“五横六纵”的最北“一横”，设计为三级航道，可通行 1000 吨级内河集装箱船舶。从区域生态水系的协调平衡角度看，东沟地区也是水利建设的重点。

6）川杨河的故事

川杨河位于上海市浦东新区，西起黄浦江，旁边有原来的杨思镇，向东笔直达川沙海边的三甲港，所以命名为“川杨河”。全长 28 千米，河道宽约 70 米，全河可通航 300 吨级船只。

川杨河开凿于 1977 年，当时浦东地区被绵延数十里的钦公塘，即今天的川南奉公路阻隔，形成互不相通的黄浦江水系和长江水系，阻碍了航运。钦公塘以西的内河不通潮汐，境内引排、航运全靠黄浦江水，以致经常发生内涝和高潮倒灌；而钦公塘以东的百姓则饱受咸水困扰，于是当时的浦东川沙县计划开挖川杨河。1984 年疏浚工程中开通了钦公塘的坝基，沟通了黄浦江和长江之水，统一了历史形成的两个水系，使浦东 35 万亩（233 平方千米）农田达到百日无雨保灌溉和大雨不受涝的治理要求，并提高了航运能力。浦东新区开发以来，许多重大工程的建材都是通过川杨河运送的，川杨河成为重要的水上运输通道。

赵家沟历史照片

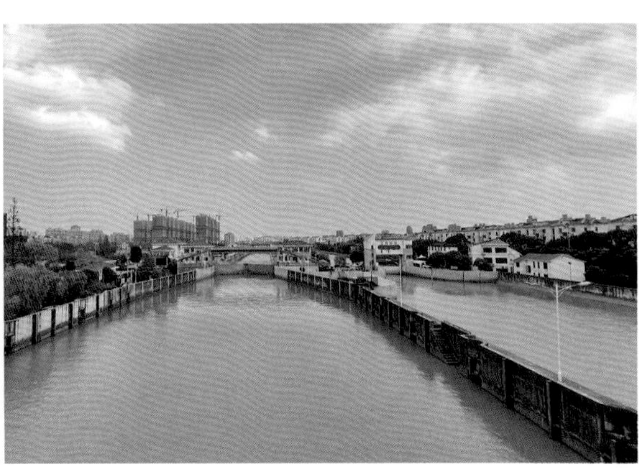

赵家沟现状照片（2021 年）

（7）浦东运河的故事

浦东运河位于上海市浦东新区境内，属于杭州湾水系。运河北起浦东新区赵家沟，南至大团水闸，贯穿浦东新区，因而得名浦东运河。

浦东运河历史悠久，其前身是东、西运盐河。西运盐河开凿的历史最早可追溯至南宋时期。南宋绍兴年间（1131—1162），该地区盐业的发达促进了运盐河道的开凿与修建，西运盐河便是在这一时期应运而生。据清光绪《川沙厅志》记载，南宋绍兴十九年（1149）浙西提举常平茶盐公事王钰（王安石曾孙）循内捍海塘西侧开凿濒海河，该河即西运盐河。运盐河的修建促使当地白盐畅销各地，促进了地区经济发展。东运盐河修建于明嘉靖年间（1522—1566），由川沙人乔镗组织，为抵御倭寇侵犯开凿修建，初名“御寇河”，后易名“东运盐河”，同时承担航运功能。浦东运河就是在东、西运盐河的基础上疏拓发展而来。

逐步疏浚东、西运盐河作为浦东运河并非易事，因为历史上的东西运盐河狭窄弯曲，明代至民国时期虽经历多次疏浚，但仍淤塞严重，截分数段，水流不畅。1949 年后加强了对河道的改道、扩宽，由南汇、川沙、奉贤各地区分期分段治理，航运、灌溉等功能得到一定的改善，为浦东地区的运输干线。1977 年，川沙又对河道进行大规模疏拓，东、西运盐河就此变成一条贯通浦东南北的骨干河道，改称“浦东运河”。整治后的浦东运河与赵家沟、张家浜、川杨河、江镇河四条东西向干河相交接，航运能力进一步加强。浦东运河的疏拓不仅增强了浦东新区排蓄水能力，也促进了水运交通的发展。

（8）浦南运河的故事

浦南运河是位于上海市奉贤区，西起龙泉港，经过庄行镇、南桥镇、青村镇、奉城镇，最终抵达原南汇区和奉贤区界河大泐港的骨干河道。这段河流曾经是浦东运河南段。1994 年，市地名办公室在整理河道标准名称时，将奉贤范围内的浦东运河更名为“浦南运河”。

浦东运河南段是 1949 年后分多期（次）开挖合成的东西向骨干河道。据《奉贤水利志》记载，1958 年冬奉贤在“水利化运动”（即兴建水利工程和设施以调节和控制农业用水）中，东西 40 千米全线动工开凿浦东运河，次年完成东起光明屠家湾、西至今南沙港长约 8 千米的河段，通常称之为“浦东运河县城段”，后经历两次疏浚。1974—1977 年西终县界龙泉港的浦东运河西段完成，加上浦东运河川沙段的拓宽疏浚，经历近二十年建设的浦东运河全线形成。

如今，浦南运河仍是横亘东西的骨干河道，“西水东送”的调水大走廊，还是水运网络的大动脉。

川杨河历史照片

浦东运河现状（2021 年）

3. 淀泖汇塘水系：从淀浦河—蒲汇塘到油墩港

（1）湖荡连绵、淀泖圩田

淀泖水系起源于淀山湖、元荡、三白荡等湖泊连绵区，以历史上的蒲汇塘（后西段经疏浚、改道后更名为“淀浦河”）为代表，从西向东流入上海，为吴淞江南岸的主要水系，串联了大盈浦、顾会浦、泽浦、大蒸港和泖港等大河浦，河网发达。沿水系分布的村镇皆三面临水，或大小湖荡如棋布，或塘浦港汊纵横，四通八达。历史上以圩田模式治水促进农业生产，形成独特地貌，体现了“活水周流”的自然生态特征。

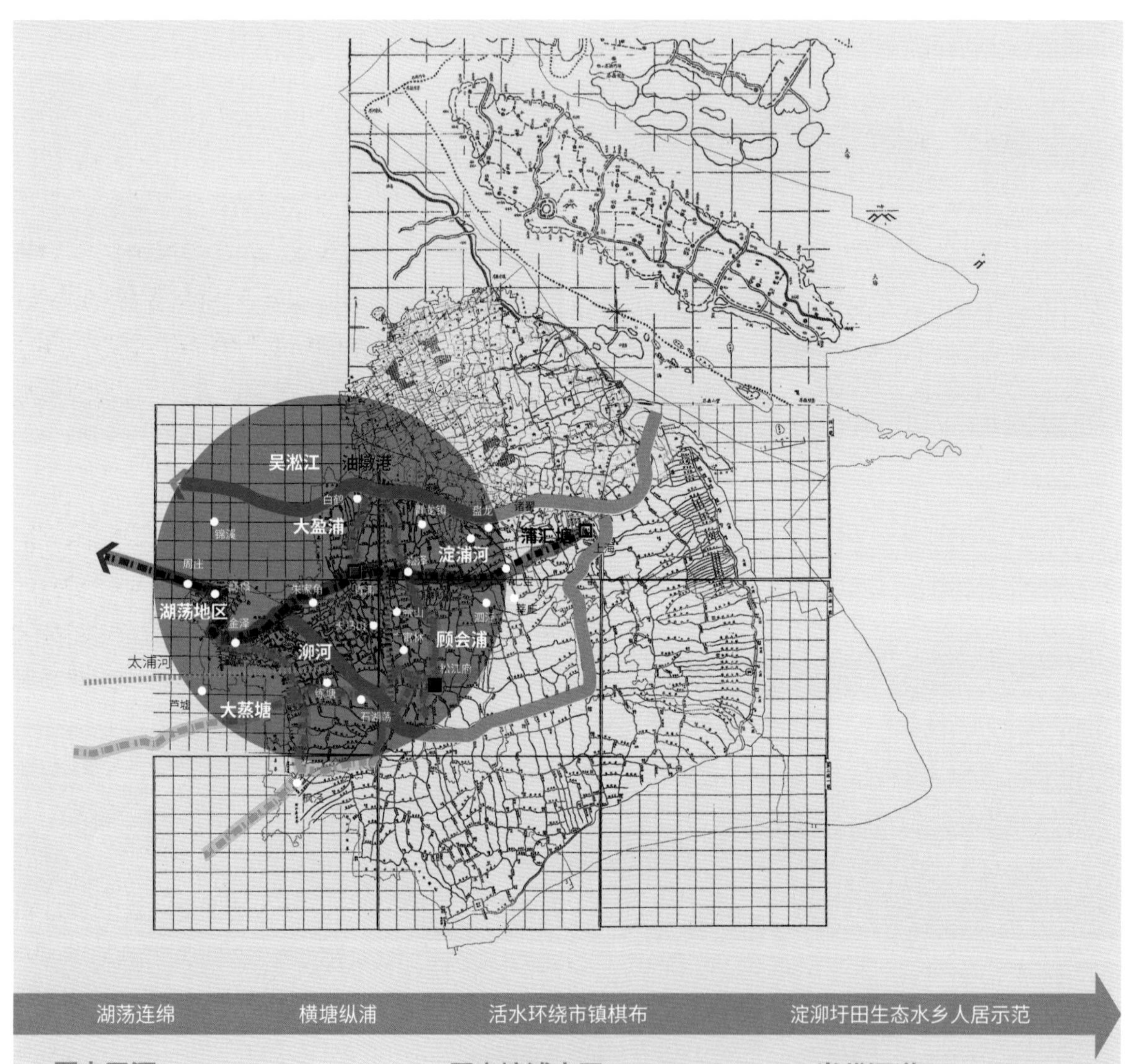

历史干河

蒲汇塘

古代黄浦，江宽浪急。因此青浦地区主要以蒲汇塘经朱家角、青浦老城厢，横贯崧泽、佘山、赵巷、泗泾、七宝，来往松江及上海县，两岸农田灌溉受益。蒲汇塘及后来的部分治理更名的淀浦河，在1949年后经拓宽或改道，作用进一步加强

历史塘浦水网

大盈浦、顾会浦、大蒸港等

大盈浦、顾会浦与赵屯浦、粽子浦、盘龙浦为古代淞南五大浦，青浦名就取自青龙镇的“青”和上述五浦的“浦”。大蒸港，又名“大蒸塘”，据清光绪《青浦县志》载：“塘在濮阳塘南，其地有古濮阳王墓，蒸土为之，故名”

当代河道

太浦河、油墩港

太浦河、油墩港是1949年后重点开挖的干河之一，以治理淀泖地区低洼地排水防涝问题，属省市级干线航道

淀泖汇塘水系示意图

（2）当代河道：淀浦河、油墩港、太浦河

淀泖地区水系发达，例如历史上的蒲汇塘即现今淀浦河，还有比较宽阔的油墩港、太浦河等河道。

油墩港河段北起吴淞江（苏州河）四江口，南至黄浦江上游的横潦泾，全长36.5千米。河道于1959年疏浚开挖，历经数次分段工程，于1991年全线挖通。贯通后，青浦境内河段长18.84千米，河底高程-1米，底宽20～25米；松江境内长17千米，河底高程-2.6～-2米，底宽50～118米。河道南北各有船闸一座，可通航100吨级船只。

太浦河是太湖流域最大的人工河道之一，因沟通太湖和黄浦江，故以其起讫点命名为“太浦河”。沿线以太浦河为界，涉及两大水系，太浦河以北属阳澄淀泖水系，有典型的淀泖水系有网无纲的特点，缺乏骨干引排河道；以南属浦南水系，通过骨干河道与境内大量湖泊串接，承担着区域调蓄和引排的重要任务。

淀浦河、油墩港、太浦河等河道疏浚、开挖，为上海西部地区开辟了南北向、东西平行黄浦江的航道，沟通黄浦江上游吴淞江、蕰藻浜等东西向的骨干航道。例如，油墩港为300吨级航道环线的河道，减轻了黄浦江市区段航道的压力，促进地区水上交通建设与航运事业发展。

（3）淀浦河-蒲汇塘的故事

淀浦河位于青浦区中部、松江区北部、闵行区中部，西起淀山湖口九曲港，东至黄浦江船华渡口，长46.4千米，因联结淀山湖、黄浦江得名。据《青浦县志》的水利篇记载，今淀浦河青浦镇向东至打铁桥一段，原为蒲汇塘的一段，经1971年治理工程后改名为“淀浦河”。

历史上的淀浦河-蒲汇塘曾经历多次疏浚。据记载，宋淳熙二年(1175)至清宣统二年(1910)年间，蒲汇塘曾先后疏浚14次。1934年，上海市及松江、青浦两县合浚蒲汇塘七宝段河道。1949年后，河道分别在1958年、1971年和1976年三次疏浚治理，受益耕地52.5万亩(21.25平方千米)。淀浦河全线竣工通水后，青浦、松江地区加强了对河道的维护、疏浚，使淀浦河成为沟通太湖流域与上海的主要航道之一，缩短了从淀山湖到黄浦江之间的航程，也为农业生产排涝、灌溉发挥了重要作用。蒲汇塘的市区河段，由于肇嘉浜填筑成路，出入黄浦江孔道堵塞后，水流主要从漕河泾、龙华港出水，水运功能渐渐弱化了。

生活在七宝的人们，对西起松江、东至上海的蒲汇塘有许多印象和回忆。这条横贯东西的河流，如同七宝的命脉，从古到今，流淌不息，见证了七宝的变迁。

以前，蒲汇塘是漕运河，很多船只在七宝码头停靠，客商、船夫上码头，在镇上备航船时的生活用品，然后歇脚上岸过夜，次日再出发。那时，蒲汇塘上船帆竞航，好不闹猛。有了河流，也就有了桥。据有关资料记载，虽然七宝在宋初就初具规模，但直至明代，蒲汇塘上尚无一座石桥，南镇、北镇分隔，来往甚为不便。到明正德年间（1506—1521），始有石桥。石桥的名字就叫“蒲汇塘桥”，由此七宝南镇、北镇相通。

20世纪50年代，塘桥附近就是古镇的中心，桥两侧摆满了各种风味小吃，特色产品。天还未破晓，摩肩接踵的人群和各种食品发出的香味，夹杂着小贩的叫卖声，形成了七宝早市特有的情调。

公私合营后，塘桥上的小商贩渐渐消失。60年代起，塘桥成了文化宣传阵地，桥廊的两侧有4组宣传栏，分别是阅报栏、电影宣传栏、健康卫生栏、时政公告栏等，老人们在回忆塘桥时提到，当时的电影栏登载了《红与黑》《漂亮朋友》《静静的顿河》等电影宣传图，很受欢迎。

七宝本地文化研究者陆益明回顾时曾提到，蒲汇塘桥柱上刻有对联，读中学时，出于对前代遗迹的好奇，他常下意识地将对联读了一遍又一遍，“三泖映东南，几湾绿水源流远；九峰耸西北，数点青山气势幽”。后来桥柱上苔痕斑驳，字迹不易辨认，有居民用朱红油漆把对联涂描一新，使字迹又清晰可见起来。

横亘蒲汇塘之上的，还有东西二桥。据记载，二桥形状与高度相仿，就像塘桥的侍卫。东桥名为“安平桥”，西桥名为“康乐桥”，均建于清道光年间（1821—1850），建成之后两岸生产生活来往更加便捷。

根据老人回忆，20世纪五六十年代时，东西桥由三条大青石板组成，没有护栏。孩子们常在桥上奔跑追逐，就像水墨画里跃动的精灵。可惜的是，后来蒲汇塘开浚时，东西二桥相继拆除，关于它们的记忆也就留在了上一辈的脑海之中。

（4）油墩港的故事

油墩港是1949年后为了解决东大盈港河道湮塞新挖的河道。东大盈港，古称“大盈浦”，昔时港面开阔，水流湍急，为古代淞南五大浦之一。历史上，大盈浦与顾会浦、赵屯浦、崧子浦、盘龙浦合称“淞南五大浦”。其中，大盈浦即今东大盈港；赵屯浦是今西大盈港；崧子浦又名崧泽塘，是今油墩港东、西之主干河道。东大盈港北段历史河道经历多次演变，其中局部又称“白鹤江”“白鹤汇”，位于大盈浦与吴淞江交汇，原青龙镇附近一带，现有白鹤古镇位于大盈浦江畔。

东大盈港江面更为开阔，水流湍急，直接承受淀山湖水北流，于白鹤汇入吴淞江，长14千米。由于吴淞江东段淤阻，泥沙停滞，河道湮塞，虽经历代浚治，收效不大。东大盈港至1950年代初期仅能通航60吨级船只，难以适应经济建设的发展，加以河道弯曲过甚，因而规划新开油墩港，以取代东大盈的主干河道作用。

油墩港经历数次建设工程后贯通。1959年，松江疏浚油墩港，自古浦塘向北至广富林，长5千米。同年又新开油墩港南段3.6千米，北接姚泾，向南直抵黄浦江。1977年，按照青（浦）松（江）大控制区的总体规划，决定由松江、青浦两县分段开挖并建设配套工程设施。1978年起，青浦县按照“先配套、后开河”的要求开挖青浦河段。松江境内除从古浦塘到坝河口一段约2.3千米利用原姚泾河道外，其余十多千米全系新开。至1991年底，油墩港全线挖通。河道南北两端各有船闸一座，可通航100吨级船只，是青松大控制区北水南排的主要河道之一。

油墩港的挖通，对当地防洪排涝和内河航运建设发挥着重要作用。油墩港纵贯青松低洼地区中心，承泄青松大控制片内的涝水，自排效果较好，对青浦、松江两县72万亩（29万平方千米）低洼易涝地的除涝降渍起着举足轻重的作用。

油墩港历史照片

油墩港现状

1987 年，考古学者对紧邻崧泽遗址的油墩港工程进行考古发掘，意外地清理到了两口 6000 年前的古井。

从考古推断看，上海这个地方，基于五六千年前开始的水稻种植，同时期还有酿酒工艺形成。“好粮还得有好水，酒水酒水，酒与水难舍难分。”考古学家在崧泽遗址进行考古发掘，发现了人工培植的稻谷，瘦长的为籼稻，肥短的为粳稻，说明上海地区的先民那时已经种植稻谷，将上海地区农耕文化的历史提早到了 6000 年前。

1987 年考古学者在油墩港岸边考古发掘之中，其中一口直筒形水井尤其典型，残深 2.26 米，直径 0.67 ～ 0.75 米，井壁坚硬，无任何加固材料，井中满是黑灰土。考古工作者经过技术鉴定，认定水井所处的文化层及出土陶器归属于距今六千多年的马家浜文化。这是中国已知年代最早的水井，有了水井，自然就有了可靠的淡水来源，为上海先民的酿酒创造了必要的条件。

先后领队发掘了马桥、崧泽和福泉山等上海古文化遗址的黄宣佩先生认为，五千多年前的崧泽文化中，盛酒的陶壶与饮酒的陶杯已经是当时古人重要的生活用器。《宋史・食货志》还有关于酿酒工艺的记载——“踏曲爨（音 cuàn，烧火煮饭）蒸”，这四个字描绘了宋代上海先民做酒的工艺过程，也仿佛给我们描绘了一幅宋代上海人制酒的风俗画。

酿酒文化

酿酒工艺

考古挖掘现场

油墩港工程现场的考古发现
来源：青浦博物馆

4. 秀水港塘水系：从秀州塘到泖河、大泖港

（1）柘泖淤塞，东北汇流

秀州塘俗称“官塘”，为嘉兴府至松江府城的主要官塘驿道，可与江南运河与太湖水网联系。历史上该区域地貌变化较大，由于黄浦夺淞，横潦泾、斜塘、泖港、胥浦塘、大芒港、张泾等多条河流，受到水流冲刷，河面扩大，改为东向、东北向汇流入黄浦，三泖缩小、柘湖淤塞，陆地面积从而扩大，孕育了错落分布的市镇、村庄，如石湖荡、蒋泾、松隐、亭林、阮巷等。此外，干溪（干巷）、璜溪（吕巷）、留溪（张埝）、珠溪（朱泾）被称为“金山四大古镇”。

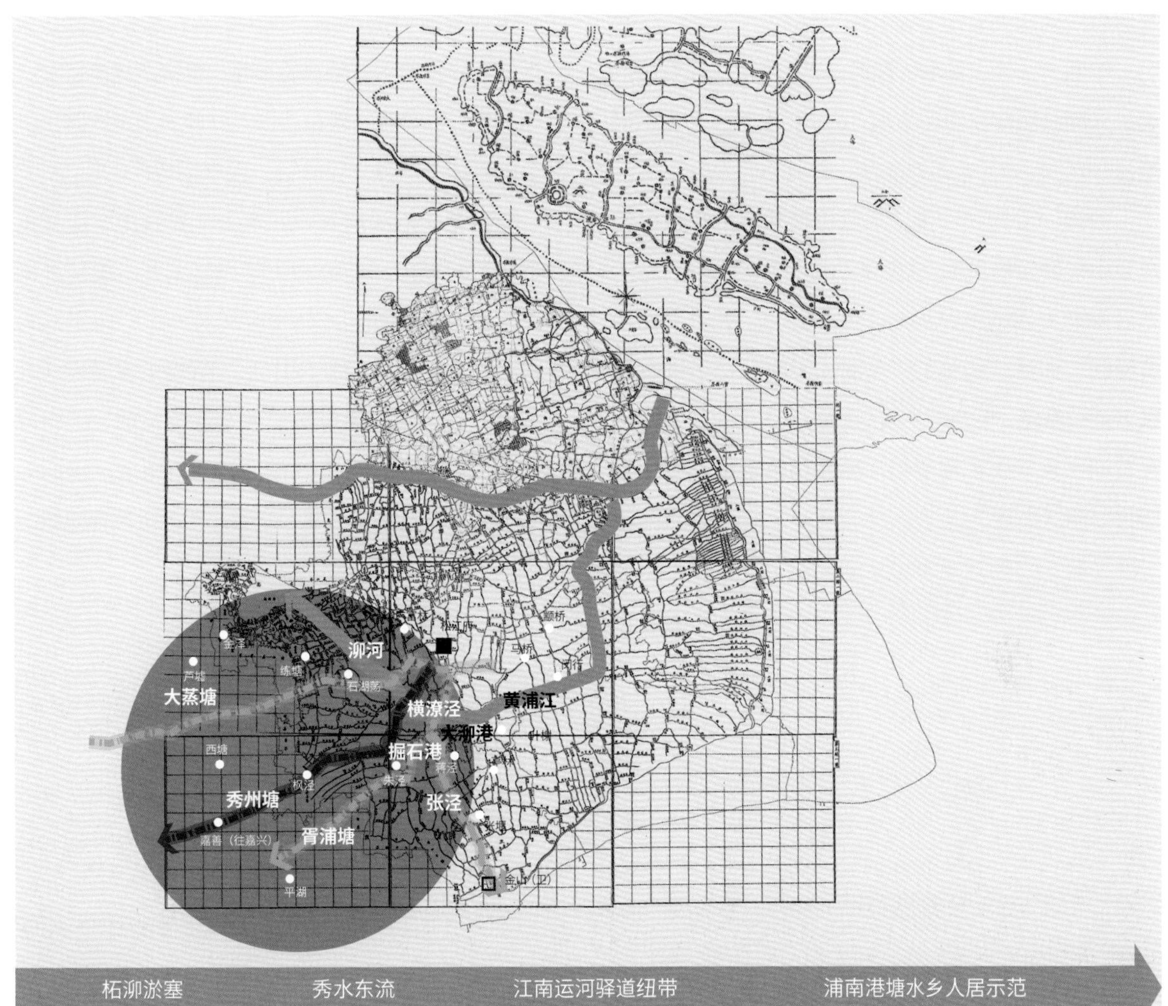

柘泖淤塞　秀水东流　江南运河驿道纽带　浦南港塘水乡人居示范

历史干河

秀州塘

据《方舆纪要》卷24《松江府华亭县》记载，秀州塘“自浙江嘉善县而东，经府西南六十里之枫泾镇，又东十里过白牛塘，绝长泖而北流，又东合黄桥门及斜塘以东诸水，至沈泾塘入西水门，贯城而东”。如今秀州塘过枫泾镇，东流至金山朱泾折向北流，今下游成为大、小泖港，然后流入黄浦江

历史塘浦水网

胥浦塘、张泾

历史上较为重要的河道水网包括枫泾白牛塘、大蒸港（红旗塘）、斜塘、胥浦塘、大芒港、掘石港、张泾等水系。胥浦，因纪念春秋时主持开凿此河的伍子胥而得名。据《上海水利志》记载胥浦是上海最早的人工河道，张泾为纵贯金山地区的河道，沿河分布有金山卫、张堰、吕巷、亭林、朱泾五镇，又因浙水改道，张泾在黄浦以北段湮废

当代河道

泖港、大泖港

泖河和大泖港均为黄浦江上游的主要河道，这一地区与浙江交界的主要河流11条。从航运角度，疏浚提升泖港、张泾、大蒸塘（部分曾名“大蒸港”，浙江段称“红旗塘”）、胥浦塘、黄姑塘等防洪防潮水利设施以及水运条件，使得这些河流成为区域航运通道

秀水塘港水系示意图

（2）当代河道：泖河、大泖港

黄浦江上游有三大源流，分西北、中部、西南三支，泖河和大泖港均为其中主要河道。

西北一支为主流，自淀山湖口淀峰起为拦路港，下接泖河、斜塘至三角渡，又有太浦河汇入泖河，承泄太湖及江苏淀泖地区来水。1995 年 12 月太浦河开通后，成为黄浦江主要水源。

中间一支为大蒸塘—圆泄泾，上接浙江红旗塘，承泄太湖及浙江杭嘉湖来水，两支汇合后，称为“横潦泾”。

西南一支为大泖港，承泄杭嘉湖沪杭铁路以南及金山县西南部来水，大泖港西接小泖港和掘石港，之后向北汇入横潦泾后为“竖潦泾”，折向东流为黄浦江。因此，俗称的“黄浦江干流”是指米市渡以下，横潦泾、竖潦泾汇流之后的主干河道。为此，在黄浦干流以上汇流于松江石湖荡镇形成三角洲，俗称“浦江之首”。

（3）泖河的故事

泖河又称“泖湖”。因这一带曾为三江之一的东江的大致所在，后来东江演变为大泖、长泖、圆泖，简称“三泖”。随着时间推移，三泖也渐渐湮塞，大部分淤涨成陆，仅存一条泄水道，就是泖河，实际上仅是圆泖的一小部分。

唐代泖河仍很宽阔，青山含秀，碧波荡漾，与附近的九峰构成著名的游览胜地，曾留下许多诗文。比如，泖河中间有一淤积沙洲，分泖河为东西两支，洲上旧有唐澄照禅寺和泖塔，现寺毁塔存。

明正德《松江府志》“水上”卷有由拳旧城沉没三泖的记载，“俗传泖中每风息云开，阛阓井阑毕见，盖由拳故城也。”《神异传》：“由拳陷为谷水，而城之故迹乃在泖中。”明代吴履震辑《五茸志逸》卷五也有由拳城沉入水底的记载：“相传长泖为由拳旧县，汉末沉没。每天色晴明，水面无风，则见水底屋脊瓦石焉。万历元年，新筑青浦城，

泖河、大泖港现状

苦无石，父老言于邑令，使人入水得石甚多。今城头多石，多长泖中物也。”在万历元年（1573），传说从泖河水中由拳旧城遗址取得石块用来筑青浦老城厢的城墙，而且在泖河底，水深地段有沉没村庄的砖瓦等物，在船上用篙子能碰到，水浅的地段水清时，村落建筑物在河底亦清晰可见。河中小洲原有澄照禅院，现在已经荒废，尚存五层方形唐代宝塔，即泖塔。

历史上三泖与九峰齐名，并称为松江“九峰三泖”，自古以来便是风光秀丽的旅游胜地。唐宋以来历代著名诗人、文学家、书画家，如唐代陆龟蒙，宋代宋庠，元代杨维桢、倪瓒，明代顾清、董其昌、陈继儒等皆慕名来游，吟咏不绝。

风清地古带前朝，遗事纷纷未寂寥。
三泖凉波鱼蕝动，五茸春草雉媒娇。
云藏野寺分金刹，月在江楼倚玉箫。
不用怀旧忘此景，吴王看即奉弓招。
——（唐）陆龟蒙《奉和袭美吴中书事寄汉南裴尚书》

长泖东南近秀州，半为烟水半汀洲。
鹭鸶飞破夕阳影，万点菱花古渡头。
——（清）黄霆《松江竹枝词》

万顷白云迷客棹，一湾秋水下斜塘。
——（清）杨日照《从长泖过斜塘》

今观所谓三泖，皆漫水巨浸，春夏则荷蒲演迤，水风生凉；秋冬则葭苇藂薪，鱼屿相望，初无江湖凄凛之色。
——（宋）何薳《春渚纪闻•卷七•泖茆字异》

现今泖河上承拦路港，下接斜塘入黄浦江，流经原青浦县的沈巷、练塘、小蒸、松江县昆冈、古松、大港等乡，河段长10.5千米，河宽100～500米，主航道深8米，可通航500吨级船只，为通往江苏、浙江、安徽的苏申外港线航道。

由于周边地势低洼，加之紧靠太湖，洪涝季节，太湖流水主要通过拦路港，由东向西方向排入黄浦江。黄浦江是一条感潮河流，太浦河的芦墟水文站及拦路港的关王庙（淀峰）水文站资料均显示，河道水位受潮水位的影响较大，容易造成洪涝灾害。因此，为了防洪排涝，中华人民共和国成立后，水利部门通过扩大拦路港、疏浚泖河及斜塘，为淀泖地区解决内水的出路，开辟畅通的排水通道。

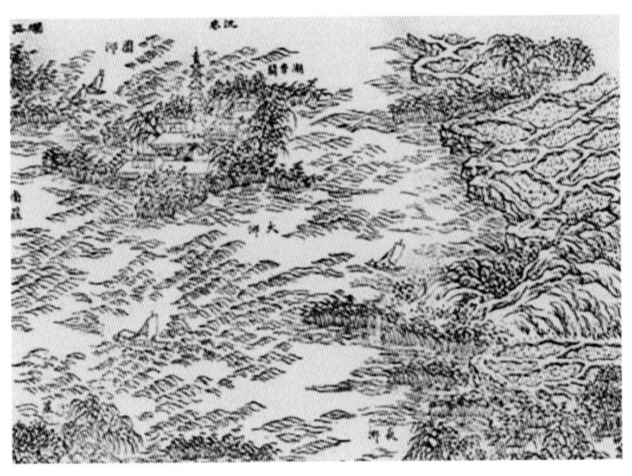

清光绪《青浦县志》中泖港

泖港历史图片
来源：青浦区档案馆

秀水塘港水系的大蒸港河道与周边村庄现状（2021 年）

位于泖河上游的拦路港工程，是太湖流域综合治理十大骨干工程之一。工程的主要任务是扩大拦路港，以保证淀泖地区的排水出路；并疏浚泖河、斜塘以满足与拦路港、太浦河过水断面相衔接的要求，并作为国家计委批复的苏申外港线四级航道的组成部分。为减少拦路港的河道断面，辅以元荡分流工程，在拦路港下游设泖河枢纽进行挡潮控制。该工程的实施有利于改善淀泖地区的排水条件和承泄太浦河洪水，对保证地区防洪安全具有重要作用，并对改善地区航运、供水及交通条件，以及水源环境具有重要作用。

（4）大泖港的故事

大泖港，又称“泖港”，目前主要指横潦泾、竖潦泾汇入黄浦江前的一段较为宽阔的河道。大泖港在水运网络中，属于平申线上海段航道，是规划建设中的上海“一环十射”高等级航道网的重要组成部分。平申线上海段航道南起胥浦塘上海与浙江省界，沿掘石港、大泖港至横潦泾交叉口，航道里程 19.3 千米，横贯金山、松江两区，集航运、防汛等功能为一体，是上海连通浙江的一条较为繁忙的水运通道，也是上海高等级内河航道网的重要组成之一。

为满足大泖港在航运中的重要作用，提升综合交通条件，20 世纪 70 年代末，在上海的大泖港上，动工兴建了“泖港大桥”，1982 年 6 月 16 日竣工通车，横跨大泖港连接叶新公路。

泖港大桥曾在上海桥梁建筑史上具有很高的地位，是上海第一座超过 200 米的大跨度斜拉桥，也是当时国内跨径最大的混凝土斜拉桥。

经过近四十年运营，大桥存在结构老化、受损和斜拉索锈蚀等旧损。随着下方平申线航道的升级，这座老桥更是日渐无法满足水陆交通的需求，升级改造提上了日程。据报道，这座大桥采取先在其北侧建新桥再拆老桥的方案。

泖港大桥拆除工作于 2021 年 2 月完成，2021 年 6 月新桥全线通车。泖港大桥以其鲜明的红色斜拉索，再次成为横跨大泖港的一座形象的标志，见证了大泖港以及横潦泾、黄浦江上游地区的河道变迁，也是上海国际航运中心配套集疏运体系的一个缩影。

泖港大桥老桥与新桥

4.2

乡土单元采样

灶港盐田

湖群岛田

塘浦荡田

柘泖积田

塘泾湾田

泾浜高乡

滧港沙岛

沙滧鳞田

基于对上海乡村空间的整体认知，在地形地貌、水系水利、交通贸易、生产活动、乡土建筑五个层面的分析基础上，综合社会文化、方言语系、行政建制及传统建筑文化圈等相关因素梳理，选取具备典型特征的乡土空间单元。针对典型乡土空间单元，采取图记方式进行切片式剖析，提取和对比印证各类乡村空间要素之间的时空逻辑，从而构建多元化、多专业的乡土单元认知体系，为上海大都市地区乡村建设，延续乡村空间肌理、继承乡村历史风貌、传承乡村传统文脉，提供路径模式参考。

乡土空间单元采样调查，采取切片的方式，提取灶港盐田、湖群岛田、塘浦荡田、柘泖积田、塘泾湾田、泾浜高乡、潋港沙岛、沙潋鳞田共八处典型肌理特征。采样工作以地形地貌、河流水系、行政建置、边界等物质要素作为基础加以叠合，进而比对文献史料和地图影像资料，解析所形成的土地利用、形态肌理、聚落空间，描绘记录代表性的传统民居、乡村生活等面貌。每处乡土聚落样本，通过单元采样图记作为切面，探讨聚落单元的地块形式、大小，是怎样遵守着“隐藏”的自然经验，根据土地的结构和属性来确立肌理、结构、景观、尺度、形式等风貌特征。

采样调查分为以下三个步骤：

第一，文献查阅，分析相关文献与资料，详细梳理地区历史发展进程，并结合乡村地区现有水利工程、自然资源、民俗文化、农业产业等历史遗存进行资料分析、归纳与总结，为选择典型的乡村空间单元提供理论基础和空间线索。

第二，实地调查，通过实地踏勘、拍摄、走访，详细了解主要河道水系、地形地貌等的现实状况，基于特定空间收集文化特色、居民生产生活状态以及非物质文化活动有关的资料，构建各类信息资料的历史和空间逻辑，为研究提供现实基础。

第三，时空结合，通过充分收集史志古地图、不同年代或来源的航拍图、卫星图片，以及考古图、手绘书画稿、老旧杂志文献等，应用到具体选点研究中，将理论分析与实地踏勘情况相结合，确认乡土空间单元的风貌特征。由于多个历史时段的航拍图、测绘图、史志古地图等，信息精度参差不齐，资料格式不尽相同，位置坐标缺失给识别工作带来处理的难度，局部采用数据统计分析、遥感和地理信息系统等辅助技术，从历史依据推断进行栅格化地图的空间定位，增加空间风貌的时空变化解析。

通过以上步骤，识别上海乡村地区因地制宜、适应自然环境、营造和谐人居背景的乡土肌理单元，为解读乡村的历史文化特征提供依据。

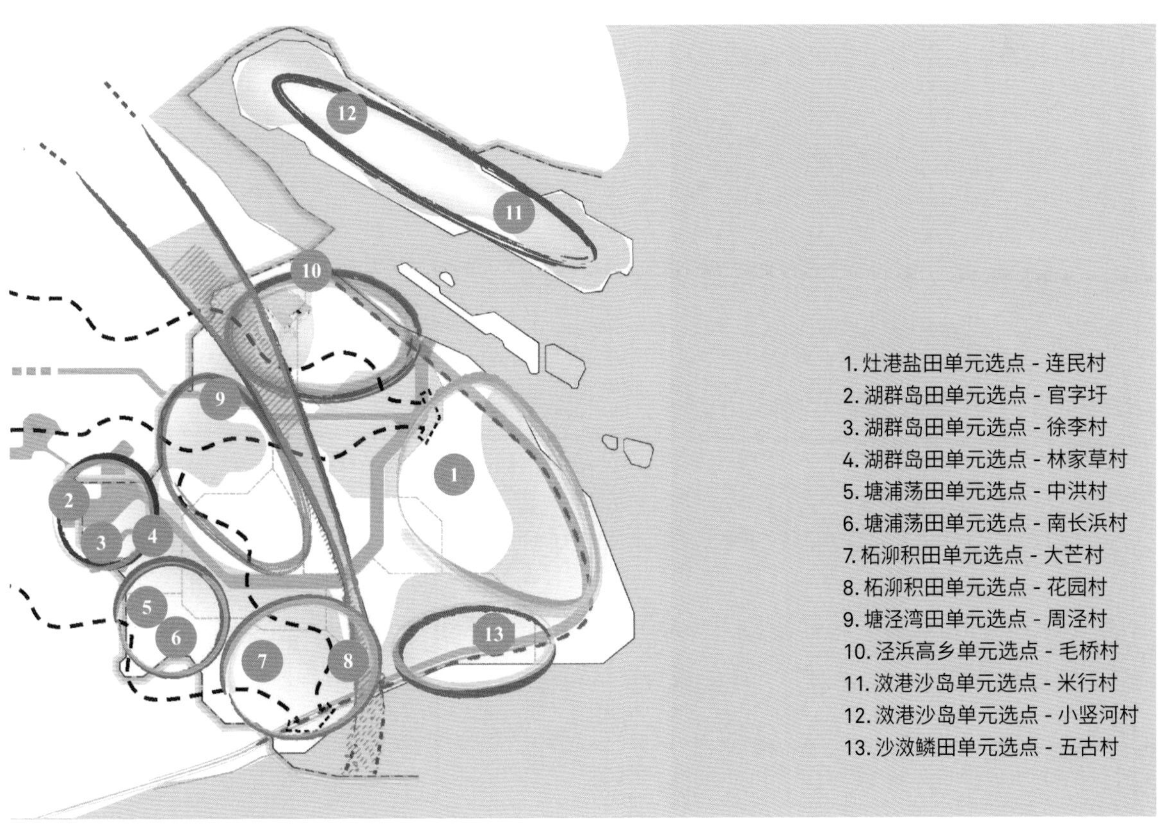

乡土空间单元的分布情况

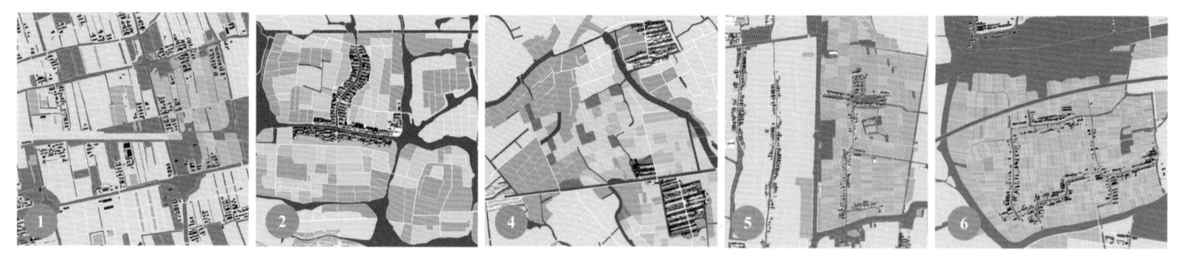

1. 灶港盐田单元选点 - 连民村
2. 湖群岛田单元选点 - 官字圩
3. 湖群岛田单元选点 - 徐李村
4. 湖群岛田单元选点 - 林家草村
5. 塘浦荡田单元选点 - 中洪村
6. 塘浦荡田单元选点 - 南长浜村
7. 柘泖积田单元选点 - 大芒村
8. 柘泖积田单元选点 - 花园村
9. 塘泾湾田单元选点 - 周泾村
10. 泾浜高乡单元选点 - 毛桥村
11. 漖港沙岛单元选点 - 米行村
12. 漖港沙岛单元选点 - 小竖河村
13. 沙漖鳞田单元选点 - 五古村

乡土空间单元采样点在历史地图上的位置

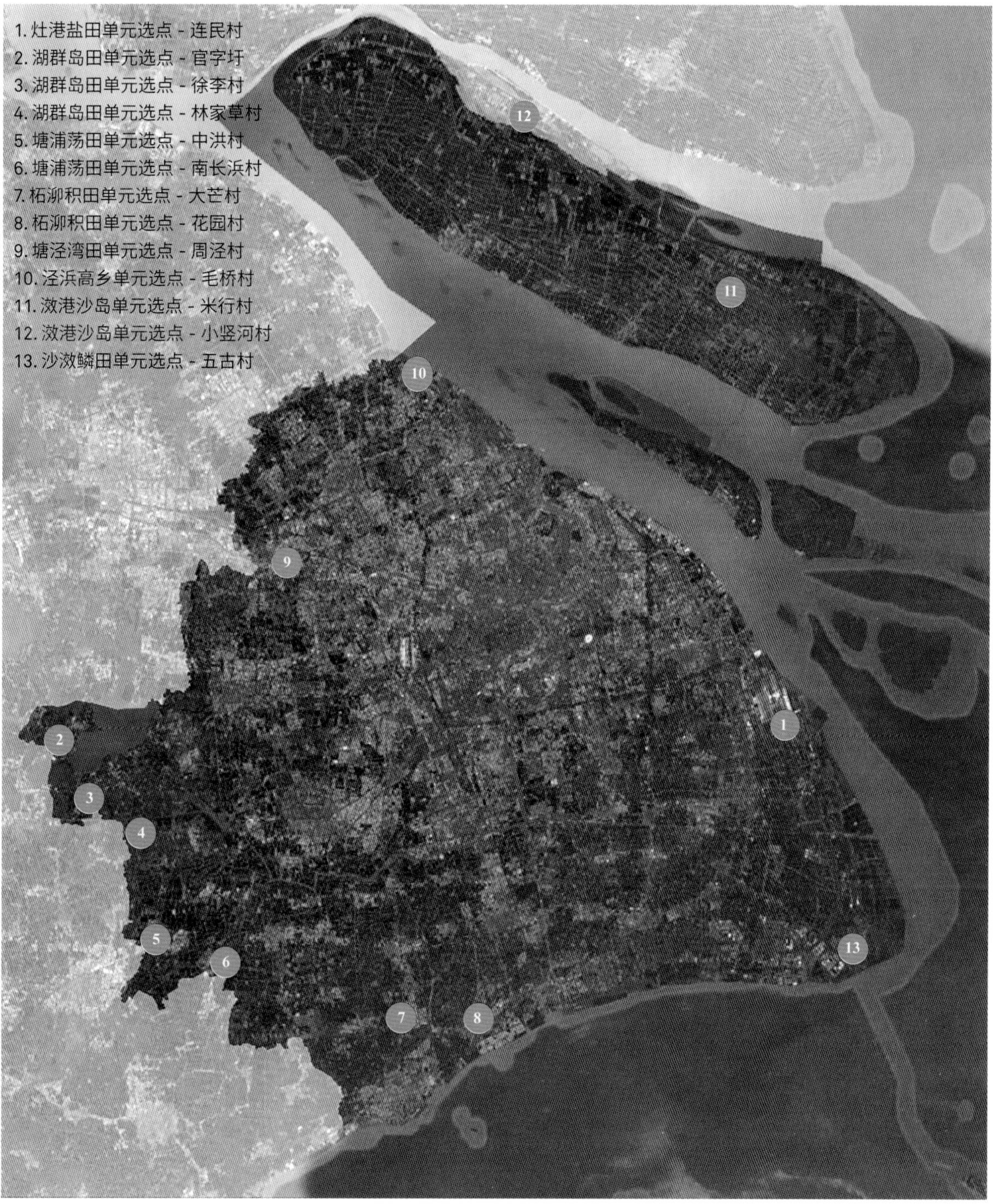

1. 灶港盐田单元选点 - 连民村
2. 湖群岛田单元选点 - 官字圩
3. 湖群岛田单元选点 - 徐李村
4. 湖群岛田单元选点 - 林家草村
5. 塘浦荡田单元选点 - 中洪村
6. 塘浦荡田单元选点 - 南长浜村
7. 柘泖积田单元选点 - 大芒村
8. 柘泖积田单元选点 - 花园村
9. 塘泾湾田单元选点 - 周泾村
10. 泾浜高乡单元选点 - 毛桥村
11. 滧港沙岛单元选点 - 米行村
12. 滧港沙岛单元选点 - 小竖河村
13. 沙滧鳞田单元选点 - 五古村

乡土空间单元采样点的现状分布

4.2.1
灶港盐田

盐业曾经在相当长一段时期内是浦东地区最重要的经济生产活动，并带动与盐业生产相关的航运、商业等行业的发展，对浦东的历史产生了广泛而深刻的影响。浦东的诸多地名、密布的河道多与它有着千丝万缕的联系。新场、航头、大团、六灶、下沙、三灶、盐仓……盐民开挖大小河道 200 多条，形成浦东特有的人工水系，大致奠定了浦东“江南水乡”的水网格局。时至今日，一些河道在农田灌溉、航运方面仍发挥着重要作用。

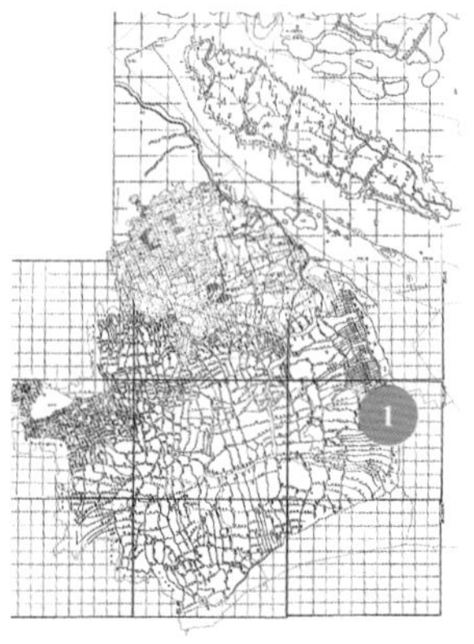

灶港盐田区位图

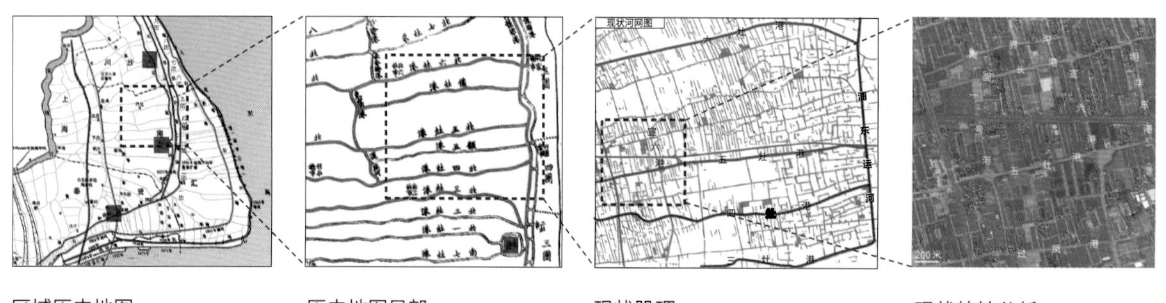

区域历史地图　历史地图局部　现状肌理　现状航拍分析

灶港盐田乡土空间单元不同尺度的特征采样

浦东新区川沙新镇连民村

浦东新区川沙镇灶港地区航拍

1. 地形概述：浦东滩涂，盐卤泽国

盐业生产和农业灌溉是形成浦东新区、奉贤部分地区水系格局的主要推动力量。海盐的生产工艺与运输奠定了该地区“横港纵塘”的基本水系格局。为便于管理，盐业生产场下设团，团下设灶，层级分明。例如，明代下沙盐场下设三场十团，南北延续约数十千米；团以下设灶，分布密集。现今许多市镇的名字如大团、四团、五灶、六灶均与盐业有关。

浦东地区的盐民们经过几代甚至十几代人的努力，为了引流海水，蒸晒制盐，开挖出无数条用于引潮的东西向主沟漕，再沿主沟漕两侧分别向南北方向开挖支河，将海水引入盐田，便于摊晒。久而久之，这些主沟漕就被人们称为“灶港”。横向灶港，通过运盐河道以及各团支渠连接钦公塘以东黄浦水系。各团每日煎盐，仓库贮满后须随时向总仓输运，这些河道沟渠是重要的运输通道。

随着陆地不断东移，滨海东部修筑了多条海塘，盐灶也随之不断越过海塘向东迁移。原来引潮的沟漕需不断地挖深、延长，才能达到引潮进田、煮海

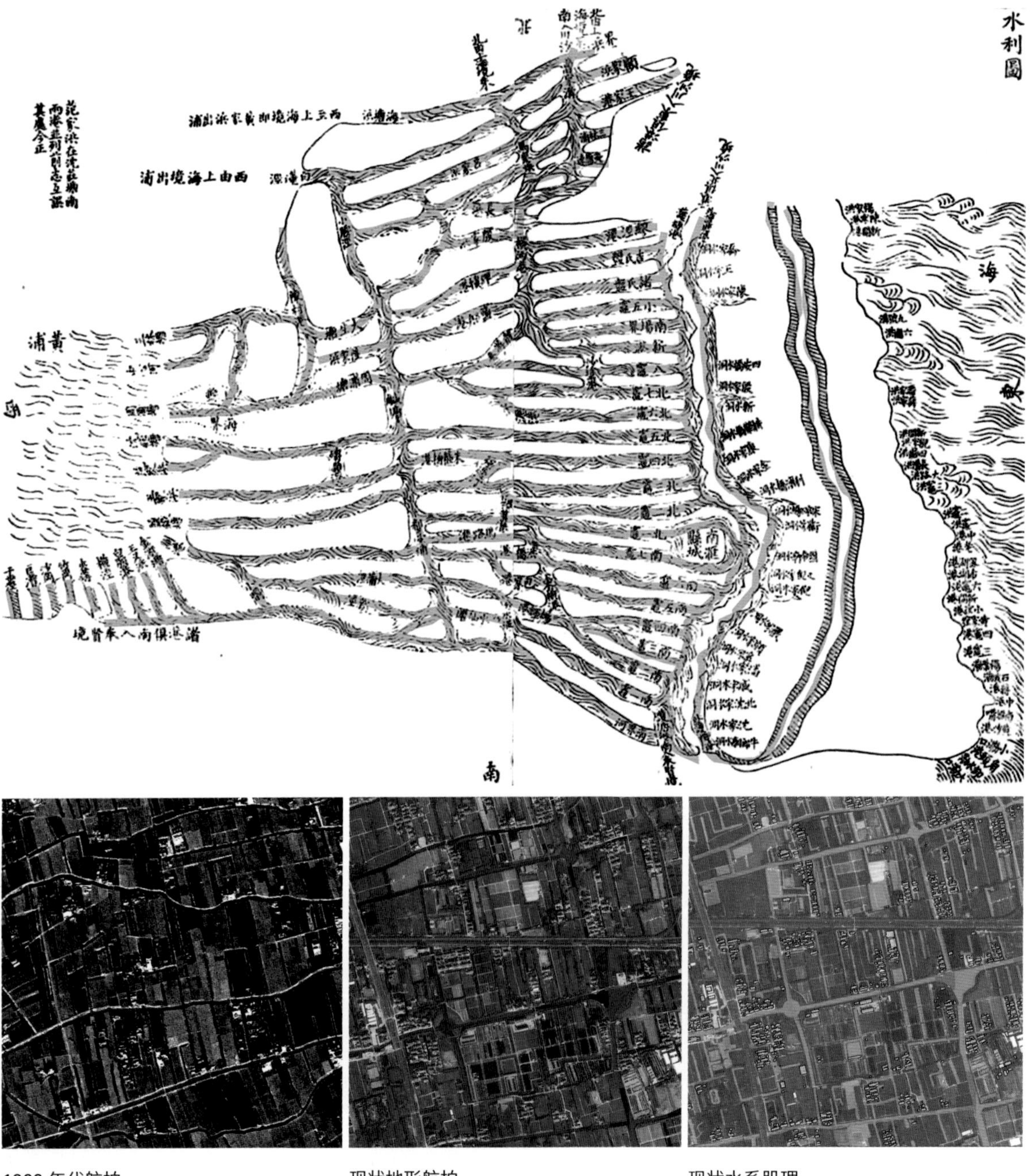

1960 年代航拍　　现状地形航拍　　现状水系肌理

连民村空间肌理分析

制盐的目的。后期盐业式微后，浦东农业陆续发展，原灶港河道经过不断的人工改造，形成贯穿东西的横港干河，支河分级引干河之水进行农田灌溉，最终形成一个横纵密布的河网水系，兼具生产和贸易交通的双重作用。

2. 聚落选址与布局：理水与营田

处在“冈身”以东的黄浦江东岸属于浦江平原，里护塘 - 钦公塘以西为早期“海积高平田”，高程 4.0 ～ 5.0 米，地势高爽。钦公塘与后期海塘之间，狭长形地带中，地势较为高亢，地面高程 4.8 ～ 5.0 米，为典型的夹塘“海积高亢田”。无论是海积高平田还是海积高亢田，均地势较高，需要人工开挖大量横向生产性河道“灶港”。另外，该地区为了把生产出来的盐运出去，还开挖了规模较大的通江达海的运盐航道，如南通奉贤县界、北抵白莲泾，纵贯周浦镇区的咸塘港，其他如闸港、周浦塘、运盐河等。

后期浦东一带逐步改为农业种植后，由于农业需要淡水灌溉，海塘涨出的滩地比原来西面土地略高，难以向东排水，因此农田对来自西边的黄浦的淡水潮汐依赖度比较高，需要引淡脱盐，改良土壤，成为该地区农业发展的必需条件。

浦东早期市镇主要是由团、灶为基础的盐业贸易、运输交通型的聚落集镇发展而来，后期粮棉贸易发达后，集镇数量与规模进一步提高。浦东乡村中的聚落规模小、密度大、数量多，除镇区相对集中，其余分布相对均匀分散。

后期，由盐业改为农业生产后，浦东大多数村落沿着现状保留水网、农田、村落形态，呈现横纵分布的格局。横港为主，纵塘为辅，以纵塘两侧“非”字形南北向排列较多；其次也有较多“一”字形，沿着横向其他河道分布的村落。以川沙的五灶港一带为例，纵向支流间距 100 ～ 200 米，村落主要沿纵向盐塘分布，间隔 200 ～ 300 米的空间距离，10 ～ 15 户左右的民居聚落成组、成块，散落分布。

浦东新区川沙镇连民村

浦东新区川沙新镇连民村肌理分析

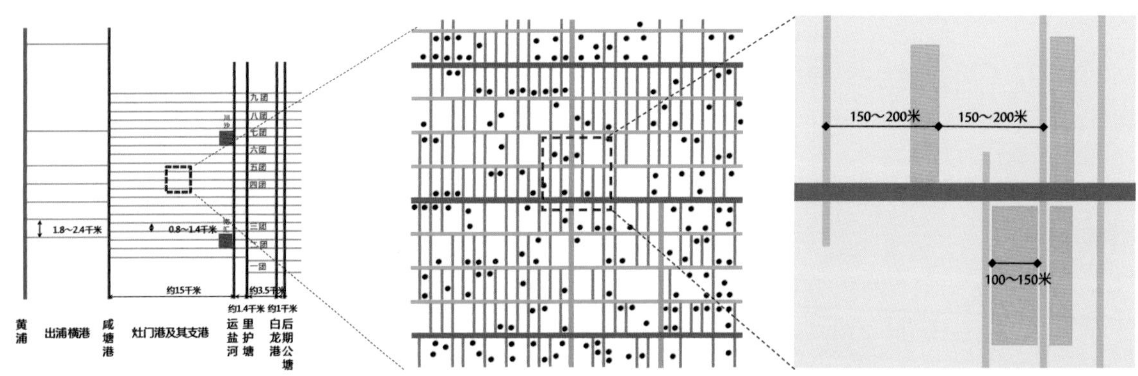

随着海塘外扩，横向灶港与纵向盐塘、支河的分布

连民村耕作农田及设施现状

3. 乡土民居与乡村生活

在小块状的成组聚落中，除了当前 2 ～ 3 层的普通房屋外，灶港盐田地区还保留着一些占地规模较大的乡土民居院落，在空间序列上形成多院并联、纵横交错、多院相套的格局，是浦东地区典型的乡土民居。对于民居的屋顶保留四周相连相接的做法，平面近似正方形的，习称“绞圈房子”，大概指屋顶四个方向交接、交圈之意。多开间、多进院落住宅，空间宽敞，进深大面宽广，坐落在乡村环境、水源条件较好的开阔地带，适合多代同堂的大家族一起生活。虽然现今的居住生活方式下，大家族院落已经不适合家庭组织模式，但是良好互助的邻里社区关系，仍然是乡土环境中朴素真挚的情感纽带。

与此同时，浦东地区市镇的人们在开埠之后，到市区打工从事建造行业较多，因而回到当地，把城区当时盛行的中西合璧和西式风格较多地带回本镇，形成东西杂糅的民居建筑特征。从目前高桥、川沙、大团等市镇民居的样式与风格来看，这一影响十分显著。建筑屋顶山墙面的形式受到历史文化的影响，主要分为三种形式，即观音兜、马头墙和近现代民国风格的山墙。建筑外立面主要以砖木混合结构为主，内立面通常以木板构造为主。另外，普通民居常常屋屋相连，共用山墙，形成并列山墙的特点。建筑仪门分传统合院仪门、中西合璧仪门和西式仪门三大类。

当地流传下来的乡村民俗生活，主要与盐业有关，例如“卖盐茶”舞蹈、“画灶花”习俗，以前盐民为了祈求盐业丰收，便在盐灶和家灶上绘制各种吉祥图案，于是留下逢年过节画灶花的习俗。鸟哨，又称“摹鸟笛技”，与滨海的渔业、海洋业生活有关，因为滩涂适合近海捕鱼，也吸引了鸟类的到来。据记载，古代浦东滨海一带多沼泽，其中现今地名“鹤沙”是鹤鸟聚集之所。唐宋松江记述“鹤唳华亭”，宋代科学家沈括称此地所产鹤为下沙鹤。清雍正《南汇县志》卷十五载：“……丹顶、绿足、龟趺，今海上有之。”浦东与鹤相关的古地名有鹤坡里、鹤窝村，均为佐证。川沙公园内有鹤鸣楼，四面楼匾中“鹤鸣楼”匾由赵朴初题；面南的“声闻于天”由朱屺瞻书，取自《诗经》有“鹤鸣于九皋，声闻于天”之意；面东的“海天旭日”由陈从周书，珍贵难得。

浦东地区绞圈房子

浦东新场、川沙、大团以及奉贤等地的典型乡土民居

4.2.2
湖群岛田

上海西部近太湖流域，湖荡密布，历来为著名的鱼米之乡，盛产优质稻米和鱼虾。湖荡区典型市镇如金泽、朱家角及周边青浦古县城、练塘、白鹤、重固等众多市镇，与太湖流域来往便捷，依赖发达的水路交通兴起，成为江南重要的棉布、粮食等商品集散地。

上海最大的淡水湖泊淀山湖就是众多湖荡之一，烟波浩淼，湖光水色，风景秀丽。

湖群岛田区位

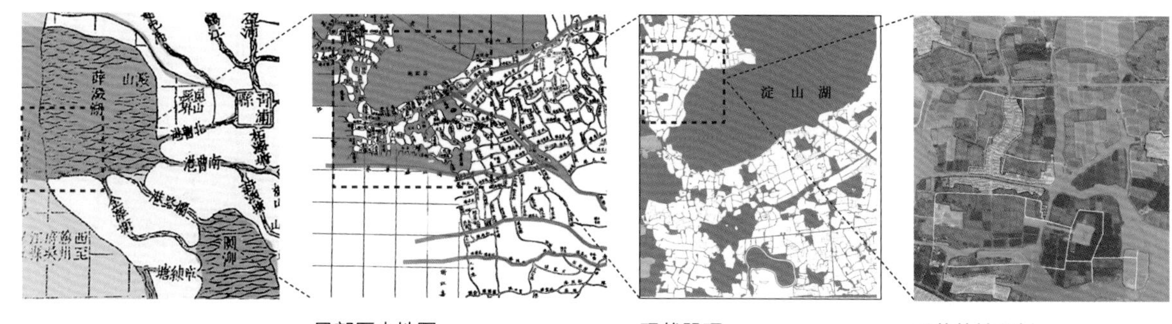

区域历史地图　局部历史地图　现状肌理　现状航拍分析

双祥村、沙港村附近乡土空间单元不同尺度的特征采样

淀山湖旁蔡浜村

1. 地形概述：湖荡连绵，岛状聚落

湖群岛田乡土空间单元主要位于上海西部的青浦地区，围绕淀山湖、金泽元荡（鼋荡）等众多湖泊，地貌以湖群为主，湖荡中局部隆起“岛状”高地，成为古代聚居的起点。

地质研究认为，西部古太湖的水面被分割，逐渐形成湖荡、河流密布的太湖平原。古太湖的东部遂成淀山湖、元荡、任屯荡、葑漾荡、大莲湖、大淀湖、西漾淀等大小湖荡。湖荡东部边缘接近淀泖地区，原是近海的沼泽区，在海水倒灌和海水与淡水交互作用下，泥沙淤积，芦苇生长，被覆盖成为低地。

农学和地理学者指出，古代这一带地形局部有龟背岛状凸起，淤涨逐渐在一点点凸起高地的基础上联合，淤积点的联合使湖面分割成数个小内湖。湖面缓流与农业生产圩田围堤防洪的过程，形成滩涨湿地。在坍塌与淤积交替的过程中，将水面分割成小湖泊，圩田戗岸的修筑又加剧了河道的形成。后期，由于实施更大规模改造、填埋，湖面进一步缩小为河道。湖田与水面在历史形成过程中，常年维持坍塌与淤涨的平衡。

这一带的湖光水色，烟波浩淼，令人印象深刻，南宋卫泾在《游淀湖》一诗中写道：

疏星残月尚朦胧，闪入烟波一棹风。

始觉舟移杨柳岸，只疑身到水晶宫。

2. 聚落选址与布局：理水与营田

湖群岛田地区因为有大面积的湖泊和河道水系，传统渔业活动最为活跃。此外，在岛状高地周围陆续圩田开垦，进行水稻及其他湿地植物的种植生产。

《吴中水利全书》记：“吴江水多田少，溪渠与江湖相连，水皆周流，无不通者。”这里所指的是吴中之田，跟太湖东部湖群地区类似，岛田星布，荡漾旁伴，不计其数。由于该地区大部分以湖群、水系、低地为主，最早的聚落一般布局在湖荡中局

青浦区葑漾荡以北

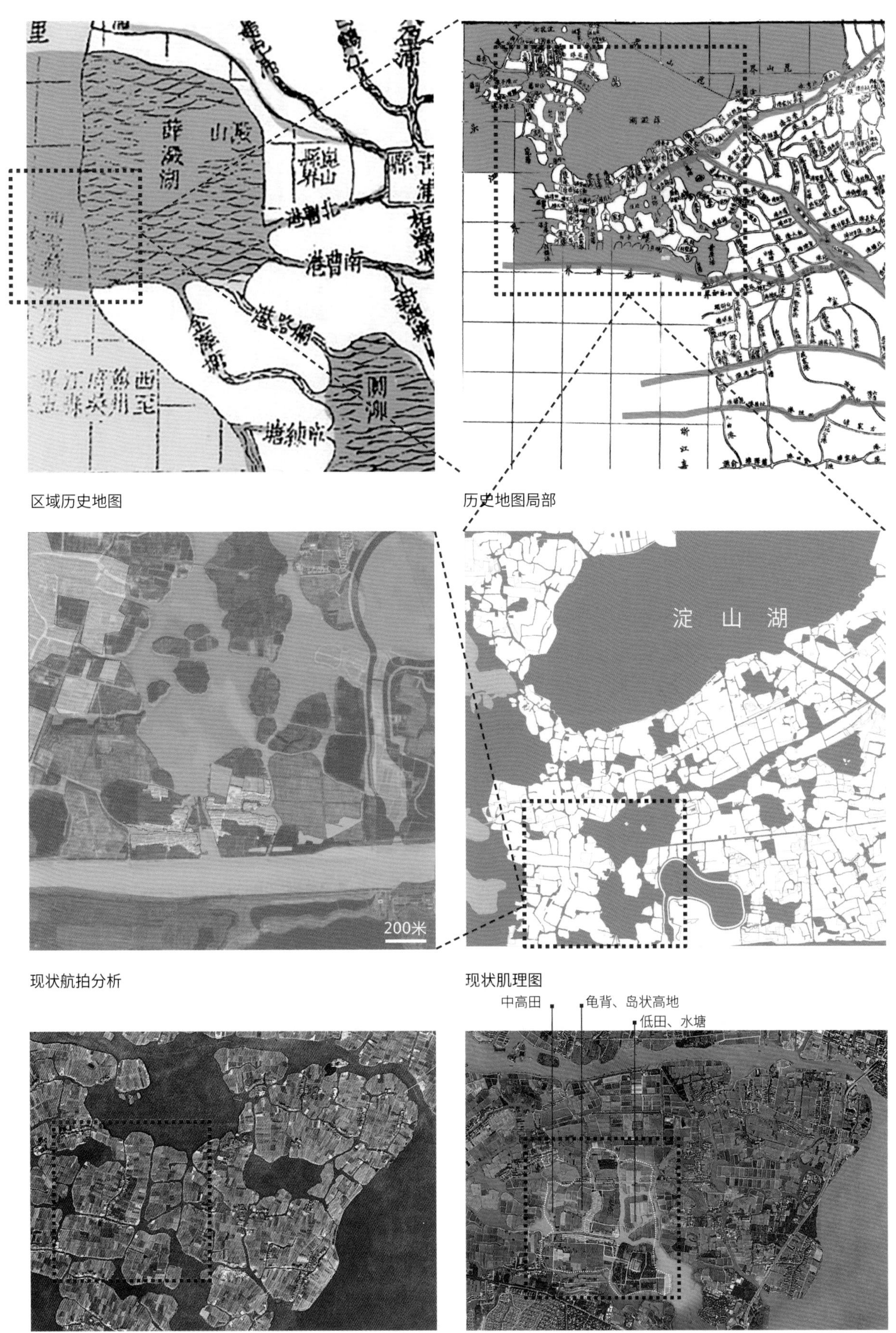

区域历史地图

历史地图局部

现状航拍分析

现状肌理图

20 世纪 60 年代历史航拍，按照古法圩田形成的肌理

现状航拍肌理，岛状高地周边仍保留了一定的古法圩田肌理特征

湖群岛田乡土空间单元不同尺度的特征采样

部隆起的高地，如同星星点点的一个个小岛。由于湖泊围“岛”，因此历代聚落变化不大，一直较为集中紧凑，只是在原基础上略有扩展变化。营田种植方面，人们主要在原有岛状聚落基础上，小部分的向外拓展修筑圩田种植，于是逐步形成小圩戗岸，稍高于水位，以抵御洪水。这一过程因为挖低填高，圩田内有局部高低之分，并在最低处形成溇沼，便于排水，与古代农法圩田图示情况较为接近，以青浦的金泽、商榻等村落农田肌理较为典型。

水面分隔的自然环境使得湖荡地区水多桥也多，长桥短梁，横卧于碧波，成为水乡的标识。如有“桥乡”之称的金泽镇，古称“白苎里”，湖荡泽地星罗棋布。清道光十一年(1831)刊的《金泽小志》记载，金泽镇原有“六观、一塔、十三坊、四十二虹桥”，且有“庙庙有桥，桥桥有庙”之谚，至今还保存历代桥梁7座。其中，建于南宋咸淳三年（1267）的普济桥为上海现存年代最早的桥梁。离金泽不远的朱家角古镇，位于淀山湖东南侧，现今横跨淀浦河上的放生桥始建于明隆庆五年（1571），系五孔石拱桥，气势雄伟，为上海最高大的古桥。

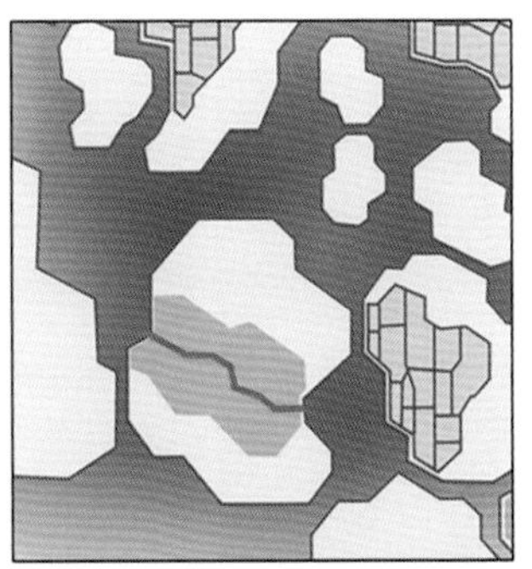
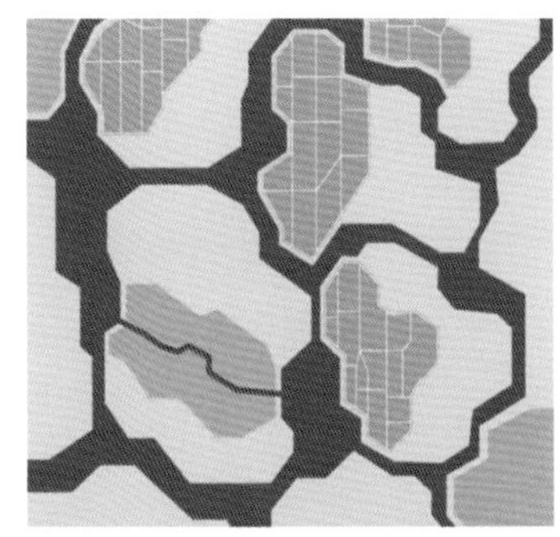
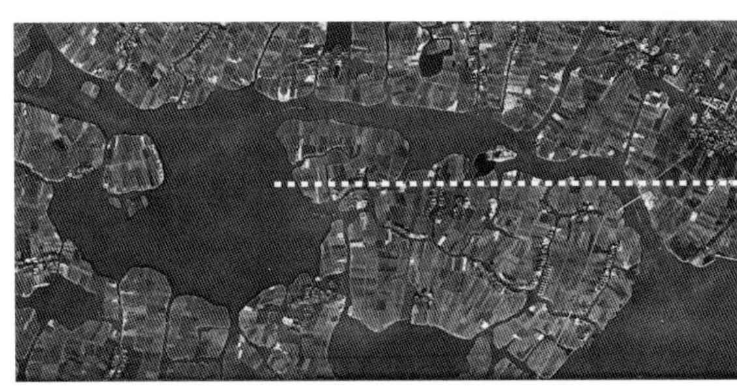

从湖群岛田聚落形态不同年代变化分析图

3. 乡土民居与乡村生活

与其他乡土空间单元相比，湖群岛田地区除了水稻种植外，历史上的渔民生产生活方式形成的民居特色和社会文化习俗较为典型。比如，旧时民居临河一侧均设水埠头，家家系船出行，还有摇快船、簖具捕鱼、阿婆茶等民俗活动。

从建筑上看，由于用地较为集中，乡土民居通常以山墙分隔，毗邻而建，开间较小，布局紧凑。历史上小型三开间小院落民居较为多见，体现了"轻、秀、雅"的江南传统建筑风格，形制规整统一，随水系地形弯曲组合，丰富多变。洁白的粉墙、青灰瓦顶掩映在丛林翠竹、绿水之间，显得清新秀丽，建筑装饰采用砖、木、石雕，雕刻样式较为古朴素雅。黑与白这种在绘画艺术中的两极色彩，在中国传统文化中代表阴阳两界、象征天与地的色彩，被古人成功运用在江南建筑的主体外观上，把水乡特色渲染到极致，使其成为江南传统建筑最为贴切的质朴外衣，诠释了水墨江南的含义。

水乡习俗影响下，一代代渔民从小熟悉水性，捕鱼摇船轻车熟路。老一辈谈起捕鱼各显神通，各有所长，除了要有好水性，还需要懂鱼性，会看天气、地形、水流、风向、水草……捕鱼的方法多样，有的用钓竿摸虾、滚钩、弹钓、打网等；有的两三只小船抱团合作，小拉网、大拉网等；簖具这一类工具属于设机关方式，引导鱼虾进兜捕捉，如地笼、虾笼等，不同的工具不同的方法有数十种。

火泽荡、南白荡、上塘街、下塘街一带的典型乡土民居

4.2.3
塘浦荡田

上海西南地区，现今泖河以西小型湖荡及大蒸塘的两侧，延续了湖群中龟背高地的特征，原多为低洼地，但随着逐步占湖荡、围塘岸，修筑圩田，形成“横塘纵浦”特征。顺应地形高程，古人采取挖低堆高的传统圩田方法，因此塘浦荡田乡土空间单元的圩田体现了因地制宜、高低结合的理念，现今看来仍保持田面高低悬殊的丰富地貌。

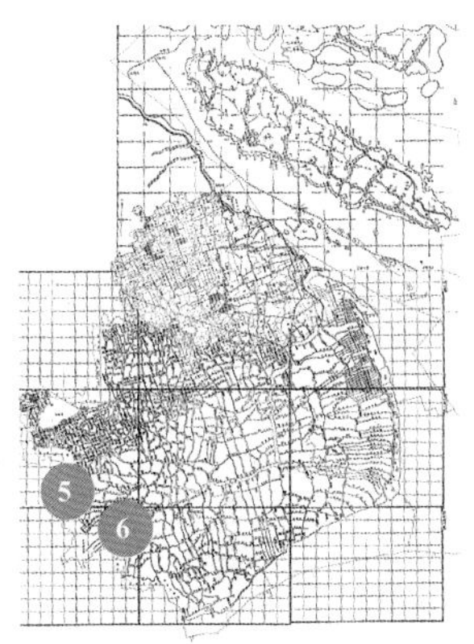

塘浦荡田区位

区域历史地图　　历史地图局部　　现状肌理　　现状航拍分析

塘浦荡田乡土空间单元不同尺度的特征采样

大蒸港周边塘浦荡田

1. 地形概述：荡田占湖，横塘纵浦

塘浦荡田乡土空间单元主要位于上海西南部湖群地带以东、以南的外围区域，湖面缓流与农业生产的圩田围堤防洪交互作用，形成大量滩涨并开垦成荡田，在坍塌与淤积交替的过程中，将水面分割成小湖泊，加上农作圩田拓展，形成塘浦河道景观。水系主要为横塘纵浦形态，圩田结构主要为高低戗岸，塘浦联圩。地貌近泖河局部地段，受水流回流交互影响，低田部位高 2 ～ 3.2 米，呈板块状，田低水高，小圩自然错落、破碎度高，呈现典型的水乡风貌。

湖塘中的圩田慢慢扩建修筑戗岸，至今仍有大部分农田体现古代圩田农法高低结合的理念。比如，低田中央保留了小河沟，类似淺沼，四周布置较低的畔岸，逐步层层增高至圩岸边缘。为防止外河湖水倒灌，古代曾一度施行联圩治水的方案，形成大规模的堤岸。但由于工程协调复杂及费用浩大，联圩渐渐荒废，至明清时期还是依靠小圩起主导作用。至 20 世纪六七十年代，逐步通过现代水利技术，再次推行大圩、联圩的防洪排涝方式。

历史上状态较好时，小圩小田仍保持“活水周流”的生态环境。蒸练地区更多出现的小湖荡，今天已被改造为河道等，若大小河道、湖面过度开垦为水田、水塘，加上驳岸人工直化硬化，则可能出现水流排灌不畅，进退失据的局面。

虽然经过历年河道改造，但是仍可以看到原低田、河道作为鱼塘、水田使用，整体肌理仍保留历史上三泖淤浅低地的空间形态

2000 年地形航拍

水系肌理

现状肌理

青浦区林家草村空间单元特征分析

2. 聚落选址与布局：理水与营田

古代塘浦是与营田的圩田、筑圩同步形成的。小型河荡周边地区为了防止洪涝、抵挡潮水威胁，达到理水营田的目的，治水者通过多分河道，多分圩田，以达到抵挡洪水之效，“夫百亩之田，多分河港，且犹为利”“多开河渠以泄湖势”。塘浦荡田为特征肌理的单元主要分布在小蒸、蒸淀、练塘、莲盛等区域，延续至泖河以东、吴淞江南岸，形成横塘纵浦的水网平原。

据记载，历史上曾将围堤筑圩作为治理低洼田的主要措施。比如，宋代曾经一度圩田规模甚大，占垦者为地方豪强，“顷动以万计”联圩治水，形成“五里一横塘、七里一纵浦”的大尺度塘浦大圩防洪排涝。这种圩田要求一定规模的戽（音 hù）水人员，戽水制度如不能维持，圩田很快会进水荒废。后期起作用的多是大圩与小圩结合的圩田模式，圩田与小湖荡在细小河道下串联成网，明清时期，形成发达的稻作农业和蚕桑业，维系着经典江南水乡的风貌。清嘉庆十八年（1813），孙家圩 (今青浦重固乡) 人孙峻著《筑圩图说》一书，论述太湖圩田水利规划治理方法。

沿现今泖河以西小型湖荡及大蒸塘两侧的聚落、田地形态观察，延续湖群中龟背高地的特点，原多为低洼地，但逐步占湖荡、围塘岸、修筑圩田，呈现出“横塘纵浦”景观特征。顺应地形高程，古人采取挖低堆高的传统圩田方法，因此塘浦荡田单元一带的圩田体现了因地制宜、高低结合的理念，现今看来仍保持田面高低悬殊的丰富地貌。

金山区枫泾镇中洪村

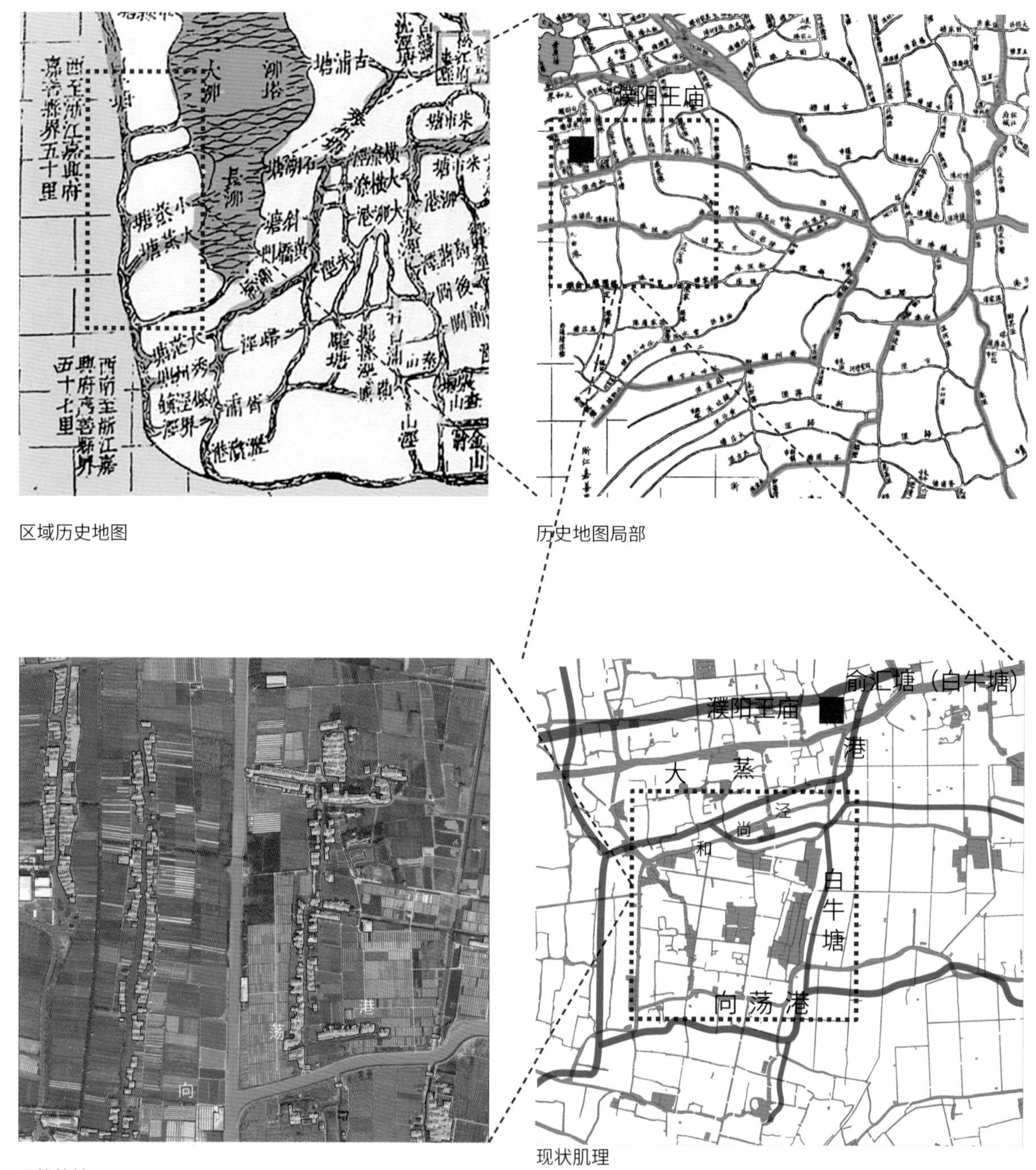

区域历史地图

历史地图局部

现状航拍

现状肌理

塘浦荡田聚落不同尺度空间特征分析

青西、蒸淀地区不同尺度地貌特征

金山区枫泾镇中洪村的圩田水系情况

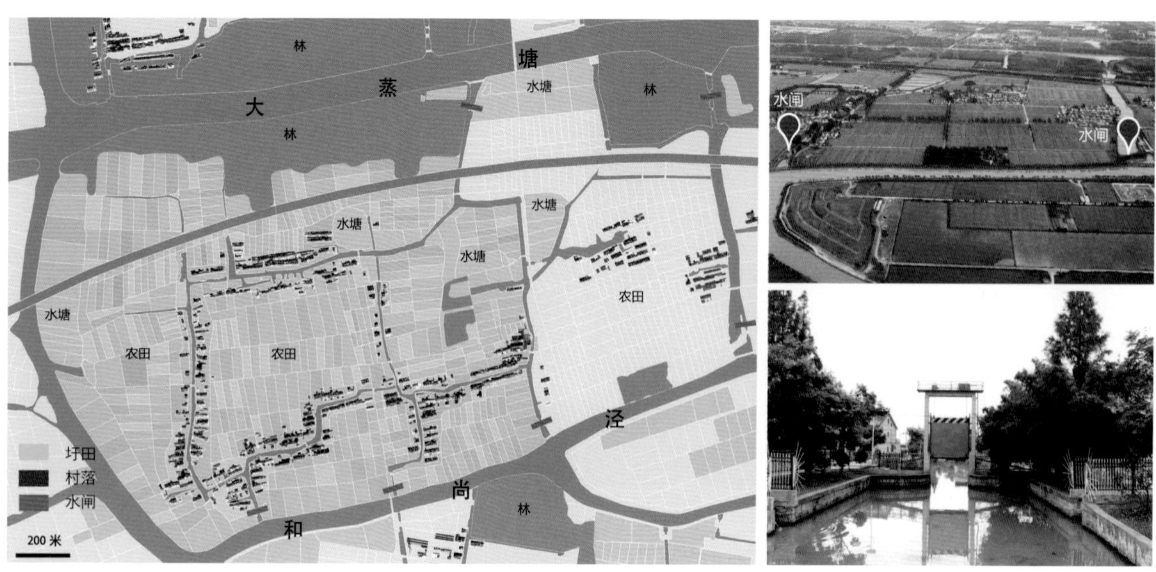

金山区南长浜村的圩田水系情况

中洪村鸟瞰

中洪村村落、河道、农田分析

金山区枫泾镇中洪村现状鸟瞰及水系村落分析

青浦区蔡舍村

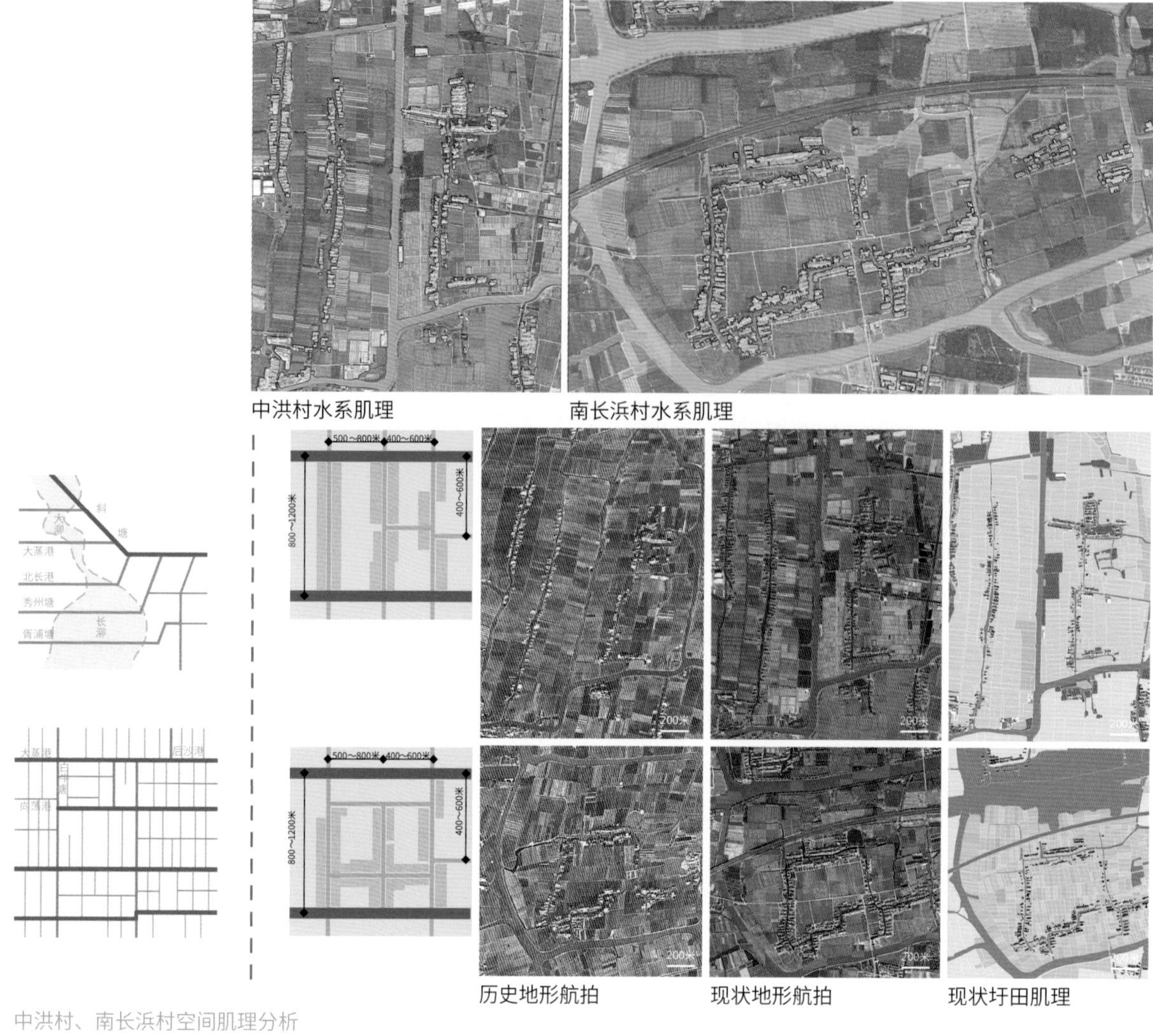

中洪村、南长浜村空间肌理分析

随着生产生活的发展需要，人们不断培修圩堤，进而联圩并圩，缩短防线，在两圩之间临外河道交叉口处筑堤或建涵建闸，连成一个大圩，抵御洪潮能力大大提升。此外，塘浦荡田一带，趁潮自流灌溉由来已久。黄浦江是一条强感潮河道，一日发生两次高潮和两次低潮，潮水可上溯至泖河及拦路港。涨潮时、泖河水位高于田面，落潮时则反之。1949 年前，沿泖农民有用竹管、木涵洞接通外港，趁潮自灌自排的习惯。但在汛潮多雨季节，太湖上游众水下泻，下游又恰逢长江洪水顶托，泖河高水位持续不退，两侧低荡田因无法自排受涝成灾。如遇旱情严重年份，水源枯竭，高潮位低于田面时，荡田又受干旱威胁。因此对于水网圩区，要求圩外河网合理布局，联圩必须考虑到该地区原有河道、湖泊的情况，不能堵断主要河道，特别是不能占用或堵断径流。

20 世纪 50 年代起，通过在上述地区采取并圩建闸、添设涵洞、建立排灌渠系等措施，辅以加强专人管理，根据水情及时开关涵闸，控制蓄泄，充分发挥了自流排灌的效能，促进了活水周转的能力。

由于整体水系自从谷水、东江、三泖改道黄浦之后，大蒸港、石湖塘、白牛塘等重要水流发生了较大变化，改为向东汇入。1949 年后又开挖了太浦河，东西向河道成为该地区的主干河道。乡村聚落主要沿纵向小塘两岸发展分布，多呈明显的长带状，其中大蒸港、白牛塘附近为较早聚落形成的地区。

开河、筑岸、置闸工程，影响着河流、田地的分割状态，也直接影响聚落村宅的布局，随之形成荡田小圩与塘浦大圩结合的乡村肌理。荡田小圩中除了延续高低圩田的传统做法之外，有的经过近现代联圩防涝工程，在历史的基础上，保存了较为明显的连圩特点，有助于研究和理解古代的小圩、大圩及塘浦系统影响下的乡村聚落布局。

太北村河

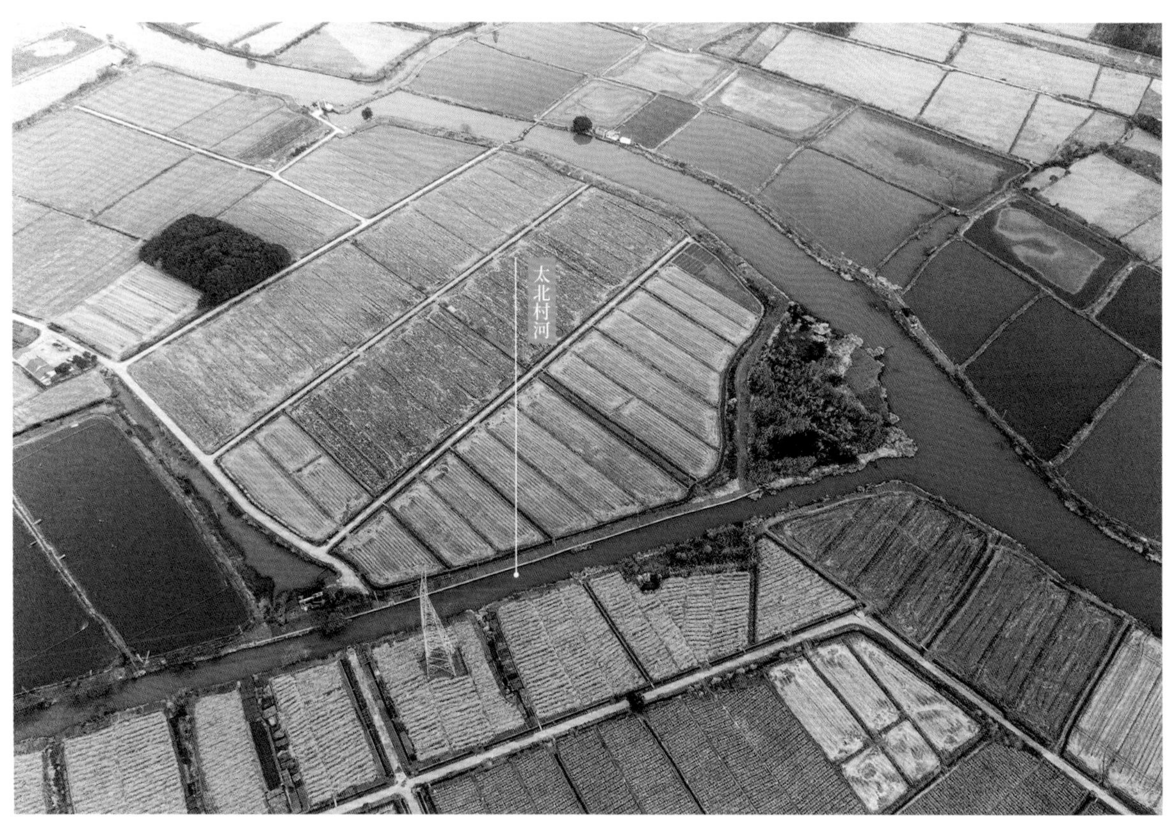

莲胜以东地区鸟瞰

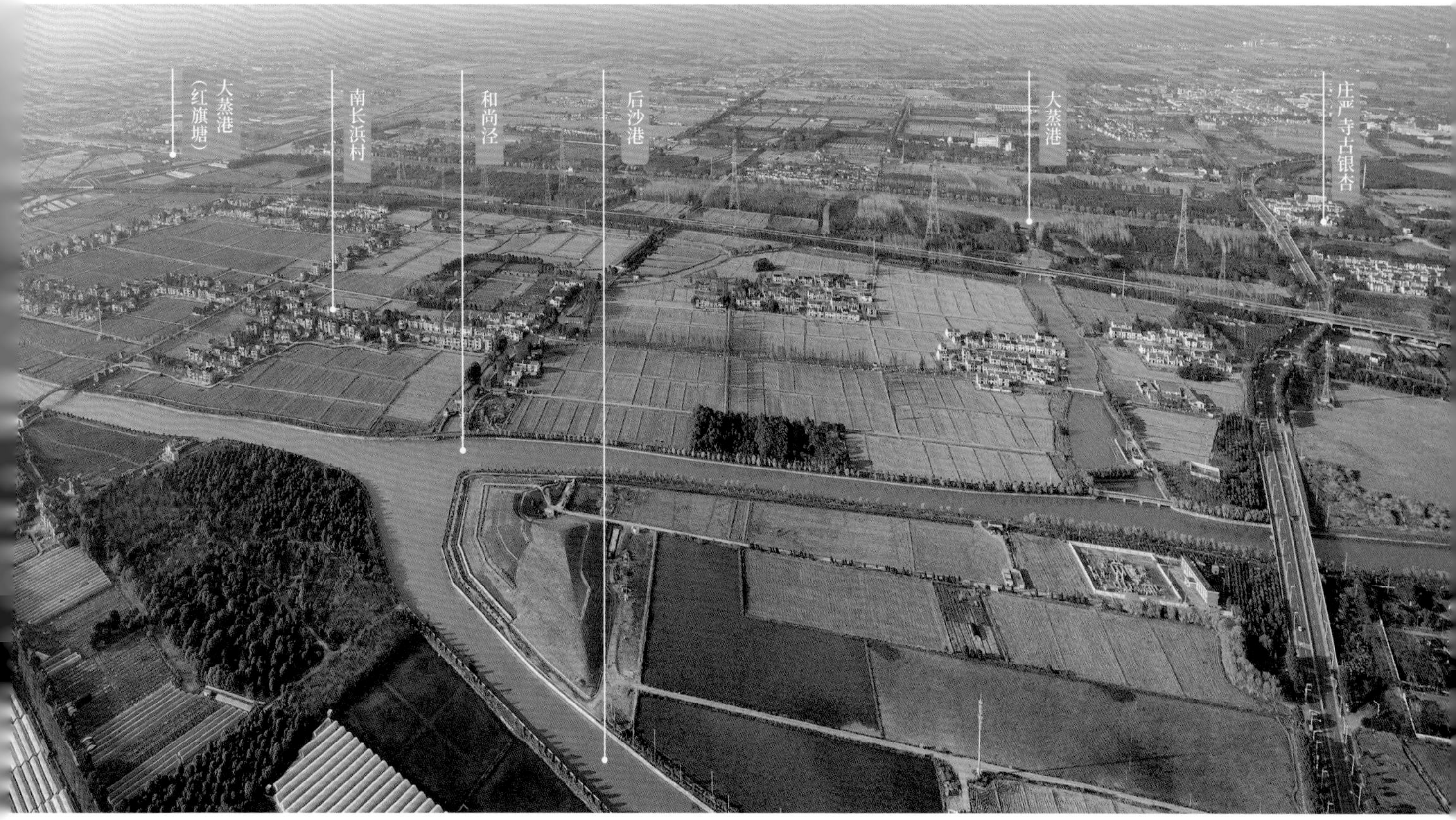
大蒸港（红旗塘）
南长浜村
和尚泾
后沙港
大蒸港
庄严寺古银杏

金山区南长浜村

3. 乡土民居与乡村生活

历史上塘浦荡田地区有着悠久历史，白牛塘、大蒸港、俞汇塘等河道在明代以前就有记载，还有练塘、小蒸、枫泾等重要市镇发展至今。这里的民居处处临河，延续三开间小院落民居特点，布局紧凑，具有江南水乡传统建筑风格。塘浦周边的古寺、古银杏树、石拱桥和石梁桥等均是重要的历史见证。

因水运发达的贸易大镇较多，其建筑有着丰富的沿河形态。比如，集镇的沿街建筑多为二层，且并联成行，临水一侧还设有骑楼或长廊，供公众通行，形成尺度较大的“大屋”，以应对江南多雨的季节，便于米粮贸易、运输的需要。如练塘下塘街街廊，利用二层主屋的下层形成骑楼，依托临河的水埠，为米粮运输提供便利。金山枫泾的生产街长廊，以单坡或双坡廊子临水，通过廊棚、披屋等自由错落的方式，沿水系构建“廊、楼、檐、埠”等丰富的休闲空间，串联沿河商铺、河埠头，富有水乡特色，也带来商贸繁荣。有些市镇在明清松江府属于经济发达一类，各地交易往来带来更加丰富的建筑样式，比如从山墙样式看，马头墙、观音兜、人字墙，组合灵活。

村民在这一带以稻作及渔作兼业为主，与湖群岛田地带类似，船拳、摇快船、簖具捕鱼、田山歌曾经是当地农民生产中的文化活动，生动记录了历史上江南水乡地区米粮业、渔业的劳作方式。塘浦水系发达，虽不产棉但也有农户家庭手工棉纺业较为普遍，棉纺交易市镇发达。如枫泾在宋代设风泾驿，直通秀州；元代设白牛务；明代设税课局。明清以来，枫泾棉纺织业发达，镇中仅经营土布店肆就有几十家，所产“枫泾布”，质地牢固、价廉物美，闻名江南数省，有“买不完枫泾布，收不尽魏塘纱”之誉。

金俞汇塘

南长浜村

东库村古桥

庄严寺原名濮阳王庙

碑刻及两株 500 年古银杏（古树名录 0064 和 0065）

簖具捕鱼

白牛塘旁步杨村

摇快船、船拳

荡田、稻作、田山歌

东库村

塘浦地区典型乡土民居与乡土生活

4.2.4
柘泖积田

冈塘以西地区为古代太湖东江故道，后来为三泖、柘湖分布的区域。随着黄浦的发育，潮汐增强，太湖下泄水流主要通过秀州塘、胥浦塘等向东汇入黄浦，柘湖、柘港逐步淤浅成陆。黄浦江以南，与冈身平行多条纵塘，如沙冈塘、竹冈塘、横沥塘、南盐铁、巨潮港等，历史悠久。

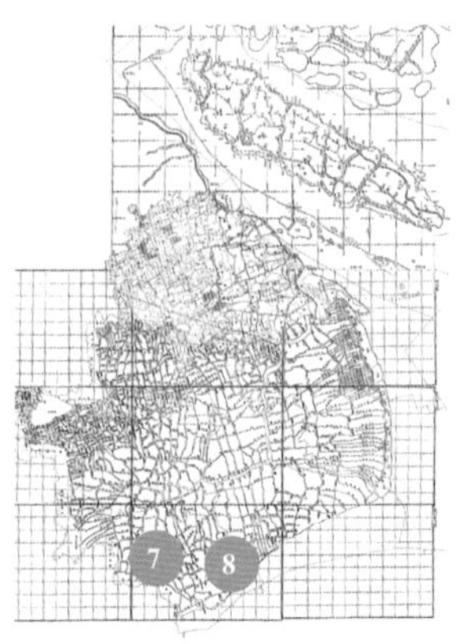

柘泖积田区位

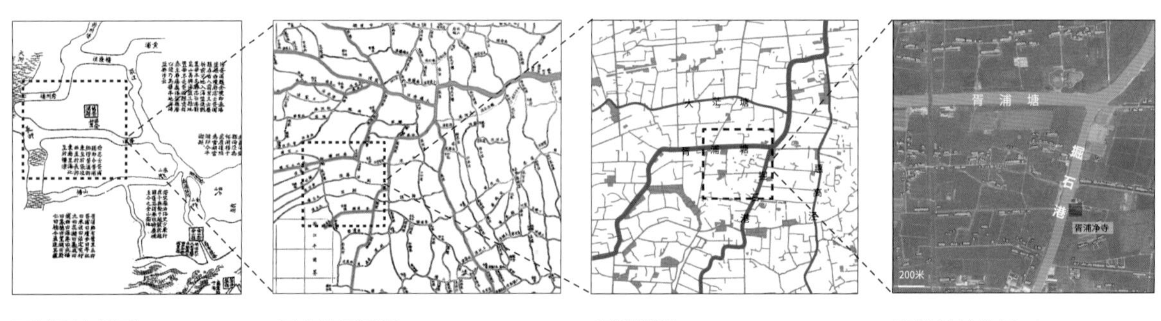

区域历史地图　历史地图局部　现状肌理　现状航拍分析

柘泖积田乡土空间单元不同尺度的特征采样

水库村、花园村之间

奉贤区花园新宅周边

1. 地形概述：东江故道，柘泖湮废

柘泖积田乡土空间单元，主要为明清以来逐步淤浅成陆，东至冈塘并流、南至杭州湾一带。历史上，东江与谷水主流出海口堙塞，形成大型的带状湖泊，按其形状分为圆泖、大泖、长泖三段，统称“三泖”。随着黄浦的发育，潮汐增强，太湖下泄水流通过秀州塘、胥浦塘等从南向改为向东汇入黄浦。金山西部河道成为主干河，中部柘湖、柘港湮塞，淤积成田，乡村聚落零散分布。生产活动顺应地形变化，在明清逐步成陆的地带进行种植活动。

历史上这一地区经历了地壳的缓慢沉降过程，地质研究验证了历史上曾出现了小型湖荡群，地面高程在 3.2 米以下，为带形湖泊三泖中一部分大泖的所在地，东西宽约 4 千米。由于湖盆承受太湖洪泛湖沉积物不同程度的覆盖，形成众多的碟形小洼地和连片低地，高程均低于 2.8 米，为金山县内地势最低的地区。湖沼洼地以东，张堰——亭林一线的西北地区，地势平坦，地面高程在 3.5 ～ 3.8 米之间，新农、松隐、亭新三乡北部地区高程在 2.8 ～ 3.5 米之间。

湖积平原的东南部，向东南直至今海岸，其面积略小于湖积平原，地面高程在 3.5 ～ 4.5 米间，是金山县境内地面最高地区，大致为古代通海湖泊“柘湖”的分布范围。有高出地面的小型残丘两处，包括查山、甸山。其中查山高程 23.23 米，甸山估计原来高出地面数米，因曾经居于古代柘湖之中，山上生柘树，旧志也称“柘山”，后湖湮成陆，山埋地下，于是称“甸山”。

柘湖边缘靠近冈身南段，淤浅之后，河道水流主要是自西向东、向北纵向流入黄浦。与冈身平行分布着多条纵塘，在黄浦江发育、水量增加之后，南北分隔，如沙冈塘、竹冈塘、横沥塘、南盐铁、巨潮港等是黄浦江以南的主要河道。

胥浦塘

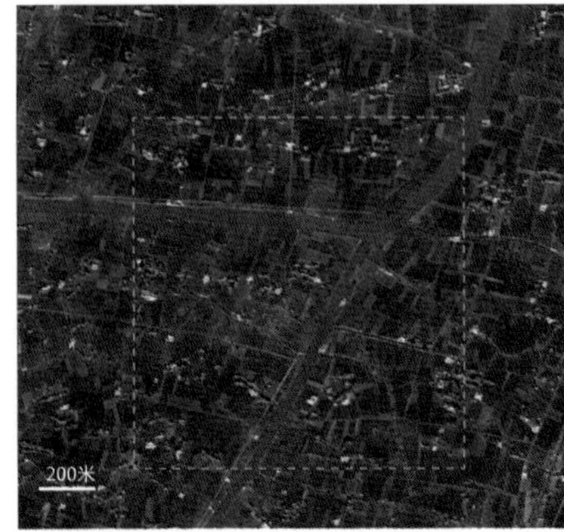

1960 年代航拍

现状地形航拍

现状水系肌理

胥浦塘附近的聚落空间特征分析

2. 聚落选址与布局：理水与营田

唐代以前，太湖东江贯穿金山县境于杭州湾入海，并有多条支流通海口。在杭州湾喇叭形海湾形成过程中，海岸步步后退，潮灾不断加剧，大片沃野良田、盐场及古建筑没入海中。秦末汉初，古海盐县治所在地坍陷成为柘湖，海水通过各通海河港侵入内地，使柘湖成为一个巨大的咸水湖。

这一带靠近杭州湾的部分，由于夏季多台风，且钱塘江口潮势凶猛，明代多次修筑金山海塘，使海水不再入侵，但通航和清淤，疏通出海河港与修筑海塘挡潮排涝，始终相互抵触。金山一度置闸挡潮，又废闸复堰，反复不定，后来主要以防风、挡潮为主，内部河港、湖泖淤积成陆。

奉贤区南竹冈、法华村之间

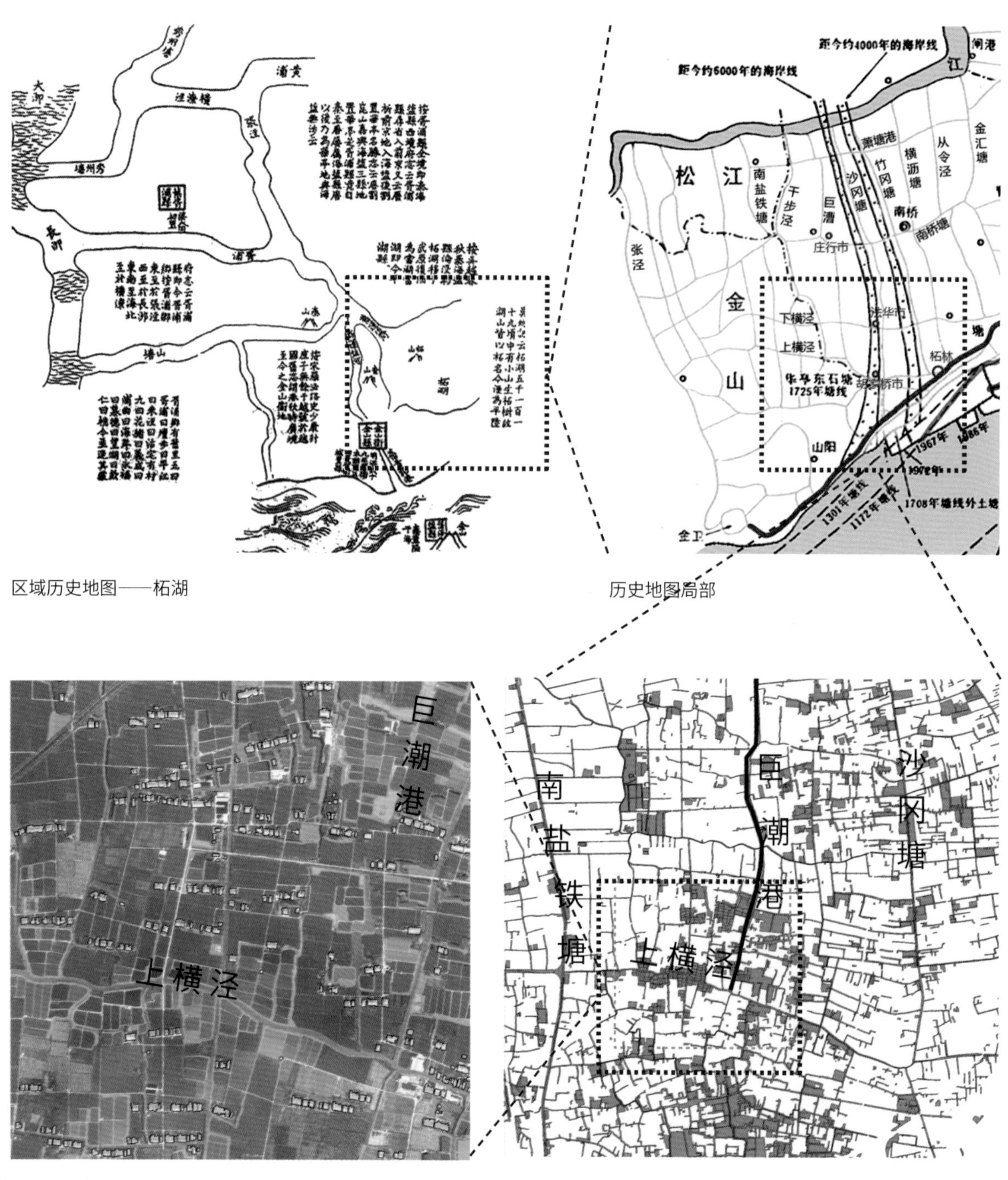

区域历史地图——柘湖

历史地图局部

现状肌理

现状水系分析图

靠近冈身南段，竹冈塘周边的柘泖积田乡土不同尺度空间特征分析

部分淤积成陆的地貌形成时间相比其他地区短，大约在明代之后的几百年间，水网、农田各处地形较为平均，村落形态主要为十余户横向成组，零散分布。柘泖淤浅加上水系改道，该地区历史上水量时而不足，治田需要灌溉设施辅助，有部分泵闸已运行超过 50 年以上。在以稻作生产为主的传统影响下，村民现今仍留存有舞草龙、蒸米糕等社会习俗。其中，舞草龙起源于古代求水求雨祭祀活动，劳作间歇中一起扎草、舞龙，均为乡里共同参与的社会活动。

河港在柘泖水面淤浅后形成，在进一步的淤陆下消失或萎缩。这一带的圩田并非传统意义上的典型圩田，其乡村空间演变的模式为：湖面水量不足—淤浅—沉积—小湖泊，逐渐变为宽河道，以及不稳定的湖田与窄河道、局部水田的状态，村镇聚落随着淤浅陆地分散布局，主要形成于清代以后，与靠近太湖的水网地区相比时间较短。

提升泵站

村民各家水埠头

现状地形航拍

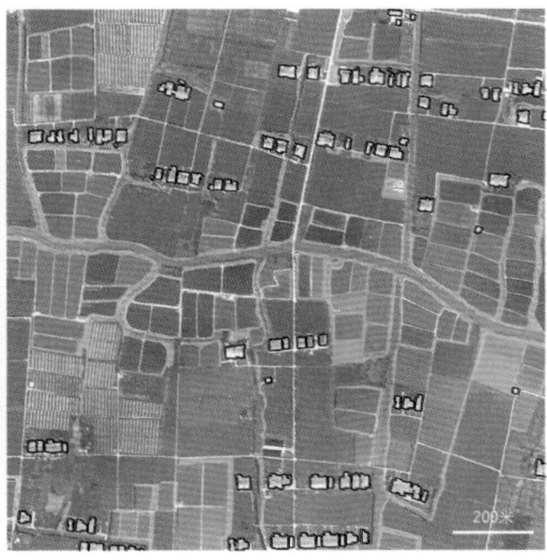

现状水系肌理

水库村圩田肌理

花园村附近的圩田、水系、农田空间分析

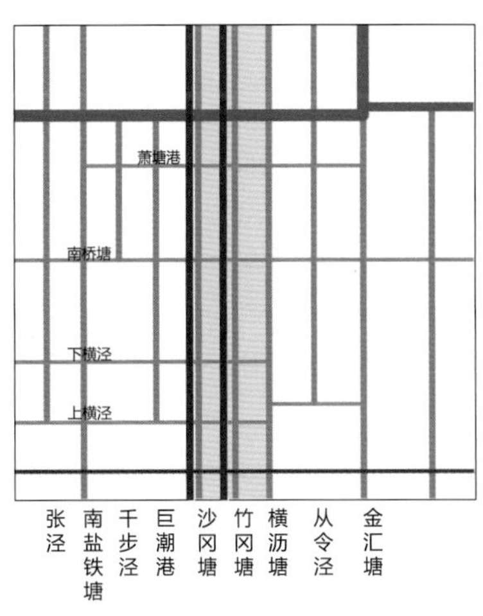

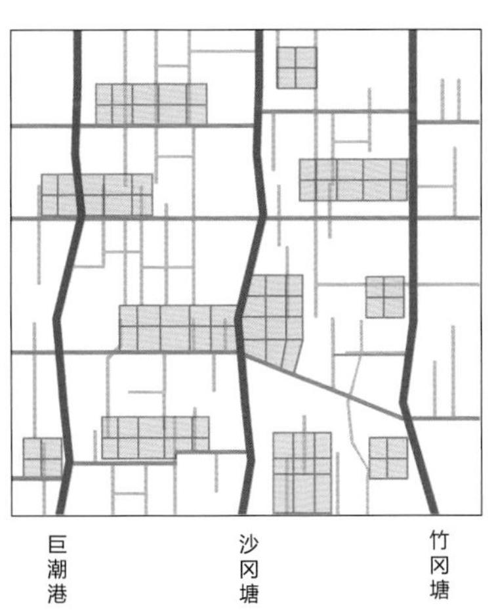

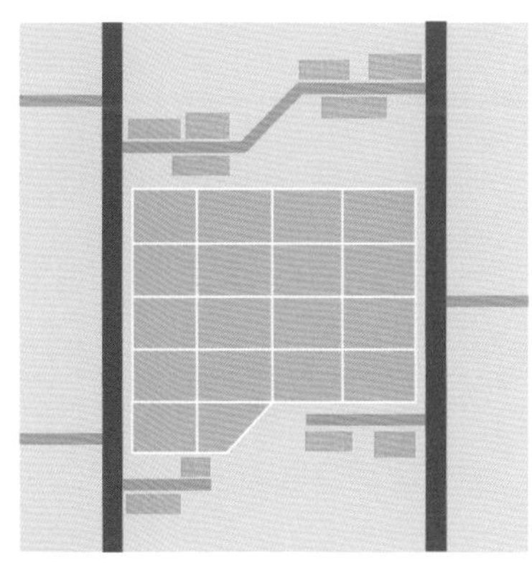

花园村水系分析图

3. 乡土民居与乡村生活

柘泖积田乡村地区常见民居与松江、青浦的小开间江南民居类似，只是还保留着较多的落舍屋。落舍屋，在金山、平湖方言中称为“落厍”或“落舍”房屋。民居构造简洁实用，与该地区台风、海潮较多，水系河道不稳等历史因素有关。

从形制上看，这种房屋由于没有两侧硬山山墙做法，主要布局在较为宽阔地带。在构造上，保留了传统民居形制中当心间的正贴梁架，次间枋、檩直接搁在与山墙同高的边柱上，或砖墙承檩枋，通过二或三层逐步缩小、内退的檩枋及短柱相互搭接，形成四坡顶。其与官式的厅堂、殿堂的斜梁、仔角梁、推山、收山相比，大为简化。落戗，是居民用来描述其屋脊常有曲翘，屋面外的四个斜脊上常有水戗灰塑装饰特点的。整体屋面为坡度较缓的四坡屋面，出檐较远但檐口高度较低，屋面硕大。

落厍屋可为单埭，也可为“门”形三合院。单埭（音dài）的落厍屋一般为三开间，明间南面略有凹进，前屋设灶间；呈三合院、四合院的落厍屋，其两侧厢房位于南北向的正埭后侧。

由于古代水系变化较大，留下许多水利工程堰坝相关的文献诗句。如清张明德的《张泾堰诗》“港塞青龙堰久荒， 宋人勋迹亦茫茫。泖湖东去空传闻，捍海南来别筑塘。云拥秋塍今沃野， 霜飞暑路昔沙场。石皮巷口留遗址，衰草寒烟撮土黄。”诗句中的石皮巷口，在今张堰镇和平饭店旁，推测为张泾堰故址所在。

奉贤柘林镇王家圩村

待泾村袁宅 东勤村老宅 三桥村老宅

王家圩村老宅

舞草龙

迎龙村

传统食品米糕

当地农家绘制灶花习俗

金山、奉贤一带当地乡土民居与乡土生活

4.2.5
塘泾湾田

塘泾湾田地带，因冈身渐高，吴淞江缩狭，在高低乡交界地区，吴淞江北岸依靠顾浦、吴塘、盐铁塘、横沥等南北向干河，南岸有顾会浦、盘龙浦等，沟通淞、浏泄涝和引蓄。在西部成片的塘浦荡田筑圩基础上，水流弯曲，不易通畅，开始出现泾、浜、湾、塘，需要治水治田相结合，加强排除积水，防御外水，保护耕作。

塘泾湾田区位

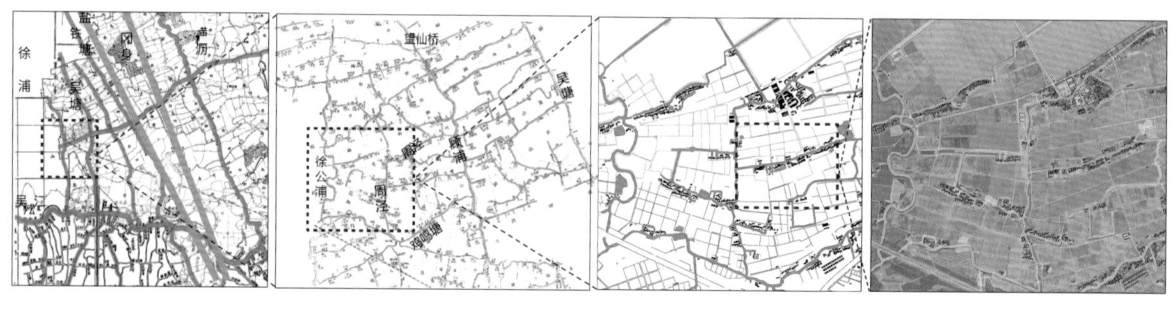

区域历史地图　历史地图局部　现状肌理　现状航拍分析

塘泾湾田乡土空间单元不同尺度的特征采样

嘉定周泾村一泾一村分布

1. 地形概述：冈身渐高，塘浦疏浚

“吴淞江为三州太湖出水之大道，水之经流也。江之南北岸二百五十里间，支流数百，引以灌溉。”冈身以西地区，以盐铁塘、外冈为大致分界，历史记载借助两岸相继开挖的大量塘浦进行水系疏浚，并设堰门、斗门等。水流从低乡太湖经过湖泊、淀泖、塘浦东流到此，希望既可“堰水于冈身之东，灌溉高田，又可遏冈身之水，减免塘东洼地数百里流注之势”，控制水流用以灌溉旧时嘉定、宝山等其他地区地势较高区域，又可减轻塘西洼地的行洪排涝负担。

吴淞江两岸地区（包括吴塘、顾会浦、盐铁塘 - 顾会浦以西的嘉定县境西部、青浦东部、松江北部）为淀泖低地的东部碟缘，靠近冈身高地衔接处，除局部有小片低洼地外，大部分地区的地面高程 3.5 ～ 3.8 米，属于高平田区域，通过塘浦疏导至吴淞江排水。黄浦夺淞之后水流虽有缓解，河道仍然排水不畅，故历史上描述该地带“虽有水系，然

徐公浦、周泾水系周边

周泾村居民点

航道易塞，水浊不清，仍有别于苏州一带的水乡风貌”。由于冈身高起导致水流不畅，接近嘉定、宝山一带俗称“高乡地带”。

吴淞江南岸的盘龙浦，历史上也是以“盘龙十八弯，弯弯曲如龙盘”而得名，原因也与近冈身高地水流不畅有关。现今顾会浦、盘龙浦等河道经过近现代疏浚、改道，新河道较之前的更为通畅、顺直。

2. 聚落选址与布局：理水与营田

冈身高平田地带为高乡、低乡的过渡地带。太湖下游泄水过程中，由于冈身高起导致水流不畅，形成数量众多的泾、浜、湾、塘，乡村农田河道风貌“塘泾绕田、水曲泾弯”的形态特征显著。目前，该地带部分乡村地区还保留有数量较多的水湾、坑塘，呈现较为典型的空间肌理，是农业生产脉络的重要见证。

以吴淞江北岸地区为例，过黄渡、白鹤之后，主河及支流塘浦河面缩窄，纵浦横塘密度增大，但仍然常常淤塞，在排水与海潮反复影响下，河道蜿蜒逶迤，沿河自然形成多个水湾、坑塘，“塘泾绕田、水曲泾弯”的形态特点更为突出。据目前统计，在吴淞江两岸，横向河流称为“泾”的较多；在黄浦江两岸，南北向河流也有较多称为“泾”，可见泾主要是层级次于塘、浦的小型河道，形态弯曲，时而横向时而纵向，并无特指走向和方向。历史上的圩田开垦中，人们大力疏浚横塘纵浦及泾浜支流，并且充分利用弯曲的水湾、坑塘为农田灌溉，灵活调蓄。

通过比对历史资料，这一带现今水系河道与历史古图的盐铁塘、徐公浦、顾浦、鸡鸣塘几无差异，聚落形态多沿河横向带状布局，围绕泾河水湾布局，间隔呈现出一河、一埭、一片田的肌理特点。

从距离上看，纵浦之间如徐公浦、顾浦、吴塘，大约平均相距 2 千米，其间分布数十条横向泾河或其他支河，南北之间 3 ～ 5 米宽的河道平均相距 300 ～ 400 米，分布密集，为区域生产起到重要作用。各聚落沿河横向展开，人们的生产农田主要分布在以泾河分隔的圩田区域范围内。由于圩田地势较高，需要治水、治田相结合，综合考虑灌溉取水、排除积水、防御潮水等多方面的需求，形成适宜耕种的农田生产环境。

周泾村地形航拍

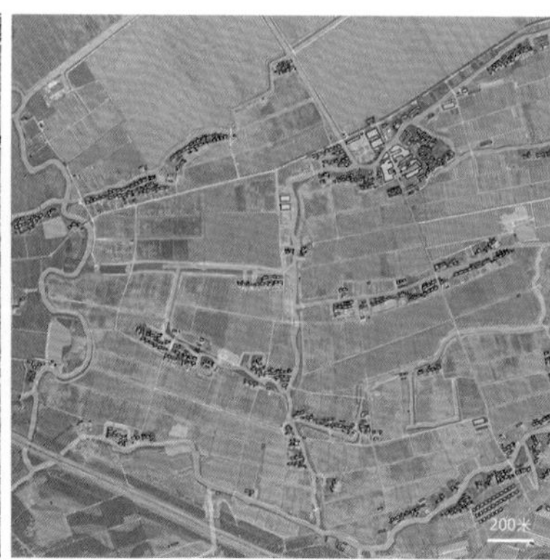

周泾村水系肌理

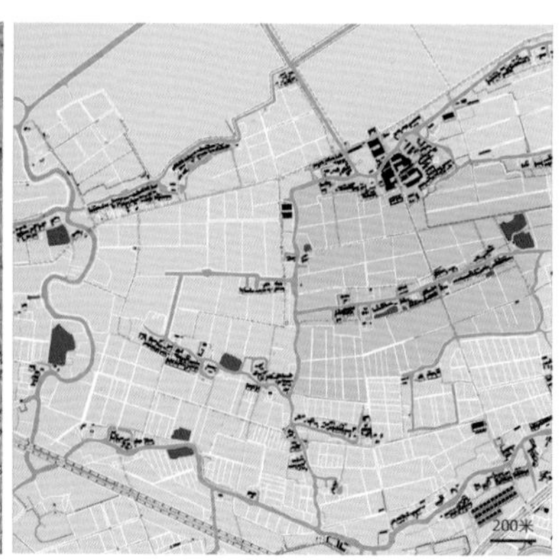

周泾村圩田肌理

周泾村空间肌理分析

徐公浦

周泾村居民点

周泾水系小河

嘉定外冈镇周泾村

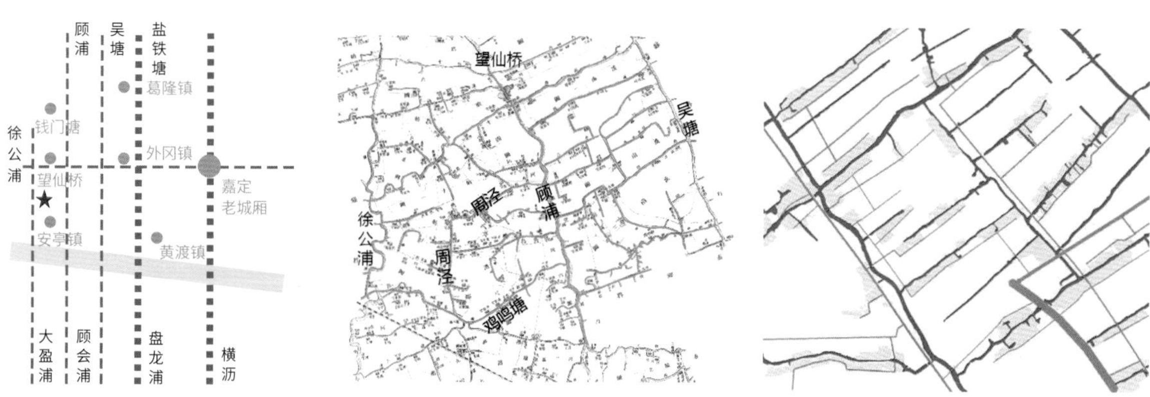

周泾村水系分析

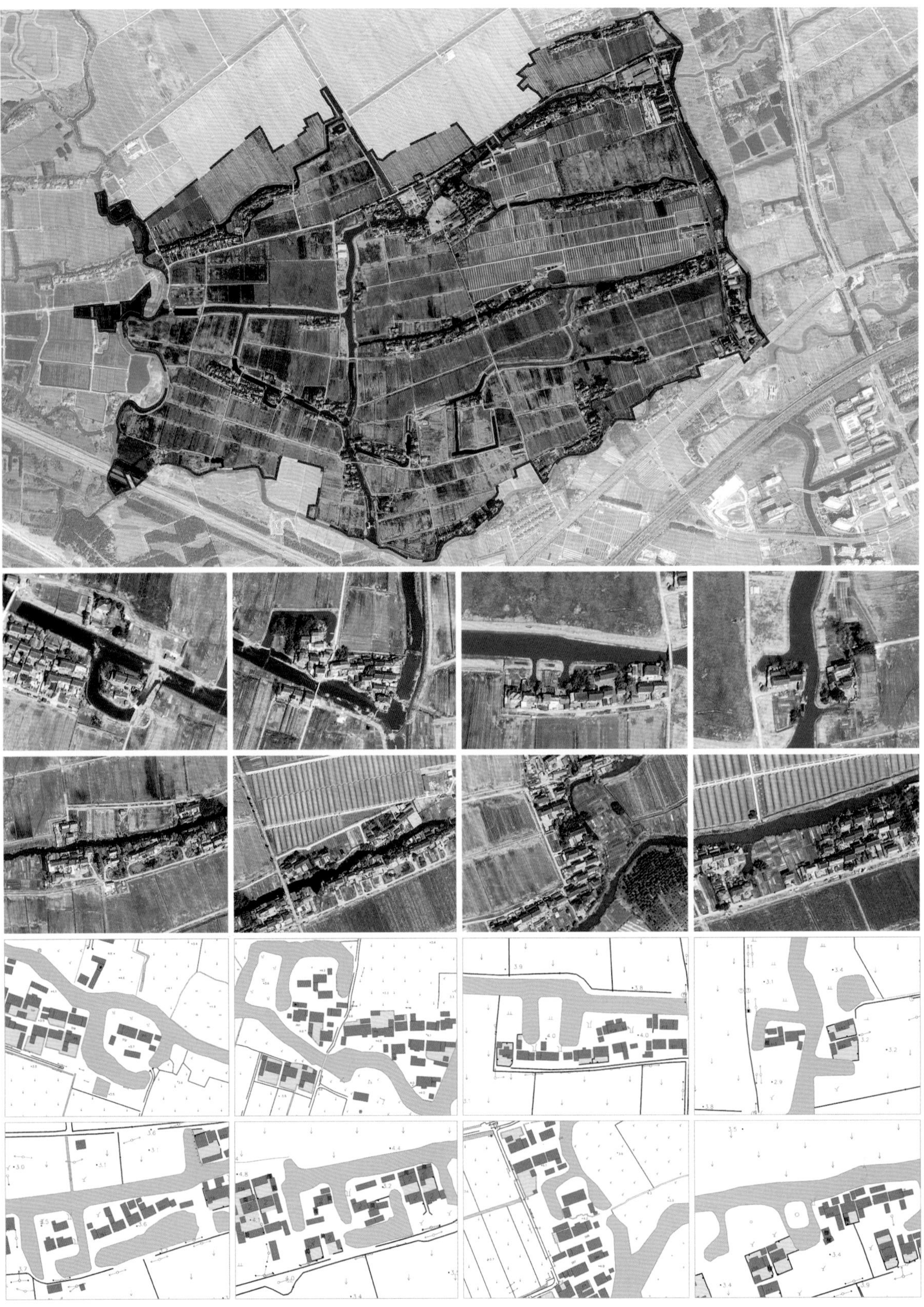

嘉定周泾村空间肌理分析图

3. 乡土民居与乡村生活

塘泾湾田乡土空间单元中的乡土民居，体现了当地环境条件的特点。由于这一地带河道水量少，故记载为“航道易塞，水浊不清”，除了少量种植水稻之外，以前多为种植棉花的旱田。家家户户植棉、纺纱、织布，嘉定盐铁塘两岸，有记载“东去吴淞路不赊，人家尽种木棉花”等诗句。各地出产不同的棉纺织物，例如比较有名的棋花布，以白缕线间隔编织，看似如同棋格；药斑布以药草涂布进行染青，巧作花纹装饰等。

清王德乾辑光绪嘉定县《真如志》“卷三实业志”记载，本地“女工殊为发达。盖地既产棉花，纺织机杼之声相闻，而又勤苦殊甚，因非此不足以补家用也。” 清章世高编，嘉定县《钱门塘乡志》“卷一风俗”记载，“居民向以花布为生，同（治）光（绪）间，男耕女织，寒暑无间。”

常见的乡土民居为一、二进院落式，三开间小规模形制，与当时棉纺为主的农业手工业社会结构相适应。传统古建筑由于历史上受淞北平江文化圈的影响，苏式观音兜山墙等特点影响较深，内院多设仪门、轩廊等，装饰精致细腻，屋脊为传统的雌毛脊、坐斗脊等。

塘泾湾田与下述泾浜高乡乡土空间单元的民居类似，仪门是苏式传统民居内院的重要装饰，在内院或墙门间背后设置。民居临街面与一般并无二致，有的是商铺作坊，有的是前屋门厅，有的是院墙入门，墙当中设传统条石框库门作入口，简洁、敦实、低调。进入宅院之内，进深一、二进或数进，面对庭院则设砖细墙门，又称“仪门”。仪门之上刻有家训、家风的题字，配饰石雕、砖雕图案，是装饰内庭院及弘扬家风、教化门第、敦宗睦族的重要象征。

嘉定外冈镇周泾村

近冈身一带当地乡土民居与乡土生活

4.2.6 泾浜高乡

“冈身”地貌的形成造就以滨海平原为主体的高乡平田区。浏河高乡平田区，包括娄塘河（横沥西）以北，浏河以南，横沥以东，嘉定、宝山等地带，如外冈、封浜、华亭、曹王、徐行、罗店、南翔、马陆等，地势比较高，成陆时间较晚。娄塘以北、蕰藻浜以南为强感潮地区，受到海潮涨退影响，河道破碎化、形态末端多为断头泾浜，灌溉用水缺乏，为历史上的高乡棉田地区。

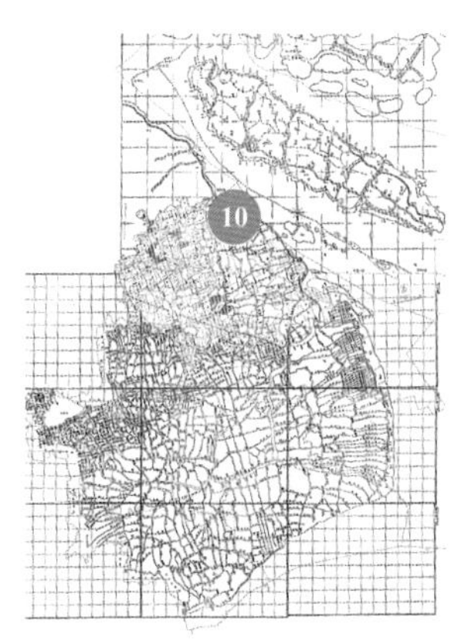

泾浜高乡区位

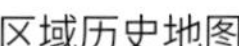

区域历史地图　历史地图局部　现状肌理　现状航拍分析

泾浜高乡乡土空间单元不同尺度的特征采样

浏河、毛桥附近区域

1. 地形概述：冈身以东，近海高乡

冈身以东为高乡平田，由于感潮区支河淤塞严重，河道与小湖泊的蓄水能力下降，更易引发旱情。塘浦系统瓦解以来，吴淞江流域的泾浜体系开始发展，高乡平田地区的乡村一般设坝堰引潮溉灌，塘浦分出小泾，以泾为核心的局部水环境聚落由此形成，以泾浜为岸，河道水量正常时，一定的蓄水量可以持续缓解旱情。

由于这一地带盐渍脱盐缓慢，土壤和水质含盐量高，对农作物生长不利，以棉代粮的生产活动较多。历史上，棉纺织业曾广泛分布在嘉定县、宝山县，以及松江府冈身以东的集镇。随着海岸线的东扩，上海地区的盐场逐渐东移之后，也逐步改为植棉。

嘉定华亭镇毛桥村东北部聚落围绕泾浜分布

毛桥村地形航拍　　毛桥村水系肌理　　毛桥村圩田肌理

毛桥村的空间肌理分析

2. 聚落选址与布局：理水与营田

“潮至则引申浦之水蜿蜒以西流，潮退则导泖湖之水纡徐以东泻，不淤不疾，灌溉顺利，而奸宄不得出没其中”。干河水量决定支河水量，干河无水，次级泾浜亦无水。吴淞江淤塞后，两岸高地的泾浜体系遂渐萎缩。灌溉体系东接海潮以引潮灌溉，或西接清流以蓄水灌溉，各有其局部的水环境。与低地相比，冈身河道相对较密，因为冈身要引水灌溉，必须多开支河。低乡要排水，支河不能太多。冈身地区要防淤蓄水，弯曲的支河则为常态。

事实上无论泾、浜、湾、港……都属于太湖以东地区塘浦圩田环境的组成部分。历史上，塘浦圩田是一个更为综合的治理理念，俗称“五里一横塘、七里一纵浦”的大尺度塘浦大圩并非完全为了防洪排涝。古人发现太湖东部与其他地区不同，出水从低地越过冈身向高地流出，并且会受到海潮的顶托，所以水流总体上呈缓流状态。而圩田开发的塘浦体系则利用这种缓流环境，通过塘浦圩岸处理，适应水流，使得各田地得到灌溉，直至最后出水。大圩由于工程浩大，在冈身以东地区分解为小圩后，形成以泾为核心的水环境。“古者人户各有田舍在田圩之中，浸以为家。欲其行舟之便，乃凿其圩岸以为小泾小浜。”所以经常流传下来的某家浜、某家泾，就是因为围绕泾浜河道末端成为聚落的中心。“浜者，安船沟也”，就是指停泊小船的地方。

泾浜圩田肌理较为破碎、分散，村宅团状围绕，成片集中，规模较大。团块状乡村散落于农田之中，围绕断头泾浜聚集。村落之间为 200 ～ 300 米的空间距离。

泾浜“蜿蜒”是末级感潮河的基本特点，这种形态可以使潮水难进，滞水不得快出，维持较高的水位，从而使一些田地得到灌溉。后期短小泾浜、水塘虽然逐步填埋，但这个地区还保存有较多的团块村庄布局，村庄中仍可以发现泾浜留存，并大多围绕泾浜演化为现状村落中央结构性绿化的组成部分。

嘉定伏虎村

毛桥村肌理分析

聚落中心分析

泾浜高乡水系分析

河畔停船的台阶

近看居民取水台阶

门前平台取水

村屋前的各家台阶小水埠

3. 乡土民居与乡村生活

泾浜高乡地带的乡土民居和乡村生活，体现出棉纺业为主的特征。传统上，棉纺生产基本上以农户家庭手工工场出现，除米粮种植之外，妇女在棉纺业生产过程中承担重要作用，导致农户、小手工业者居住的乡村地区形成以核心家庭为主的聚居方式。棉纺业的其他加工环节，如染、踹等业，因所需工艺条件更高，因此集中到较大的城镇之中。由于植棉纺织的工艺流传，徐行草编、罗店绣花等传统民间工艺较为普及。

乡土民居的宅院均与棉花种植、晒筛等联系紧密，嘉定、宝山以及崇明地区的民居特征均有类似情形。不少民居在通向晒场、棉田的次要房间入口，保留了“闼门”或“阘”的门板构件，是曾经普遍进行棉纺生产的体现。正立面或沿街、沿河等长立面，与苏式民居一样，主要是木门窗和局部砖砌窗槛墙。

高乡地区水系较为短曲、末端多泾浜，聚落围绕泾浜成组、成团分布，并不能保证各家都有水埠台阶直接临水，偶尔几处为公共河埠。台阶连接水面与地面之间的高差相对较大，船只停泊、上下搬运、取水较为不便。

另外，由于这一带传统农业生产需要大量的人力、物力支持，明清时期嘉定、太仓一带的州县均上奏争取上级官府协调相邻地区共同支持兴修水利，并且通过“以棉代粮”对当地施行赋税折减上交等特殊政策，为民谋利。这些历史上与民生相关的公共事务不乏士绅阶层的参与，形成浓厚的士绅社会文化价值取向，加上传统建筑风格上受到淞北平江文化圈影响，建筑装饰上体现出家风文郁、重礼含蓄的特点。

宝山洋桥村

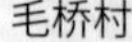
毛桥村

杨宅外观

罗店划龙船

杨宅灶间

罗泾十字挑花技艺

纺织机

宝山、嘉定东部一带当地乡土民居与乡土生活

4.2.7
滧港沙岛

崇明岛是典型的河口沙洲，它从露出水面到最后形成大岛经历了千余年的涨坍变迁，是在无数沙洲的形成演变过程中逐渐发育而成的。因此，在地貌类型上，它是典型的河口冲积岛屿。泥沙沉淀淤积于长江口区域，江中沙洲、沙岛不断淤高扩展，虽经 20 世纪 50 年代以来设置农场进行多次围垦，崇明岛的北沿和东滩仍在不断淤涨之中，近年来因上游来沙量减少而趋缓。近代农场以南地区，是崇明自然形成的沙岛地带，历史上多有市镇、港口沿滧港分布。

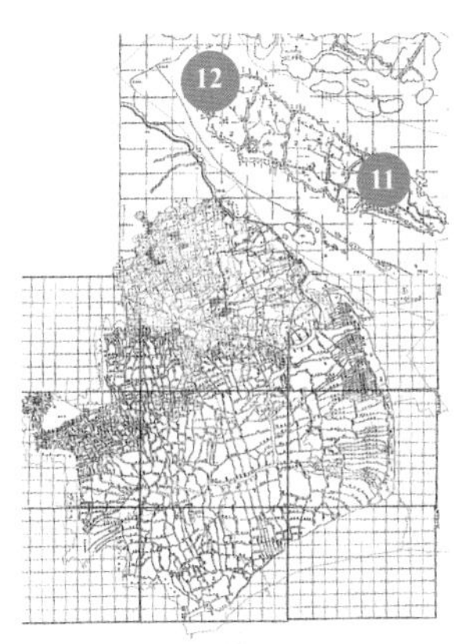

滧港沙岛区位

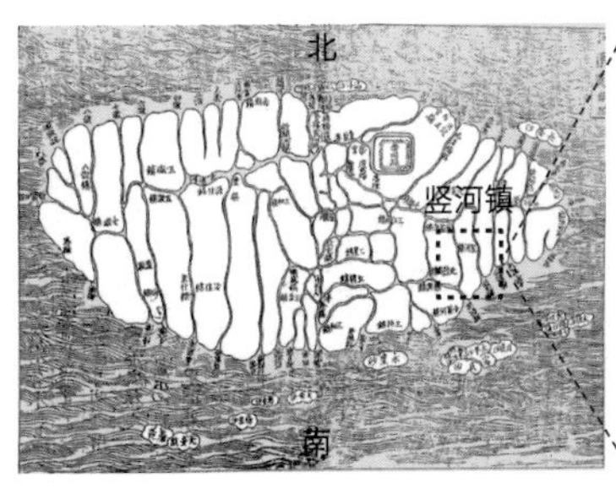

清乾隆《崇明县志》河渠图

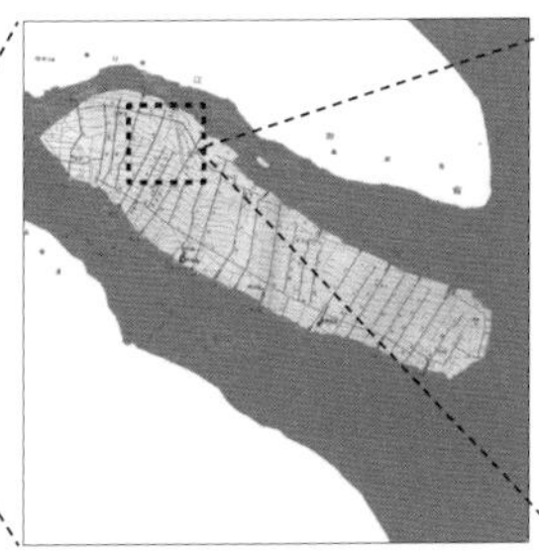

历史地图局部

现状肌理

现状航拍分析

滧港沙岛乡土空间单元不同尺度的特征采样

小竖河村

草棚村鸟瞰图

1. 地形概述：沙岛涨塌，潡港涨落

崇明岛最初于唐武德年间（约6世纪）露出水面，当时称西沙、东沙。五代时（10世纪）设崇明镇，其后因长江主泓道摆动，诸沙洲此涨彼坍，县治所在地几经迁徙，直到清代初期（16世纪），崇明岛轮廓开始初步形成，距今400～300年，后露出水面的崇宝沙、石头沙、瑞丰沙、潘家沙、圆圆沙等在近数十年间才连成一片。

崇明沙岛的形成受到海潮涨落，泥沙淤积影响，初期滩涂地区上有枝丫状侵蚀潮沟，逐步形成河港，崇明地区习惯称之为“潡港”。在潡港水系条件下，南北均有因港而兴的城镇，小竖河镇等一些城镇原为明清历史上记载的崇明北岸市镇。近代以来，原来并不完全相通的潡港，通过疏浚取直拉通，逐步形成今天岛内淡水河道水系。

草棚村

小竖河现状周边村落鸟瞰图

崇明滩涂远眺

小竖河村地形航拍

小竖河村水系肌理

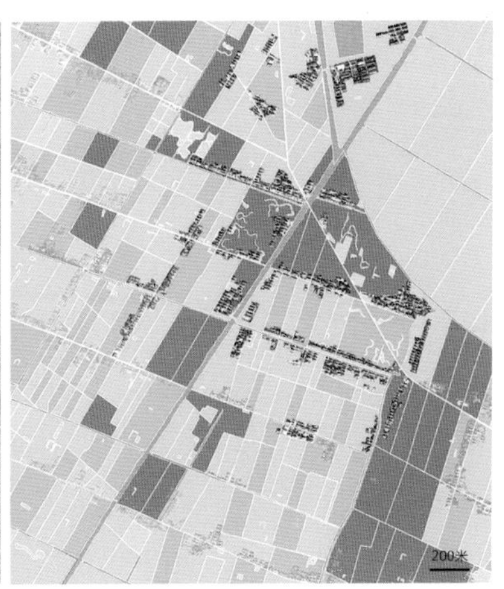

小竖河村沙田肌理

小竖河村空间肌理分析

2. 聚落选址与布局：理水与营田

沙岛聚落早期沿崇明南岸分布较多，始于滧港河口聚集。20 世纪 60 年代后，沙岛北岸进行集体农场围垦，使得本来北岸临海的滧港成为内陆水系，依托港口而生的繁华市镇失去了交通条件，逐步衰败。河道水系通过大规模改造、农场种植、疏浚灌溉，河道纵横交错，呈垂直网格状，因此村庄也历经翻建，与新河道、新道路平行排列。比如，在明清历史上米行镇为崇明岛南部靠近堡镇的重要市镇之一，有潮沟、滧港流经，后期因水系改造、围垦，重建村宅，米行镇因产业变化失去了贸易优势，现今成为普通乡村。但究其局部民居排列肌理，现今看来似乎与道路、农田不太一致，貌似不太规则，其实是顺应原有地形、河道所致，因此保留有细微角度方向性差异。虽然乡村肌理仍留存顺应当时滧港及沙岛形成的细微特征，但是目前大部分民居已经完全通过翻建，呈垂直网格状排布。

横贯全县东西的南横引河，适应防汛排涝和航运的需要，经多次大规模疏拓，是崇明境内最长的河流。该河西起绿华镇跃进河，东至前哨农场，全长 77 千米余，是崇明岛南部的主航道和汇水河，由于河道加宽加深，增加了河道的调蓄容量，成为解决全岛西引东排、蓄淡排咸的骨干水系。

米行村

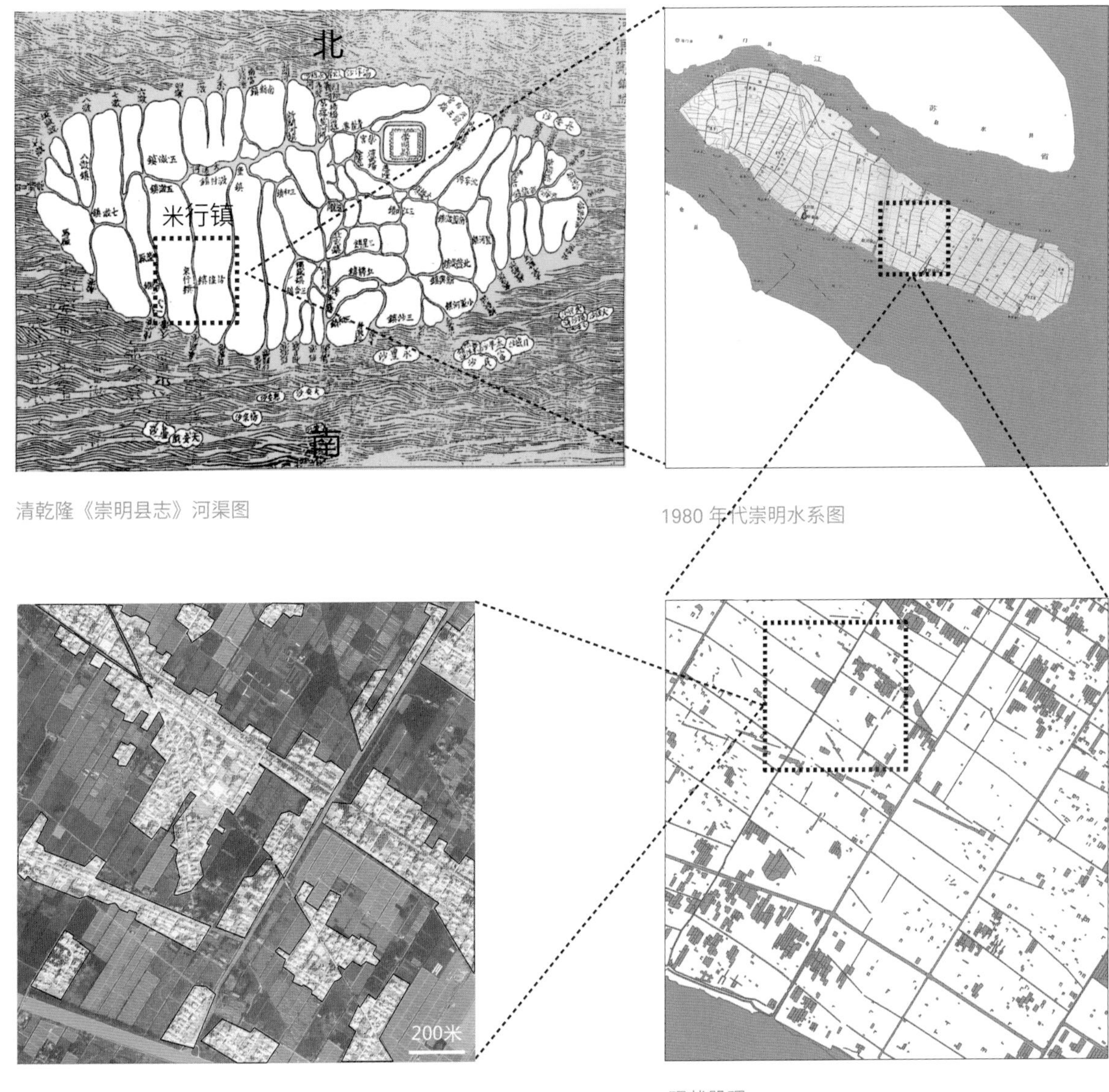

清乾隆《崇明县志》河渠图

1980 年代崇明水系图

从米行镇到米行村

现状肌理

自然形成的激港弯曲延伸，经历逐年改造，尤其是 1949 年后，南北向激港拉通、取直，与东西向的灌溉淡水河道联系贯通。20 世纪六七十年代，在沙岛北部大面积开垦的农场，与原来自然村庄之间边界分明，风貌对比明显，各有风采。河道改造后，大部分崇明村庄的肌理随之呈现出平直纵横的特点，只有局部保留一些弯曲自然的肌理，体现出曾经的激港沙洲的形态。

围垦农场
崇明小竖河村
小竖河村北段
小竖河村崇明滩涂区域

崇明东部草滩沙洲

小竖河村滧港河道中部

小竖河村滧港不再直接临江

米行村地形航拍

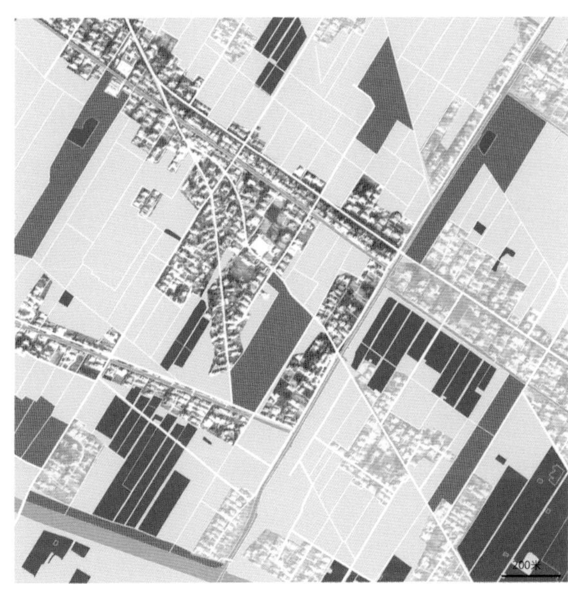

米行村圩田肌理

米行村空间肌理分析

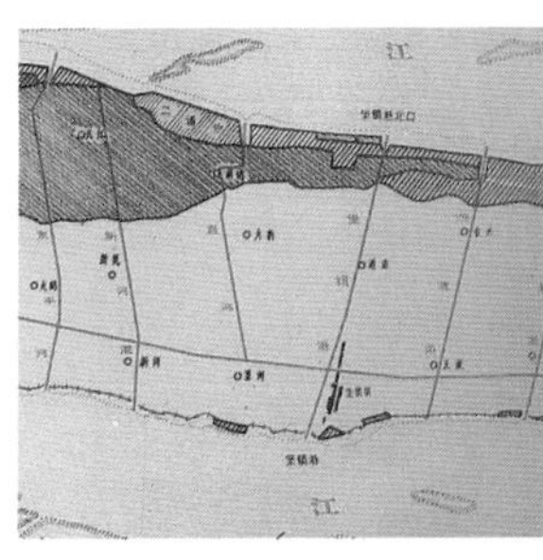

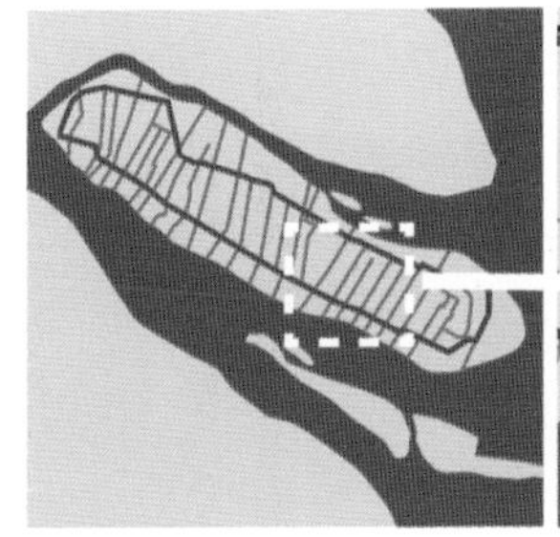

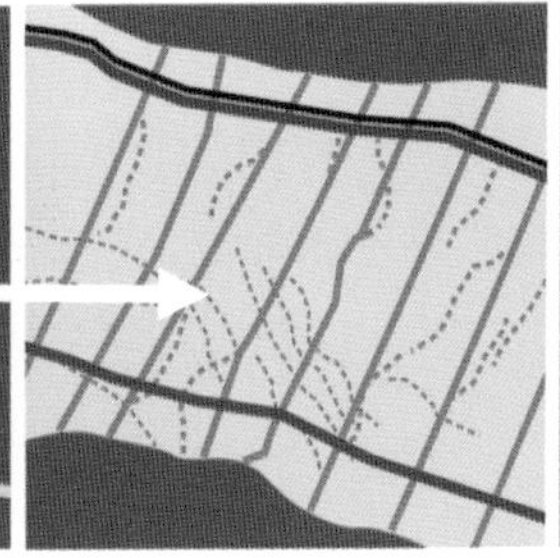

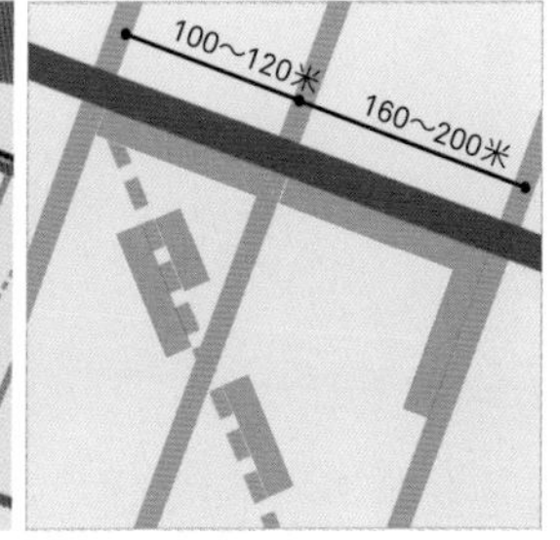

滧港沙洲，自然肌理局部风貌留存的典型元素特点分析图

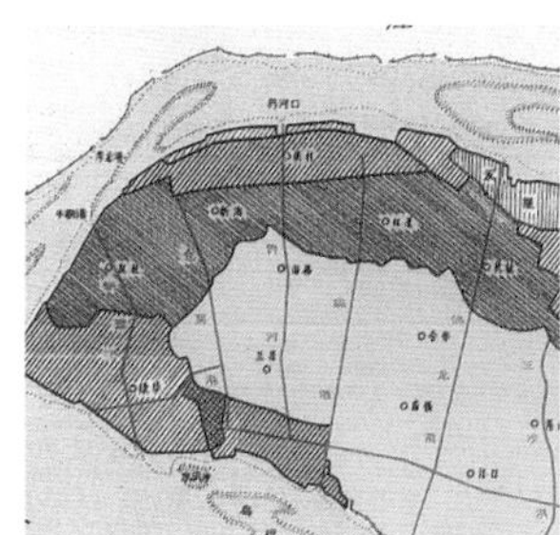

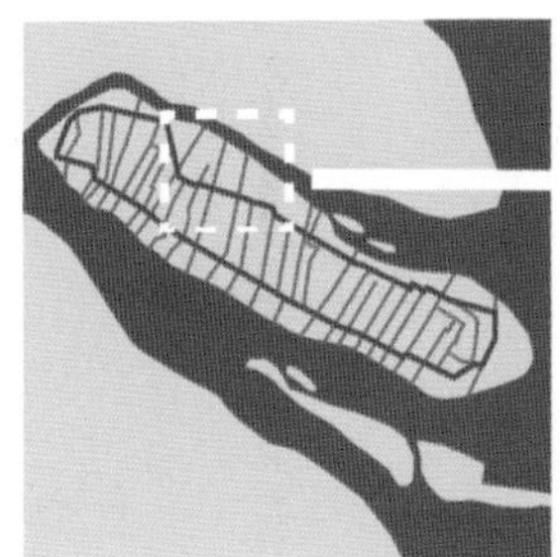

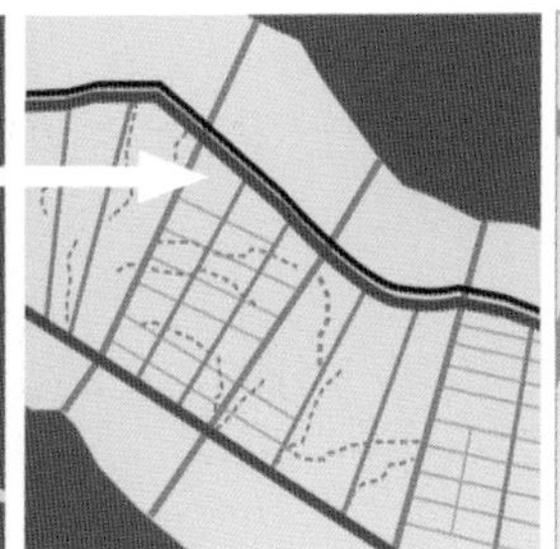

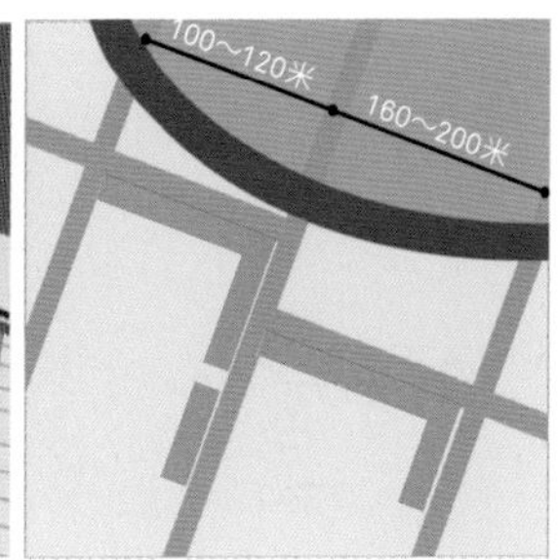

滧港兴镇，传统港口与近代农场风貌兼备的典型元素特点分析图

3. 乡土民居与乡村生活

溆港沙岛地区的乡土民居，与长江对岸嘉定、宝山一带的泾浜高乡民居十分类似。因明清时期，这里主要以盐业、棉业为主要经济活动，受到相似的生产活动的影响。《乾隆崇明县志》记载，“崇邑地卑斥卤，不宜五谷，但利木棉。故种五谷者十之三，种木棉者十之七。兼以水旱不时，风潮告变，所谓十之三亦无有矣。”后虽耕地日益增多，但因作物多以木棉为主，粮食种植土地有限，仍为缺粮区，遂采取棉、稻、麦、玉米轮作的形式。其中岛内西部地区距海较远，土壤较易改良，以水稻种植为主；东部地区距海较近，盐碱度较高，以木棉种植为主。

传统古建筑民居中，保留有纺织机便于搬动使用的门窗阏设计。此外，因早期防卫及用水需要，大型宅院外围多挖宅沟。堡镇倪葆生宅为代表，建筑平面以中国传统对称布局，坐北朝南，北、东、西三侧有宅沟环绕，南侧宅沟疑为后期填平，实际应四面水沟环绕，具有“三进两场心、四汀头宅沟”的崇明传统民居格局形式。

在乡土生活中，传统民风质俭，如明正德《崇明县志》记载，本地居民多“士习诗书，农知力穑，俗尚质俭，不事华丽。”意思是，虽然地瘠民贫，但崇明民众乐读勤耕，民风崇尚质朴简约。流传下来的崇明非物质民俗活动，如鸭嘴狮舞（调狮子）、鸟哨等，源于与野生动物相关的传说，可见生态环境与过去人们生活息息相关。如今在沙岛淤积的滩涂上，动植物资源十分丰富，尤其水鸟是自然环境变化的“晴雨表”。

1949 年后，为了加快崇明建设，多次修筑防止坍塌的防洪堤，并在崇明设农场，推行机械化大规模农业生产。由于当地生态环境优良，土地改良后，适合种植优质大米，当地习俗以糯米和粳米制作米糕、酿造白酒居多，白酒甜而微酸香味醇厚，逐步成为崇明岛上特产。

小竖河南段

倪葆生宅

小竖河沿岸不同河段两岸

米行村

调鸭嘴狮子舞

瀛洲古调派琵琶演奏技艺

崇明老白酒

灶花

4.2.8 沙溦鳞田

奉贤一带在历史上虽有陆沉后退的时期，但东部岸线却一直持续淤涨前伸。历史上，自两宋至 1949 年，县境沿海处有青村盐场和袁浦盐场，生产规模很大。在海塘工程外，青村和袁浦两个盐场均记载有草荡地。早在清道光年间（1821—1850），就有民间圈围滩涂，开垦耕种。因此奉贤塘外盐田潮沟沙溦地貌与崇明沙洲溦港地貌成因大致相同。

沙溦鳞田区位

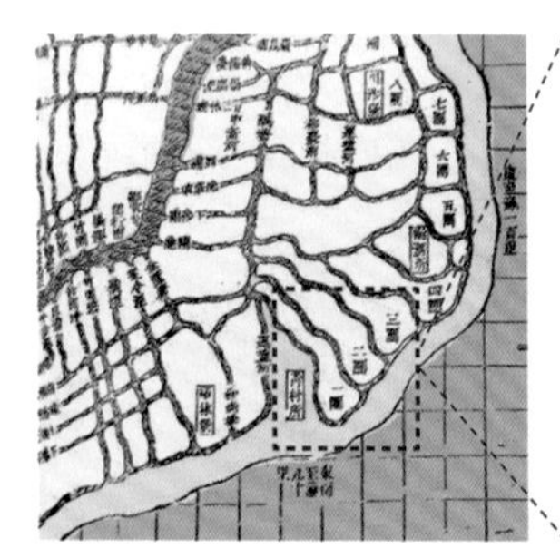

区域历史地图

历史地图局部

现状肌理

现状航拍分析

沙溦鳞田乡土空间单元不同尺度的特征采样

奉贤区四团镇渔洋村、五古村航拍图

奉贤区四团镇渔洋村

1. 地形概述：海沙滩涂，沙潋鳞田

由起源于海沙滩涂地区的潮沟逐步形成的沙潋鳞田乡土空间单元，主要位于奉贤东南侧、南汇西侧地带。历史上这里曾是钦公塘等海塘修筑的塘外地区，一度以盐田生产为主，在民国时期外围地带陆续成陆。海塘外的中、高段滩涂旧称“草荡”，民国时也称“水滩”，塘外潋沟港汊与崇明沙岛上的“潋港”成因类似。奉贤滩涂自然生长的芦苇、秧草、钢草茂盛，多有鸟类、野鸭栖息。周边河道继承了浦东沿海一带横港纵塘的基本水系格局。但在次级支流水系和田地肌理中，延续潮沟潋港枝状弯曲形态，因而田地又保留了较自然的“鱼鳞状”风貌，并且影响村落的乡土肌理，是独特的“沙潋鳞田”。

通过选取奉贤区四团镇一带的历史资料进行分析，从民国时期的地图、1960年代的局部航拍地形图上看，形态保持与历史上基本一致，其雏形是受到海潮涨落形成枝丫状侵蚀潮沟，后期田地经过人工垦植改造为一般灌溉田，呈不规则多边形类似“鱼鳞状”田块肌理。该单元空间肌理风貌，体现了江南水乡地区在滨海沉积滩涂区局部演变的过程，不仅是在本地区，而且就在上海乡村地区，也是独具特色的典型代表。

渔洋村、五古村地形航拍

渔洋村、五古村水系肌理

渔洋村、五古村圩田肌理

渔洋村、五古村空间肌理分析

沙潋鳞田的形成与崇明滩涂的潮沟原理类似

2. 聚落选址与布局：理水与营田

奉贤沙潋鳞田地区的聚落与农田形成的肌理特征，布局随河就势，围绕沙潋潮沟而呈树枝状多方向分叉形态。民居建筑密度相对稀疏分散，鱼鳞状小块农田与建筑院落自由穿插布局。

目前该地区的河道层级，最高一级的是与海塘平行的东西向骨干河道，骨干河道为后期开挖的运河，加上改造取直，河道宽阔平直。潋沟原本从滨海沙滩中与海相连，吐纳潮汐，现状由于地貌变化不再直接通海，改为从骨干河道起始向北蜿蜒延伸。形态上，每簇潋沟主河如同大树主干，其他枝状小沟从主潋沟中分支出来，每簇相距 500 ～ 800 米分布，分叉方向较多，但主要保持原有尽端式水系的特点。有的沙潋港汊成为聚落环绕布局的河道，有的成为聚落间分隔农田生产区域的河道。聚落组团大致在横向 500 ～ 600 米至纵向 600 ～ 700 米的范围内分布。

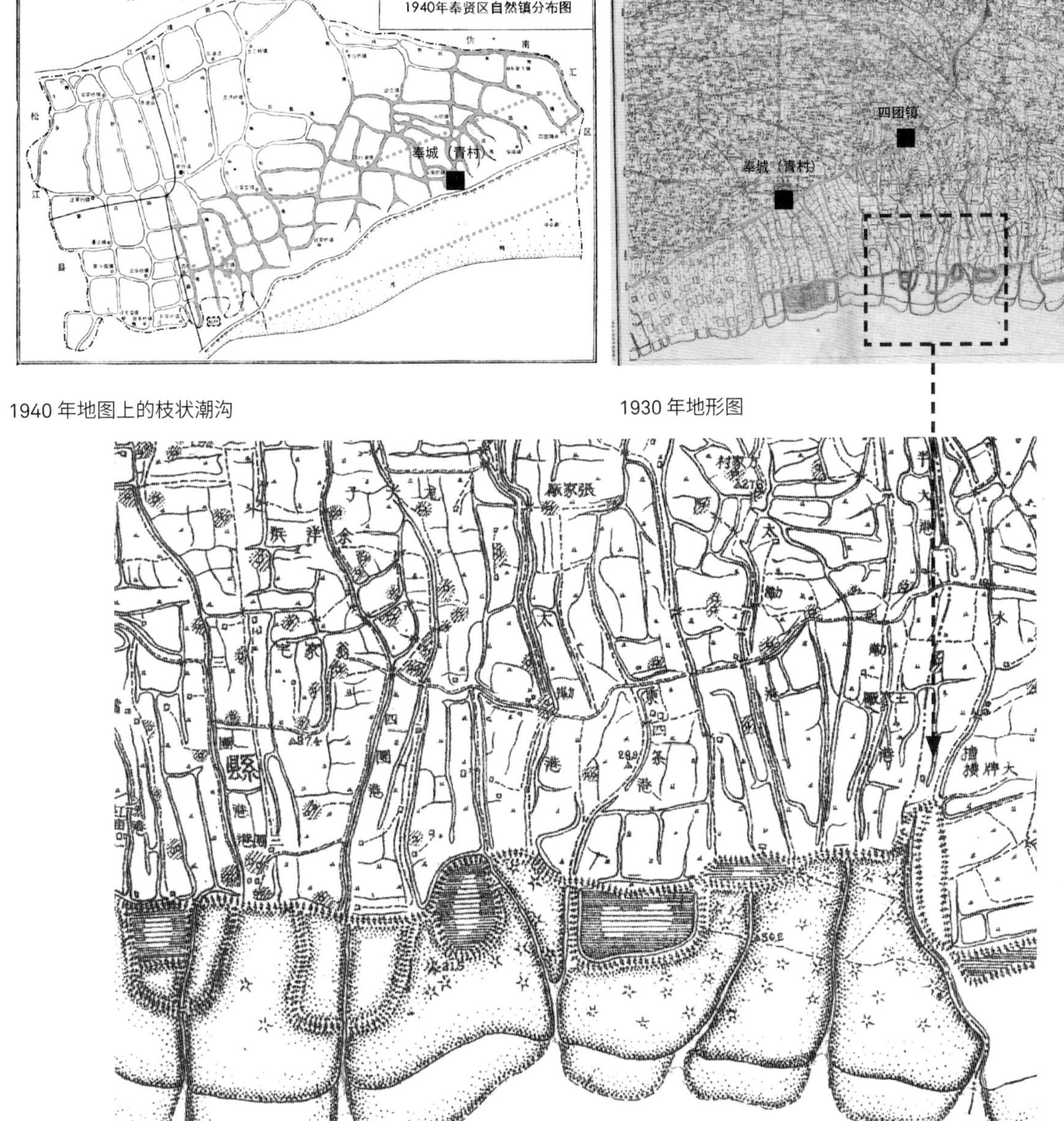

1940 年地图上的枝状潮沟

1930 年地形图

1930 年代海塘外潮沟地图

近代地图中的滩涂潮沟描画记录的比较

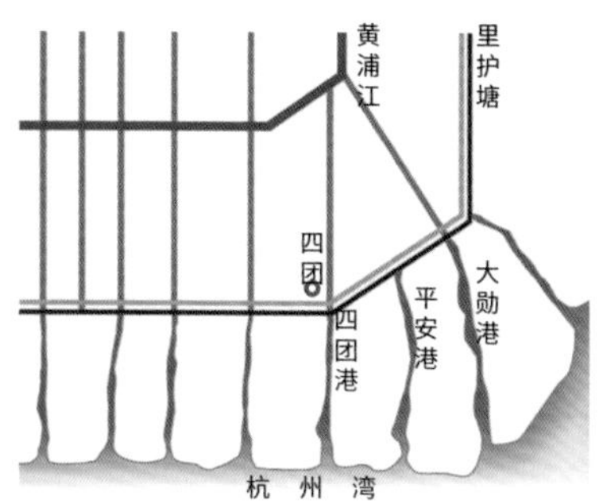

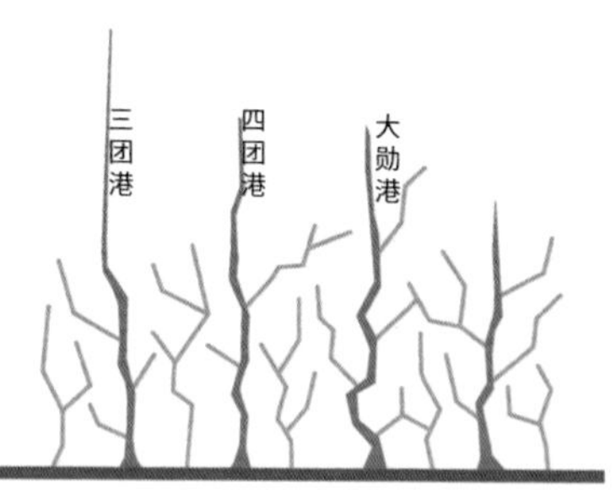

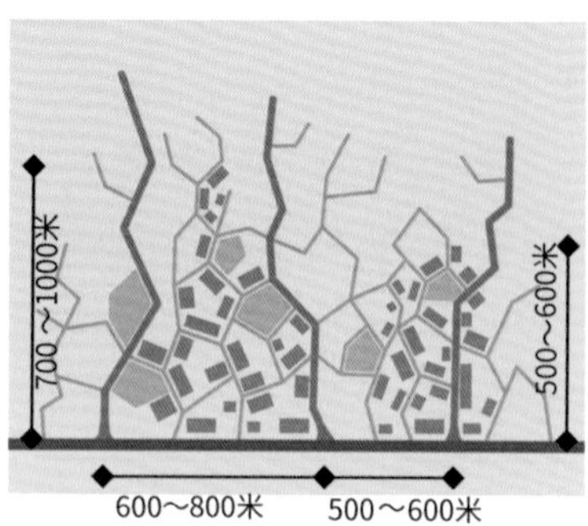

渔洋村水系分析图

渔洋村、五古村在浦南地区河道两岸的航拍

渔洋村地形航拍

渔洋村水系肌理

渔洋村圩田肌理分析图

渔洋村空间肌理分析图

长江河口随潮汐涨落，近岸部分形成潮滩，滩涂上最早的水道分布，即沙溦港汊，生产生活的田地、聚落顺应水道地形而生长。崇明地区曾有明显的“溦港”沙洲地貌，形成年代较短，称“漫滩”，加上后期建设速度较快，围绕滩涂沙溦形成的传统乡土地貌、民居聚落基本已经过改造翻建。奉贤地区海塘内外已有百年以上历史，居民逐步在此基础上耕作生产，演进形成较为稳定的乡村生产生活聚落。沙溦鳞田的水系、田地、民居聚落，是最有典型意义的上海地区滨海溦港沙洲地貌乡土单元。

该地区的农田原为滩涂，受潮汐影响的土质及盐度、水分因素影响，原来以盐田为主。后来经过多年改造，逐步从盐田转化为棉田，如今可耕种稻作、果蔬。土地地势高程较高，属于钦公塘 - 里护塘的海塘线外围、夹塘高亢田的地带内，需要泵站灌溉耕种。

暗渠及灌溉口

渔洋村泵站

五古村泵站

田间灌溉设施

五古村圩田现状鸟瞰与聚落空间分析图

3. 乡土民居与乡村生活

沙溆鳞田地带所在地区的乡土生活主要延续奉贤及海滩的传统耕作生产为主。鳞田以北，历史上记载松江府奉贤县境内先后筑海塘 8 条（段），即唐开元海塘、北宋皇祐里护塘、大德海塘、明漴缺石塘、清康熙土塘、清雍正石塘与外护土塘、清光绪彭公塘。除清光绪彭公塘为民间创筑外，余皆为官方督筑。其中，明崇祯年间筑的漴缺石塘，是上海市第一座石塘。

传统的乡土民居留存较少，一般建造较为简单，与柘泖积田地带的四落舍屋类似，延续木结构四坡屋顶的形式，檐口低矮，尺度亲切。据当地村民回忆，历史上的乡村生活较为简朴，之前奉贤塘外地区属于滨海，可以出海捕鱼捞虾，或者驾船至内河、湖泊捕捞，也有居民从事稻作棉作生产，种植各类蔬菜杂粮。乡土风俗多是从周边地区流传影响带来的，比如有白杨村山歌、土布纺织、滚灯、灶花装饰等风俗。

五古村与渔洋村

五古村周边环境

五古村周边环境

奉贤滩涂

白杨村山歌

滚灯

奉贤四团镇“打船”手艺

五古村当地乡土民居与乡土生活

附录

附录A　河名解义

上海地区河流历史悠久，例如伍子胥开凿胥浦、吴王开盐铁塘，沙冈塘、竹冈塘、白牛塘等在明清以前已有记载，后期水系演变较大，黄浦发育，泥沙沉淀，一批大河淤塞成为小河，甚至柘湖、三泖这样的大湖泊也淤浅为平陆，同时也有小河冲刷成为大河。冈身以外江海之间逐步沙洲浮现，滩涂成陆，水系河道形态丰富，历代以来不同的河流水系名称记载，既是对水态样貌的描述，又体现了对待不同水性因地制宜的一种灵活适应。

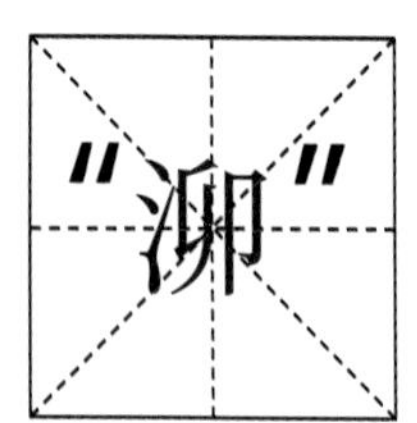

指水死绝处，只用于上海地区一种介于河流和湖泊之间的湿地。唐陆龟蒙诗，“三茆凉波鱼蕝动”，茆后被写作泖。宋何薳《春渚纪闻・卷七・泖茆字异》“故江左人目水之停滀不湍者为泖”。明吴履震《五茸志逸》中称:“泖，古由拳国（今嘉兴现存由拳路），至秦废为长水县，俄忽陆沉为湖，曰泖，泖之言茂也。”

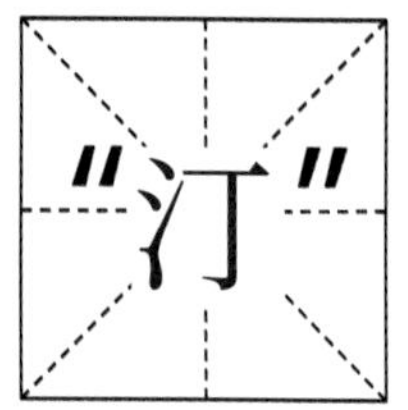

河流通名。《说文解字》中，“汀，平也”。段玉裁注:“谓水之平也，水平谓之汀，因之洲渚之平渭之汀。”汀的本义指水流平缓，但后通行的是汀字的引伸义，“水边的平地”或“水中平坦的小沙洲”。在娄塘镇泾河村、望新镇泉泾村、戬浜镇戬浜村有“直挺”“直厅”“南北厅”，崇明特色民居“三进四汀头宅沟”，后世把汀写作“挺”“厅”实为传误。

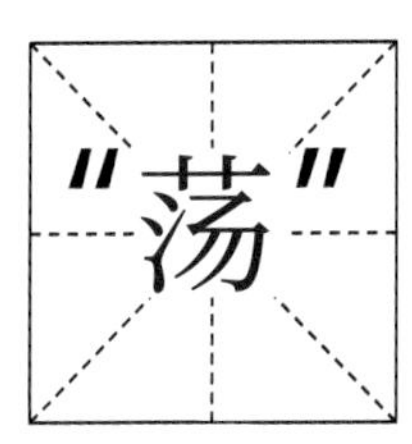

本意摇动，飘动，用于河川中波浪起伏的湖荡沼地。唐吴均《与朱元思书》：“从流飘荡，任意东西。”

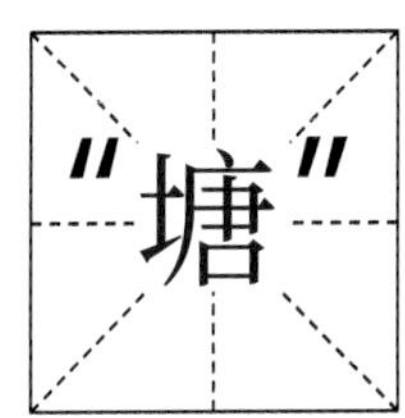

原是堤岸的意思，沿海筑堤称为“海塘”，沿河筑堤称为“河塘”。后来逐渐转义，称有堤岸的河流为塘。吴淞江流域水系被形容为横塘纵浦，平行冈身的沙冈塘、竹冈塘、横泾（横沥）塘、盐铁塘。此外，塘指池塘、水塘，主要是在渔业、河塘弯曲处形成的湾塘、自然小水面。

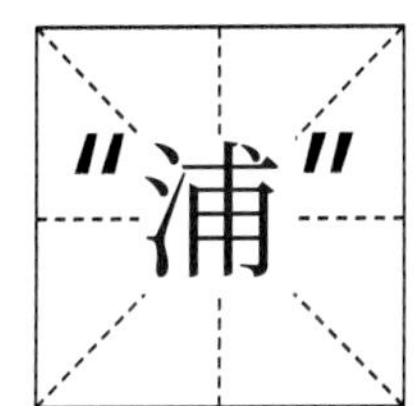

濒也，水源枝注江海，曰浦。一般河流称为“河”，大至黄河小至沟渎都可以称为“河”，中型的河流称为“浦”，比如吴淞江支流的五大浦。

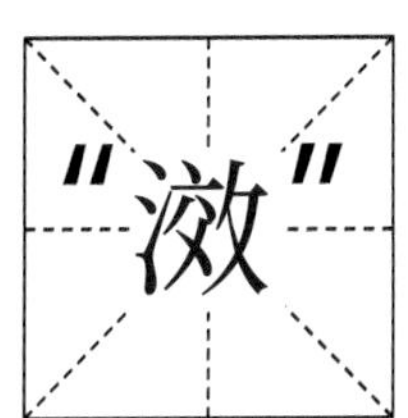

崇明当地港漖互称较多，“漖”为港叉，是崇明沙岛起源于沙洲、滩涂的潮沟类本地特色河流名称。该类型的滩涂漖沟，历史上在滨海地区，如奉贤海塘外一带也有分布。

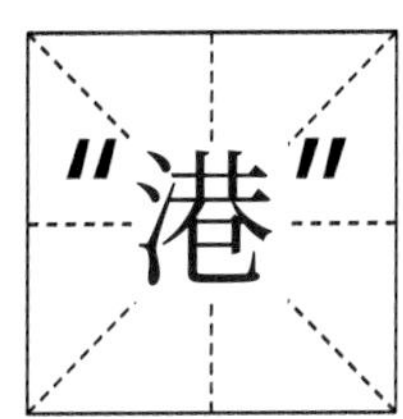

水分流也，从大河分流谓之“港”，地处出口也称之为“港”，后来引申为有港口码头之处。灶港，上海盐业生产煮海熬波，开挖通往煮盐的团灶，河港以团灶的顺序命名，如五灶港、三灶港等。

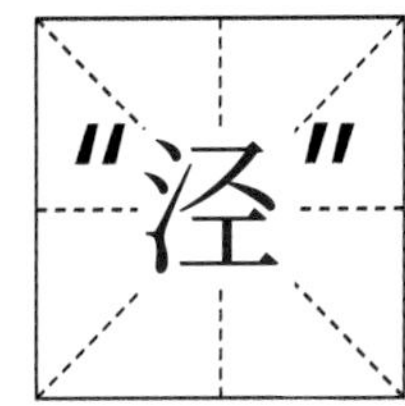

在《尔雅·释名·释水》中指水径直涌流的河流为“泾”。上海地区河流泥沙淤淀严重，历史上的泾浜一般为较小的河流、断头河。有时日常言语会加上泾头表达，形容把水面较阔略带圆形的浜兜，称为“大泾头”“大沟头”“深泾头”等。

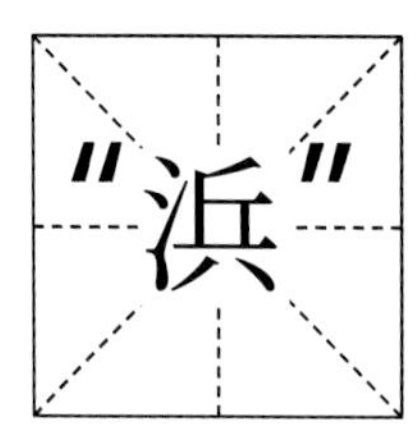

指仅有一头相通的小河沟，明李翊《俗呼小录》云："绝潢断流谓之浜"。浜者，安小船也。浜不是大河道，但尚能通行小舟，否则不称"浜"。浜常是水流的尽端小河道，或局部为湾塘、水塘。

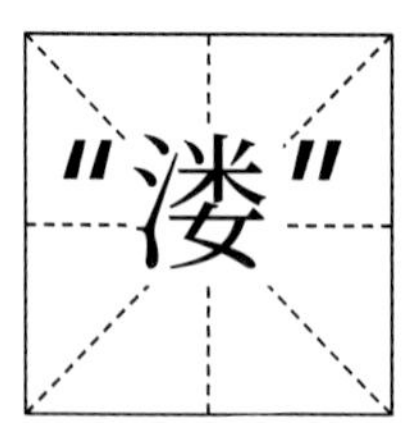

原为先民筑塘围田后开出的小河，在圩田图中，中央河沟为"溇"，是水道古通名的遗存。《前汉书・货食志》中，"溇，散也。"溇意散发，多指排泄雨水的小沟，普通话音 lóu，嘉定方言读"流"，也有读"楼"，有"娄河""南雪溇""北雪溇"等地名。

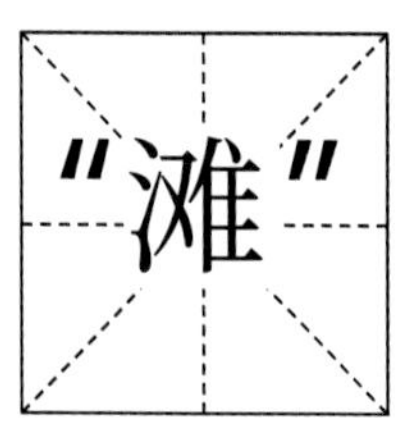

从水，难声，"黄土烂泥粘于鸟"是难之范式；"盖隙地之意，水盈涸无常也"是滩之范式。滩头、滩涂、河滩、海滩、盐滩，指河海边淤积成的平地或水中的沙洲。到江河中，延伸含义为水浅多石而水流很急的地方，如险滩。

在历史进程中，由于地名具有相对稳定性，往往可以反映历史地理和人文地理的状况，表现湖荡浅沼、塘浦泾浜等富有江南水乡特色的景观环境现象。

附录B 上海乡村聚落的历史文献评述

上海向有修志的优良传统，不仅历朝官府重视修志，私家修志亦颇为盛行，且质量较高，为后世留下丰厚的文化遗产。据不完全统计，至1949年上海地区修有各类方志及志书资料至少340余种，去掉散佚者，迄今见存约180种。上海地方志办公室致力于发掘和整理旧志，自2002年以来，先后刊印出版了两套重要的丛书。其一为《上海府县旧志丛书》，主要收录松江府以及上海等县城的志书；其二为《上海乡镇旧志丛书》，主要收录上海重要乡镇的志书。两套丛书各有利弊，相得益彰，为研究上海乡村聚落最重要的文献。其他方面，还有中华人民共和国成立以来由上海市政府地方志办公室主持的两轮各区县志、地名志和专业志修撰，其中不少内容涉及上海乡村聚落。与旧志不同，新志着重于陈述中华人民共和国成立后特别是近三四十年来的乡村聚落状况。此外，还有数量丰富的地图影像资料，成为研究上海地区乡村聚落地理因素、空间关系的宝贵史料。

B1《上海府县旧志丛书》

研究上海乡村聚落，离不开官方史料，其中《上海府县旧志丛书》便是其中之一。这套丛书是由上海市地方志办公室主持，上海古籍出版社编校出版，首次对上海市域内1949年之前的府县旧志的发掘整理的成果。其中，收录了不少稿本、钞本和刻印孤本、珍本。如《嘉靖嘉定县志》《嘉庆嘉定县志》《光绪重修宝山县志稿》《正德华亭县志》《咸丰金山县志稿》等，存世极少，极为珍贵。该丛书启动于2004年，至2015年全部出版，为目前所见最系统、最完整的关于上海府县旧志的资料汇编，囊括了今上海市域的各个区，具体包括：

《上海县卷》（全五册，2015年出版），收录《弘治上海志》《嘉靖上海县志》《万历上海县志》《乾隆上海县志》《嘉庆上海县志》《同治上海县志》《民国上海县续志》《民国上海县志》等旧志八种；《同治上海县志札记》《上海乡土志》《上海乡土地理志》《上海乡土历史志》，以及各区、各县方志合计百余本。

这套丛书系明清民国地方志书，资料丰富，编纂水平较高，而且前后延续，时间连贯，无论是松江府志，还是上海各县的县志，历朝政府均有新修和续编，这对复原并探讨上海地区乡村聚落的长时段演变规律和发展变化过程颇有裨益。

但受体例的限制，《上海府县旧志丛书》中关于乡村聚落的记载仍存在不足：描述和记载相对简单，仅记其名，未叙沿革。以《同治上海县志》为例：

旧里村名，长人乡旧里三：长人，将军，高阳；村十二：水滨、凤来、思政、太平、太安、长乐、长茶、金忠、众善、利兴、袁、徐。

可见，这里仅记其名，既没有叙述其沿革，也没有论述其状况，更没有其他详细的内容简介，这对于研究上海地区的乡村聚落变迁是远远不够的。

B2《上海乡镇旧志丛书》

2004—2006 年由上海市地方志办公室编、上海社会科学院出版社出版的《上海乡镇旧志丛书》计 15 卷，收录了明清至 1949 年之前的 78 部乡镇旧志。这是目前有关乡村聚落最为系统而完整的方志文献，内容涵盖上海各区的重要市镇和乡村，具有十分宝贵的史料价值。

一部乡镇旧志的关注点是一个乡镇的状况，与《上海府县旧志丛书》相比，内容更加详实、更为丰富。以《法华镇志》为例，前后经历多个朝代编纂和续编，笔者所见的是嘉庆、光绪和民国三个朝代的镇志。比如嘉庆的《法华镇志》，内容包括 8 卷，卷一叙沿革（坊巷、里至）、古迹，卷二为水利（潮候、津梁）、风俗（方言），卷三为土产、兵防（职官、营汛）、荒政和兵燹，卷四科贡（例士、武科、封荫）、艺文（金石），卷五为第宅、寺观、墟墓（义坟），卷六至卷八，独行、名臣、文苑、艺术、列女（寿民寿妇）、游寓、方外、遗事、录异，计 22 目，13 附目。这些内容通常不为上海府县旧志所载，正可补其不足。

以上两部分内容主要是 1949 年之前编纂的旧志，为目前所知，研究乡村聚落最为珍贵的方志材料。

B3 新修一轮志书和二轮志书的乡村聚落记载

中华人民共和国成立后，上海市政府进行了两轮修志。第一轮修志主要发生在 20 世纪八九十年代，既有各县各区志，也有几十种专门志，内容丰富，资料详实可信。尽管一轮志书并没有专门的上海乡村聚落志，但有不少志涉及这部分内容，且考其沿革，叙述其发展和现状，是了解 1949 年之后乡村聚落发展必须参考的重要文献。因二轮志书大部分尚未出版，这里以一轮新修志为例，列举涉及上海乡村聚落的新修上海志书，主要有以下两种：

（1）各区县志。新修各区县志，覆盖徐汇区、闸北区、静安区、黄浦区、卢湾区、长宁区、虹口区、南市区、吴淞区、普陀区、杨浦区、闵行区等的区志 18 种，上海县、川沙县、青浦县、崇明县、南汇县、嘉定县、松江县、奉贤县、宝山县、金山县的县志和县续志 15 种。这些新修区县志中，建置沿革卷，通常会涉及乡、镇的内容。以上海县志为例，第一篇建置中第五部分“乡、镇”，叙述了龙华镇、漕河泾镇、七宝镇、梅陇乡、曹行乡等 21 个乡、镇的建置沿革，以及 1949 年至 1990 年之间该乡镇的自然地理、人口、经济、社会、文化状况的内容。

（2）《上海地名志》和黄浦、杨浦、南市等其他各区地名志。与传统的上海府县旧志不同，新修志书增加了专业志的内容。且专业志不再局限于府县旧志的体例，而是以专业和部门分类，具有很强的专业性特征。一轮新修志书中共有各类专业志 100 余部，其中有不少专业志涉及上海乡村聚落的内容。《上海地名志》和各区县地名志是涉及乡村聚落最为丰富的志书。1980—1982 年全国开展地名普查，为 1949 年后最详细、

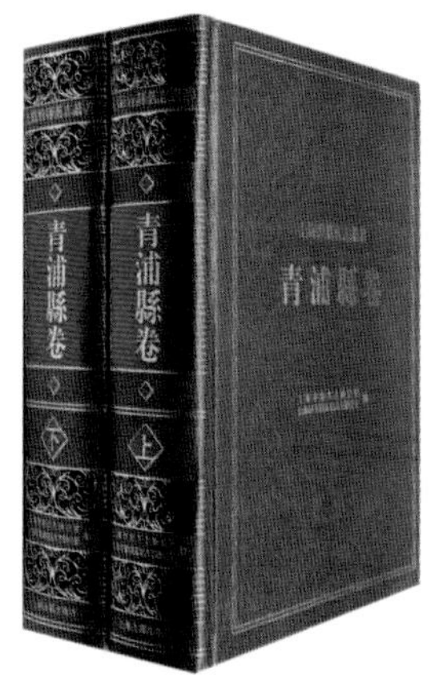

《上海府县旧志丛书》之《青浦县志》

《上海府县旧志丛书》之《上海县卷》

《宝山县续志（民国）》

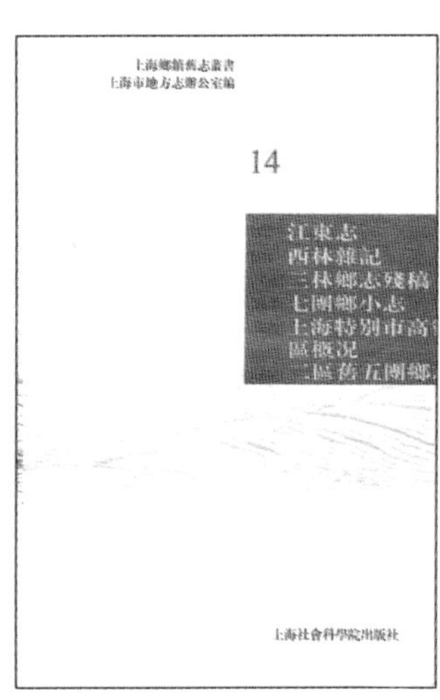

《上海府县旧志丛书》之《上海县卷》（包括西林杂记、三林乡志残稿、江东志等）

投入力量最大的地名全面普查。此后 1988 年、1991 年、1992 年又先后进行了多次地名补查和资料更新。这些地名普查的成果收纳到《上海地名志》和各区地名志中，因此地名志资料较为详细地反映了上述时段当地聚落的真实状况。

以浦东新区为例，1994 年出版的《上海市浦东新区地名志》收集了从北宋初年最早形成的聚落开始至 1994 年的地名，为迄今为止浦东新区最为详细的聚落资料，收录地名 6700 余个，并附现行地图 51 幅，历史地名图 64 幅，地名分类彩照 20 页。其中，第五卷《聚落地名》记载了浦东现有聚落的资料，而且不是对聚落名称的简单记载，而是根据方志资料详细记载聚落形成时间、聚落变迁、名称由来、自然地理、人口经济、社会构成等内容。

B4 地图资料

地图资料是文字资料的重要补充，特别是地图中的空间信息、地理信息颇为丰富，可补文字记载有关地理定位模糊之不足。上海乡村聚落的研究离不开地图资料，特别是对乡村聚落的地理位置、空间形态和地理环境等方面，地图是不可或缺的资料。

目前来看，有关上海乡村聚落的地图资料主要有以下几种：

（1）不同时期的县志、乡镇志的卷首或正文中附录的有关县境、乡境、村落、河流、衙门官署的地图资料。由于缺乏地图实测的技术和条件，因此这些方志地图对于了解历史时期的聚落，具有非常重要的史料价值。同时也应该看到，受体例限制，地图上有关村落的信息较少，河流方面仅收录重要河流，故信息量少是方志地图的一个重要缺陷。另一方面这些地图精度不高，不少地图是编者根据文献记载的内容编绘的，既没有进行实地考察，也没有进行详细考证，因此存在不少的错误和疏漏，使用者需要特别注意。

（2）晚清及民国时期的实测地图、近代大比例地图、军用地形图等。近代以来，随着西方地图测绘技术的传入，出现了不少精度较高的实测地图。这些地图一般由测绘专业人员实地勘测和编绘，与传统的方志地图相比，地图精度有了质的提高。地图上的信息非常丰富，可补充文献记载缺失遗漏的聚落内容。如1918 年参谋本部陆地测量总局编制的《1 ∶ 5 万上海地图》，1932 年日本参谋部实测的作战地图，1946 年上海工务局制《1 ∶ 2.5 万上海市全图》等。这些地图不仅有聚落的名称，还有聚落的地理位置、边界和空间形态等信息，以及与聚落相关的道路交通、河流等信息。

（3）现行的上海历史地图集和地图集成，以周振鹤主编《上海历史地图集》和孙逊、钟翀等主编的《上海城市地图集成》最为权威。其中《上海历史地图集》受体例限制，并未涉及乡村聚落，而《上海城市地图集成》主要收录国内外各收藏机构的上海历史地图，专门的乡村地图因比例太大，不予收录。另外有几种地图值得关注，一是 2001 年《上海市社区地图集》收录了不少现存的乡村聚落，二是上海市 1 ∶ 25 万卫星遥感地图，相比历史地图和测绘地图，它们更为真实地反映乡村聚落的现状。

综上所述，上海乡村聚落的文献记载非常丰富，既有上海府县乡镇旧志，也有新修上海区县志和地名志，还有大量的地图影像资料。历史文献各有千秋，府县乡镇旧志，是了解历史时期上海乡镇聚落的珍贵史料，而新修志书又是研究中华人民共和国成立后至今乡村聚落发展不可或缺的参考资料。丰富的地图影像资料，是复原上海乡村聚落地理分布，分析其形成的地理因素的宝贵史料，对于研究乡村聚落空间形态特征和空间演变、乡村与河流、乡村与城市之间内在关系等方面，具有重要的利用价值。

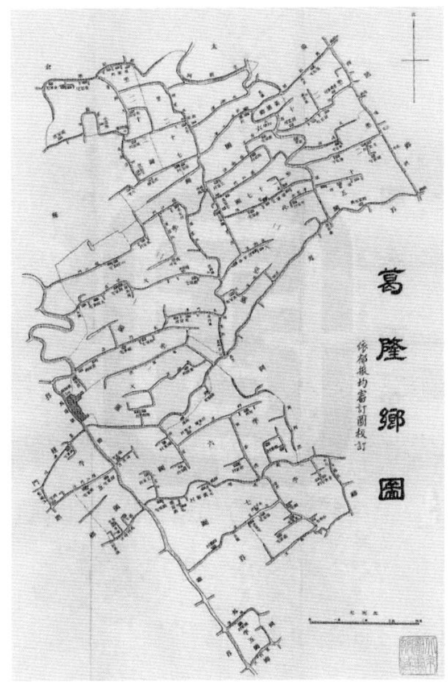

《嘉定县续志》卷首《葛隆乡地理图》1930 年

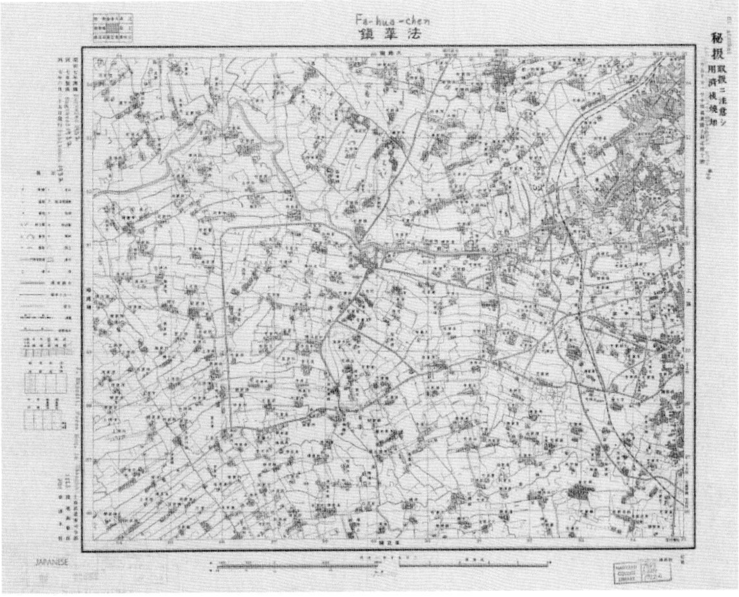

1932 年日本参谋部实测的作战地图部分（法华镇）

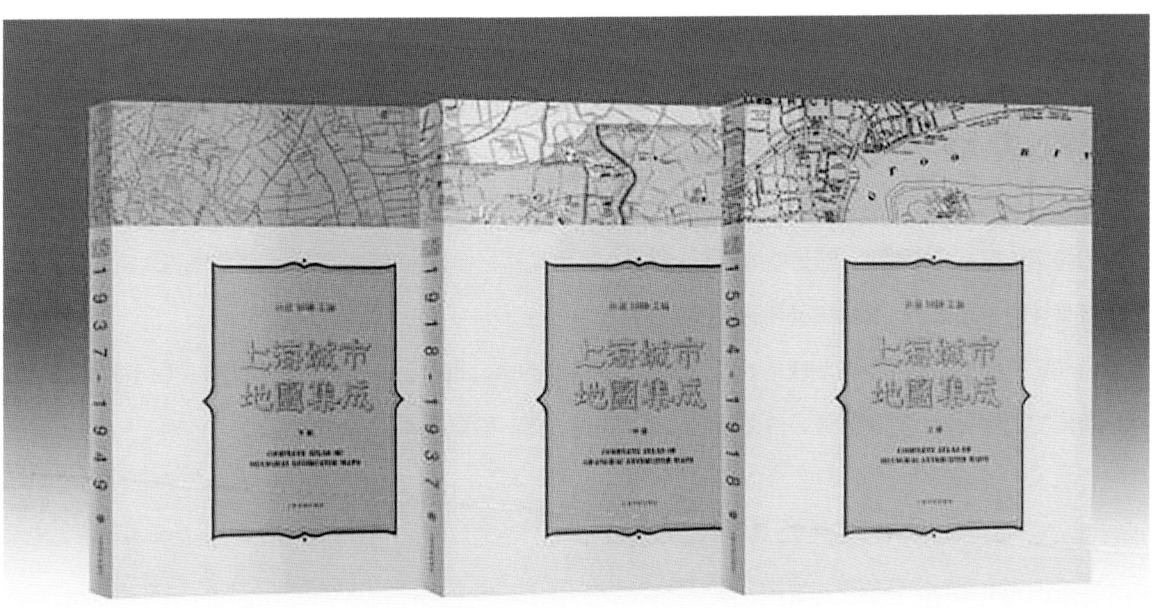

2017 年出版的《上海城市地图集成》

附录C　关于图样的说明

《上海乡村空间历史图记》（以下简称《图记》）分析图由古地图及现代地理信息数据为基础的地理底图、图片等资料绘制而成，分为长江三角洲区域分析图、太湖水系流域分析图、上海市分析图和上海市局部郊区分析图四类。

其中，分析图的历史古图部分，使用各区文化部门及博物馆提供资料，在此基础上进行重绘、标注；分析图的现状部分在上海基础地理信息数据及上海市规划和自然资源局公布的地理底图上绘制。分析图因版面情况均为正北方向，除已配置比例尺进行说明外，一般不配置比例尺。

分析图中涉及的行政区界划线不作为实地划界依据。分析图中涉及上海市及相关长江三角洲区域的古今资料，包括空间、文化、社会、交通等方面数据、图像、照片由本书课题组、各区规划资源部门及相关单位提供。由于各方面数据涉及的专业领域广，详略程度不尽相同，编辑时根据客观、准确、科学的原则进行综合选取，相关资料、图片除标注特定年份外，均截至2020年底。

在空间采样分析中，基于绘图的方式，力求实现科学提炼、创意思维、艺术表达的有机融合，创新图面要素的内容布局、视觉效果，部分使用变形、抽象、填色处理。部分专题研究采用图表和图纸对应阅读方式，形成叙事性的逻辑框架，正文与延伸阅读互为补充。

《图记》编制工作得到各单位的大力支持和专家学者的悉心指导，在此表示衷心感谢。由于分析图纸及资料整理的工作量大、时间紧迫，难免存在疏漏和不足之处，恳请广大读者批评指正。

编者

2022年11月

附录D 参考文献

[1] 陈桥驿 . 吴越文化论丛 [M]. 北京：中华书局，1999.

[2] 谭其骧 . 上海得名和建镇的年代问题 [N]. 文汇报 ,1962-6-21.

[3] 上海规划与自然资源局 . 上海乡村传统建筑元素 [M]. 上海：上海大学出版社，2019.

[4] 上海通志编纂委员会编 . 上海通志 第 1 册 [M]. 上海：上海社会科学院出版社；上海：上海人民出版社，2005：406.

[5] 上海松江县地方史志编纂委员会 . 松江县志 [M]. 上海：上海人民出版社，1991.

[6] 缪启愉 . 太湖塘浦圩田史研究 [M]. 北京：农业出版社，1985.

[7] 郑肇经 . 太湖水利技术史 [M]. 北京：农业出版社，1987.

[8] 陈国灿 . 略论南宋时期江南市镇的社会形态 [J]. 学术月刊，2001(2)：59，65-72.

[9] 陈恒力编著，王达参校 . 补农书研究 [M]. 北京：中华书局，1958.

[10] 陈耀东，马欣堂，杜玉芬 . 中国水生植物 [M]. 河南科学技术出版社，2012.

[11] 贾继用 . 元明之际江南诗人研究 [M]. 济南：齐鲁书社，2013.

[12] 黎翔凤撰，梁运华整理 . 管子校注：卷 19[M]. 北京：中华书局，2004.

[13] 李伯重 . 江南农业的发展 1620—1850[M]. 王湘云，译 . 上海：上海古籍出版社，2007.

[14] 王利华主编 . 中国环境史研究，第 2 辑 [M]. 北京：中国环境出版社，2013.

[15] 王建革 . 水乡生态与江南社会（9—20 世纪)[M]. 北京：北京大学出版社，2013.

[16] 王建革 . 江南环境史研究 [M]. 北京：科学出版社，2016.

[17] 王毓瑚编 . 中国农学书录 [M]. 北京：中华书局，2006.

[18] 王子今 . 秦汉时期生态环境研究 [M]. 北京大学出版社，2007.

[19] 吴静山 . 吴淞江 [M]. 上海：上海市通志馆，1935.

[20] 吴明等编 . 杭州湾湿地环境与生物多样性 [M]. 北京：中国林业出版社，2011.

[21] 萧铮主编 . 民国二十年代中国大陆地地问题资料 . 第 74 册 [M]. 北京：成文出版社，1977.

[22] 谢湜 . 高乡与低乡：11—16 世纪江南区域地理研究 [M]. 北京：生活·读书·新知三联书店，2015.

[23] 毕旭玲 . 上海港口城市文化遗产的历史地理内涵研究 [J]. 中国海洋大学学报（社会科学版），2014（3）：32-36.

[24] 耿波．当代艺术民俗学发展的城市化语境 [J]. 民族艺术 ,2009,95(6)：72-81.

[25] 张修桂．上海地区成陆过程概述 [J]. 复旦学报（社会科学版），1997（1）：79-85.

[26] 刘苍字，吴立成，曹敏．长江三角洲南部古沙堤（冈身）的沉积特征、成因及年代 [J]. 海洋学报，1985（1）：55-67.

[27] 谭其骧．上海市大陆部分的海陆变迁和开发过程 [J]. 考古，1973（1）：2-10.

[28] 成蹊集葛剑雄先生从教五十五年誌庆论文集编委会．成蹊集 [M]. 上海：复旦大学出版社，2019：561.

[29] 黄宣佩，周丽娟．上海考古发现与古地理环境 [J]. 同济大学学报（社会科学版），1997（2）：54-58

[30] 祝鹏著．上海市沿革地理 [M]. 上海：学林出版社，1989：2，10.

[31] 黄宣佩，張明华．上海地区古文化遗址综述 [M]// 上海博物馆集刊编辑委员会编．上海博物馆集刊 - 建馆三十周年特辑上海博物馆集刊 .1983：211-231.

[32] （明) 张国维撰．吴中水利全书．明崇祯九年刻本 [M]//《四库提要著录丛书》编纂委员会编．四库提要著录丛书，史部 245. 北京：北京出版社 ,2010：132.

[33] 姚金祥主编；周正仁，张明楚副主编；上海市奉贤县县志编纂委员会编．上海市奉贤县志 [M]. 上海：上海人民出版社，1987.

[34] 上海市地方志办公室，上海市奉贤区人民政府地方志办公室编．上海府县旧志丛书 奉贤县卷 [M]. 上海：上海古籍出版社，2009.

[35] 张文英纂修．雍正崇明县志：卷首舆地志·附独分水面以涨补坍说；卷 7 田制·涂荡招佃种菁 [M]// 上海地方志办公室，上海市崇明县地方志办公室编．上海府县旧志丛书·崇明县卷：上．上海：上海古籍出版社，2011.

[36] 康熙崇明县志：卷 2 区域志·沿革；卷 4 赋役志·田制 [M]// 上海书店出版社编．中国地方志集成·上海府县志辑：10. 上海：上海书店出版社，2010.

[37] 民国崇明县志：卷 6 经政志·田制 [M]// 上海书店出版社编．中国地方志集成·上海府县志辑：10. 上海：上海书店出版社，2010.

[38] (明) 张国维．吴中水利全书 [M]. 扬州：广陵书社，2006.

[39] 周之珂主编；上海市崇明县县志编纂委员会编．崇明县志 [M]. 上海：上海人民出版社，1989：43，49.

[40] 宋建．上海考古的世纪回顾与展望 [J]. 考古，2002（10）：10.

[41] 陈杰．实证上海史：考古学视野下的古代上海 [M]. 上海：上海古籍出版社，2010.

[42] 陈杰．文明之光——上海地区的史前文化 [M]// 上海博物馆编．文明之光．上海：上海书画出版社，2014.

[43] 朱福成．江苏沙田之研究 [M]// 萧铮主编．中国地政研究所丛刊： 民国二十年代中国大陆土地问题资料（第 69 册）．影印本．台北：成文出版社有限公司，1977.

[44] 宋达泉．中国海岸带和海涂资源综合调查专业报告集：中国海岸带土壤 [M]. 北京：海洋出版社，1996.

[45] 卢熊辑．苏州府志：卷 1 沿革 [M]// 中国方志丛书 华中地方 江苏省 2. 台北： 成文出版社有限公司 ,1972.

[46] 缪启愉．太湖塘浦圩田史研究 [M]. 北京：农业出版社，1985.

[47] 郑肇经．太湖水利技术史 [M]. 北京：农业出版社，1987.

[48] 郑肇经．中国之水利 [M]. 上海：商务印书馆，1939：192.

[49] 应飞主编；《上海粮食志》编纂委员会编．上海粮食志 [M]. 上海：上海社会科学院出版社 ,1995：545.

[50] 范成大撰，陆振岳校点 . 吴郡志：卷十九 水利下 [M]. 南京：江苏古籍出版社，1986：279.

[51] 浙江省测绘与地理信息局编 . 浙江古旧地图集 上 [M]. 北京：中国地图出版社，2011：74.

[52] 张修桂 . 中国历史地貌与古地图研究 [M]. 北京：社会科学文献出版社，2006.

[53] 薛振东主编；上海市南汇县县志编纂委员会编 . 南汇县志 [M]. 上海：上海人民出版社，1992：242.

[54] 《上海粮食志》编纂委员会编 . 上海粮食志 [M]. 上海：上海社会科学院出版社，1995：545.

[55] 姚元祥主编；青浦县县志编纂委员会编 . 淀山湖 [M]. 上海：上海人民出版社，1991：71.

[56] 李文治 . 中国科学院经济研究所中国近代经济史参考资料丛刊第三种 中国近代农业史资料 第 1 辑 1840—1911[M]. 北京：生活 • 读书 • 新知三联书店，1957：713.

[57] 张仰先编纂；杨军益标点 . 大场里志 [M]. 上海：上海社会科学院出版社，2006：5.

[58] 朱东润选注 . 梅尧臣诗选 [M]. 北京：人民文学出版社，1980：68.

[59] 王建革 . 泾、浜发展与吴淞江流域的圩田水利 (9-15 世纪) [J]. 中国历史地理论丛 ,2009,24(2)：30-42.

[60] 张国维 . 吴中水利全书 13[M]. 扬州：广陵书社，2006.

[61] 单锷 . 吴中水利书 [M]. 北京：中华书局，1985.

[62] （宋）卫泾 . 后乐集：卷 13 论围田劄子 [M]. 上海：商务印书馆，1935.

[63] 姚文灏，汪家伦校注 . 浙西水利书校注 [M]. 北京：农业出版社，1984.

[64] 归有光 . 三吴水利录：卷 4 淞江南北岸浦 [M]. 北京：中华书局，1985.

[65] （明）姚文灏 . 浙西水利书：卷下 何布政宜水利策略 [M]// 钦定四库全书 史部 11 地理类 . 北京：中国书店，2018.

[66] 陈积鸿 . 金山河名浅析 [J]. 上海水利 ,1991(12)：40-43.

[67] 蔡健 . 上海市崇明县中兴镇志 [M]. 上海：上海社会科学院出版社，2009：239.

[68] 张仰先编纂；杨军益标点 . 大场里志 [M]. 上海：上海社会科学院出版社，2006：5.

[69] 黄汴 . 天下水陆路程：卷之七 [M]. 山西：山西人民出版社，1992.

[70] 黄汴纂；杨正泰点校 . 流动的中国 一统路程图记 [M]. 南京：南京出版社，2019：94-95.

[71] （清）唐宝淦 . 青浦乡土志：三七航路 [M]// 葛冲抄 . 葛氏丛书 . 上海：青浦县教育局，1918.

[72] 雷瑨辑，杜诗庭增抄 . 松江志略 [M]. 上海：[出版者不详]，民国 .

[73] （清）光绪南汇县志：营建志，交通 [M]// 上海市地方志办公室，上海市南汇地方志办公室编 . 上海府县旧志丛书：南汇县卷 . 全两册 . 上海：上海古籍出版社，2009.

[74] （清）光绪重修华亭县志：营建志，交通，航业 [M]// 上海书店出版社编 . 上海府县志辑 4 民国上海县志 光绪重修华亭县志 重修华亭县志拾补校讹 . 影印本 . 上海：上海书店出版社 , 2010.

[75] 龚明之 . 中吴纪闻：卷四夜航船 [M]// 上海古籍出版社 . 宋元笔记小说大观 3. 上海：上海古籍出版社，2001.

[76] 赵彦卫 . 云麓漫钞：卷六 [M]. 辽宁：辽宁教育出版社，1998.

[77] 陶宗仪 . 南村辍耕录：卷一 夜航船 [M]. 北京：中华书局，1959.

[78] 叶权撰 . 元明史料笔记丛刊：贤博编 [M]. 北京：中华书局，1987.

[79] 袁学澜 . 吴郡岁华纪丽卷一：十一月·夜航船 [M]. 南京：江苏古籍出版社，1998.

[80] 朱国祯撰，王根林校点 . 涌幢小品：卷一七唐先生 [M]. 上海：上海古籍出版社，2012.

[81] 吴滔，佐藤仁史著 . 嘉定县事：14 至 20 世纪初江南地域社会史研究 [M]. 广州：广东人民出版社，2014.

[82] 吴滔，佐藤仁史 . 嘉定县事：14 至 20 世纪初江南地域社会研究 [M]. 广州：广东人民出版社，2014.

[83] 上海市地方志办公室，上海市嘉定区地方志办公室编 . 上海府县旧志丛书 嘉定县卷 4[M]. 上海：上海古籍出版社，2012：2731.

[84] 徐珂编撰 . 清稗类钞 第 13 册：舟车类 满江红 [M]. 北京：中华书局，2003.

[85] 黄苇，夏林根编 . 近代上海地区方志经济史料选辑 1840-1949[M]. 上海：上海人民出版社，1984：166，348.

[86] 张岱 . 张岱著作集：夜航船 [M]. 浙江：古籍出版社，2012

[87] 王应奎 . 柳南随笔：卷一 [M]. 北京：中华书局，1983.

[88] 戴鞍钢 . 内河航运与上海城市发展 [J]. 上海城市发展，2004

[89] 戴鞍钢编 . 大变局下的民生：近代中国再认识 [M]. 上海：上海人民出版社，2012：160.

[90] 梅新林，陈国灿 . 江南城市化进程与文化转型研究 [M]. 杭州：浙江大学出版社，2005.

[91] 樊树志 . 江南市镇：传统的变革 [M]. 上海：复旦大学出版社，2005.

[92] 民国《嘉定县续志》卷 1 疆域志 • 市镇 [M]// 上海市地方志办公室、上海市地方史志学会编 . 上海方志研究论丛 第 3 辑 . 上海：上海书店出版社，2017：180,182.

[93] 戴鞍钢，张修桂 . 环境演化与上海地区的小城镇 [J]. 上海行政学院学报 .2002（2）：62-68.

[94] 《四库禁毁书丛刊》编纂委员会编 . 四库禁毁书丛刊：子部 26[M]. 北京：北京出版社，1997：489.

[95] （清）顾炎武撰；黄坤等校点 . 天下郡国利病书 1[M]. 上海：上海古籍出版社，2012：403.

[96] 丘良任撰 . 竹枝纪事诗 [M]. 广州：暨南大学出版社，1994：150.

[97] （元）陈椿著 . 熬波图笺注 [M]. 北京：商务印书馆，2019：54.

[98] 王大学 . 防潮与引潮：明清以来滨海平原区海塘、水系和水洞的关系 [M]// 中国地理学会历史地理专业委员会《历史地理》编辑委员会编 . 历史地理 第 25 辑 . 上海：上海人民出版社，2011：309.

[99] 上海市纺织工业局编 . 纺织品大全 巾、被、毯、帕分册 [M]. 北京：纺织工业出版社，1989：1-3.

[100] （清）张履祥 . 补农书：附录策邻氏生业 [M]//（清）张履祥 . 杨园先生全集：卷 50. 北京：中華書局，2014.

[101] （清）沈练 . 广蚕桑说 [M]// 仲昴庭辑补 . 广蚕桑说辑补 . 北京：农业出版社，1960.

[102] （清）张履祥 . 策溇上生业 [M].// 陈恒力 . 补农书校释 . 北京：农业出版社，1983： 179.

[103] （清）钱泳 . 履园丛话：卷四水学围田、浚池条 [M]. 北京： 中华书局，1979.

[104] （清）嘉庆松江府志：卷十二山川志 海塘附邱宗奏略 [M]// 上海市地方志办公室，上海市松江区地方志 . 上海府县旧志丛书：松江府卷 . 上海：上海古籍出版社，2011.

[105] 陈少能 . 上海市浦东新区地名志 [M]. 上海：华东理工大学出版社，1994.

[106] 冯学文 . 青浦县志 [M]. 上海：上海人民出版社，1990：2-110.

[107] 祁延平 . 苏南丘陵岗地区水稻供水问题 [J]. 地理 ,1963（3）.

[108] 李百冠 . 论我国农业现代化从劳动集约到资金集约的发展 [M]// 农业出版社 . 农业经济论丛 1,1980：71-82.

[109] 西嶋定生 . 中国经济史研究 [M]. 东京：东京大学出版社，1975：830-831.

[110] 李伯重 . 明清江南农业资源的合理利用——明清江南农业经济发展特点探讨之三 [J]. 农业考古，1985(2)：14.

[111] 李百冠 . 论商品生产基地的建设——太湖平原发展农业商品生产若干问题的探讨 [M]// 农业出版社编辑 . 农业经济论丛 4,1982：73-107.

[112] 李伯重 . 十六、十七世纪江南的生态农业 (上) [J]. 中国经济史研究，2003(4)：54-63.

[113] 李伯重 . 十六、十七世纪江南的生态农业 (下) [J]. 中国农史，2004，23(4)：42-56.

[114] 孙敬水 . 生态农业——实现我国农业可持续发展的重要选择 [J]. 农业经济，2002(10)：3.

[115] 侯向阳 . 生态农业——前景广阔的现代农业 [N]. 北京：中国特产报，2003-4-7：3.

[116] 路明 . 生态农业是我国现代化农业的必由之路 [N]. 北京：人民日报，1999-11-25：11.

[117] 李伯重 .“桑争稻田”与明清江南农业生产集约程度的提高 [J]. 中国农史，1985(1)：11.

[118] 李伯重 . 明清江南蚕桑亩产考 [J]. 农业考古 ,1996(1)：196-201.

[119] 王士性 . 广志绎：卷 4 江南诸省 [M]. 北京：中华书局，1981.

[120] 傅衣凌 . 明代江南市民经济试探 [M]. 上海：上海人民出版社，1957.

[121] 束厂撰，一女标点 . 章蒸风俗述略：居家现状 [M]// 上海市地方志办公室编 . 上海乡镇旧志丛书（8）. 上海：上海社会科学院出版社，2005：2.

[122] 顾惠庭 . 上海渔业志 [M]. 上海：上海社会科学院出版社，1998：71.

[123] 中共上海市委员会关于郊区连家船渔民上陆定居所需资金、材料的报告 [A]. 上海：上海市档案馆藏 ,1967. 档案号：B109-4-511-136.

[124] 松江县革委会关于安排渔民陆上定居的申请报告 [A]. 上海：上海市档案馆藏 ,1970. 档案号：B248-2266-19.

[125] 上海市水产局关于嘉定县城东公社连家船渔民实现养捕结合路上定居的经验材料 [A]. 上海：上海市档案馆藏 ,1965. 档案号：B255-2-322 12.

[126] 青浦县水产工作的专题调查报告 [A]. 上海：上海市青浦区档案馆藏 ,1956. 档案号：025-2-1.

[127] 吴俊范 .20 世纪下半期太湖流域的河湖养鱼业及其生态效应 [J]. 郑州大学学报：哲学社会科学版，2020，53(4)：7.

[128] 张修桂 . 上海地区成陆过程概述 [J]. 复旦学报：社会科学版，1997(1)：7.

[129] 程潞 . 上海农业地理 [M]. 上海：上海科学技术出版社，1979：9.

[130] 唐坚等 . 浦东老风情 [M]. 上海：上海文艺出版社，2005：46.

[131] 滨岛敦俊 . 关于江南 " 圩 " 的若干考察 [J]. 历史地理，1990(1)：13.

[132] 上海市地方志办公室，上海市松江区地方志办公室编 . 松江县卷 中 [M]. 上海：上海古籍出版社，2011：579.

[133] 戴鞍钢，黄苇主编 . 中国地方志经济资料汇编 [M]. 上海：汉语大词典出版社，1999：231.

[134] 沈乃文主编 . 明别集丛刊 第 1 辑 第 34 册 [M]. 合肥：黄山书社，2013：445.

[135] 李伯重 . 简论“江南地区”的界定 [J]. 中国社会经济史研究，1991(1)：100-105.

[136] （明）归有光 . 震川先生集：卷之八 论三区赋役水利书 [M]// 四部丛刊本 . 上海：商务印书馆，1936.

[137] 雍振华 . 江苏民居 [M]. 北京：中国建筑工业出版社，2009.

[138] 朱炎初 . 金山县志 [M]. 上海：上海市人民出版社，1990.

[139] 巨凯夫 . 风土特征图谱建立方法研究——以浙江风土建筑为例 [J]. 南方建筑，2014(5)：6.

[140] 黄敬斌 . 郡邑之盛：明清松江城的空间形态与经济职能 [J]. 史林，2016(6)：12.

[141] （明）方岳贡修 . 崇祯松江府志：卷三市镇 [M]// 日本藏中国罕见地方志丛刊，崇祯松江府志 . 北京：书目文献出版社，1990.

[142] 刘涤宇 .《吴语方言区风土建筑研究（1）》编者按 [J]. 建筑遗产 ,2020(1)：1.

[143] 周易知 . 两浙风土建筑谱系与传统民居院落空间分析 [J]. 建筑遗产 , 2020（1）： 2-17.

[144] 石宏超 . 传统建筑区划与谱系研究中隐秘的匠作关键——以浙江为例 [J]. 建筑遗产 , 2020（1）： 18-23.

[145] 朱光亚 . 且说吴地建筑文化 [J]. 建筑遗产 , 2020（2）： 1-9.

[146] 白颖，诸葛净 . 水网之外、体系之中：太湖东西山聚落研究 [J]. 建筑遗产 , 2020（2）： 10-17.

[147] 沈黎 . 香山帮的变迁及其营造技艺特征 [J]. 建筑遗产 , 2020（2）： 18-26.

[148] 黄数敏，谢屾等 . 冈身、水系与上海乡土民居 [J]. 建筑遗产 , 2020（2）： 27-41.

[149] 上海社会科学院文学研究所民俗非遗研究室编 . 城市民俗：时空转向与文化记忆，第 4 册 [M]. 上海：上海人民出版社，2020.

[150] 樊树志 . 江南市镇：传统的变革 [M]. 上海：复旦大学出版社，2005.

[151] 叶静渊 . 中国水生蔬菜栽培史略 [J]. 古今农业 ,1992（1）： 13—22.

[152] 上海市金山县县志编纂委员会 . 金山县志：第七编水利第一章河道治理 [M]. 上海：上海人民出版社 ,1990.

[153] 毕旭玲 . 文化遗产保护在上海新城镇建设中的意义 [J]. 文化遗产，2016，41（2）：30-35.

[154] 吴滔 . 海外之变体：明清时期崇明盐场兴废与区域发展 [J]. 学术研究，2012，330（5）：105-114.

[155] 郑肇经 . 太湖水利技术史 [M]. 北京：农业出版社，1987.

[156] 满志敏 . 上海地区城市、聚落和水网空间结构演变 [M]. 上海：上海辞书出版社，2013.

[157] 无锡市崇安区档案局（馆）主编 . 无锡胜迹与成语典故 [M]. 苏州：古吴轩出版社，2013：381.

附录E　后记

在历史长河中，乡村作为一个多元、多要素的立体网络体系，具有地形地貌、水系水利、交通贸易、生产活动、非物质文化等不同层面的特征。研究上海的历史发展进程，要本着敬畏历史、敬畏文化的态度，需要长期工作的积累。《上海乡村空间历史图记》在以往上海多个研究课题基础上开展，并有幸得到各区有关单位和村镇的共同支持。在本书的前期过程中，参考了大量科研成果、旧志古籍，并组织了多个专业团队在研究过程中集思广益，碰撞沟通。包括华建集团历史研究团队对乡村普查对历史空间演变的田野踏勘、拍摄和基础研究工作；复旦历史地理方向的学者和专家对太湖流域地貌、农业生产等研究和编写工作；上海社科院学者和专家对非物质文化活动、文献采集等研究和编写工作。研究中涉及的大量古志绘图、中华人民共和国成立后的示意图，都尽力收录在本书中。因各时代技术条件所限，这些古图、示意图并非现代概念下精确的地理空间地图，对某些要素是主观意象性描绘，难免漏绘、错绘，而对乡村空间研究工作来说，重点是分析、呈现其中空间变化的特征规律，有助于建立对一定时期内历史状态的认知，理解不同时期空间演进的历史过程。

本书以跨学科的思维方法，构建由点及面、从面到不同圈层的乡村立体空间结构，通过探究海塘文化、治水文化、水运乡驿等彰显上海江南水乡个性特质。由于空间区域跨度较大，空间认知层次多元，在本次调查研究和书籍出版过程中，尚有意犹未尽之感。比如在大量的现场调查与资料编写之余，留以文献链接、参考书目，以便今后建设工作者可以进一步深入查阅；比如书中结合当代河道采样，整理了部分河道的名称，如泖、荡、潊、浜等，具有特定意蕴，其他乡土地名、聚落形态也蕴含着丰富的地理空间和历史文化信息，尚有待于进一步挖掘整理，并结合全域要素和现代技术手段，清晰地展示历代时空下的要素层级关联。

乡村空间的形成过程不仅是文献的书写，也不仅是局部的视觉感受，而是过往的集体记忆，鲜活的情感寄托。期望本书为未来的研究奠定基础，有助于揭示更多上海乡村融合自然、人文、科学的整体空间价值，为今后特定时空的文化传承与设计创新，起到借鉴参考作用。

编者

2022 年 12 月

金泽镇东南的火泽荡、南白荡

图书在版编目（ＣＩＰ）数据

上海乡村空间历史图记 / 上海市规划和自然资源局编著 . -- 上海 : 上海文化出版社 , 2022.12（2023.2 重印）
ISBN 978-7-5535-2651-5

Ⅰ . ①上… Ⅱ . ①上… Ⅲ . ①乡村规划－研究－上海
Ⅳ . ① TU982.29

中国版本图书馆 CIP 数据核字 (2022) 第 228960 号

出 版 人　姜逸青
责任编辑　江　岱
装帧设计　vv_design

书　　名　**上海乡村空间历史图记**
　　　　　上海市规划和自然资源局　编著
出　　版　上海世纪出版集团　上海文化出版社
地　　址　上海市闵行区号景路 159 弄 A 座 3 楼　201101
发　　行　上海文艺出版社发行中心
印　　刷　上海雅昌艺术印刷有限公司
开　　本　889×1194　1/16
印　　张　20
印　　次　2023 年 2 月第 1 版　2023 年 2 月第 2 次印刷
书　　号　ISBN 978-7-5535-2651-5/K.295
定　　价　198.00 元